€1,50

D1997596

Oliver Drewes

KOMPAKTWISSEN AGAMEN

Chlamydosaurus kingii

Drewes, Oliver:
Kompaktwissen Agamen / Oliver Drewes
Meckenheim: VIVARIA Verlag 2009
ISBN 978-3-9810412-5-5

Die Verwertung von Texten, insbesondere die Vervielfältigung, Übersetzung und Mikroverfilmung, ist auch auszugsweise ohne Zustimmung des Verlages verboten. Ohne schriftliche Genehmigung des Verlages ist es nicht gestattet, Abbildungen dieses Buches zu scannen, zu speichern, am Computer zu verändern oder zusammen mit anderen Bildvorlagen zu manipulieren.

Die Ratschläge und Anleitungen in diesem Buch wurden vom Autor nach bestem Wissen niedergeschrieben und vom Verlag und seinen Beauftragten sorgfältig geprüft. Dennoch kann eine Garantie nicht übernommen werden. Eine Haftung des Autors beziehungsweise des Verlages und seiner Beauftragten für Personen-, Sach- und Vermögensschäden ist ausgeschlossen. Ausgeschlossen ist ebenso die Haftung für Schäden, die aus der Verwendung von in diesem Buch empfohlenen Produkten resultieren könnten.

Alle Rechte vorbehalten
© 2009 VIVARIA Verlag
Oliver Drewes
Dürerstr. 23
53340 Meckenheim
www.vivaria-verlag.de

Gestaltung: Oliver Drewes
Zeichnungen: Vogelsang Werbegrafik, 53127 Bonn
Lektorat: Wort & Text, 40235 Düsseldorf
Herstellung: Oliver Drewes
Druck: Druckerei Hachenburg GmbH, 57621 Hachenburg

Printed in Germany
ISBN 978-3-9810412-5-5

VIVARIA
Verlag für Heimtierliteratur
www.vivaria-verlag.de

Vorwort

„Kompaktwissen Agamen“ basiert auf meinem Ende 2005 veröffentlichten Buch „Kompaktwissen Echsen“, das sich der Haltung verschiedenster Echsen widmet. Statt einer überarbeiteten zweiten Auflage, entschied ich mich für die Auskopplung und Erweiterung der Agamenporträts in Form eines eigenständigen Buches. Die Auswahl der beschriebenen Tiere erfolgte in Zusammenarbeit mit deutschen Zoofachgroßhändlern und spezialisierten Zoofacheinzelhändlern unter Berücksichtigung der meistverkauften Arten. Ergänzt um ähnlich zu haltende oder in der Literatur bisher wenig berücksichtigte Arten, werden in diesem Buch über dreißig Agamen ausführlich porträtiert. Oft wird kritisiert, dass eine – da in Massen importierte – verbreitete Art nicht automatisch problemlos haltbar sein muss. Gerade deshalb sollten aber auch diese Tiere in der Literatur nicht unbeachtet bleiben, sondern im Gegenteil als anspruchsvolle Terrarienbewohner dargestellt werden. In den Porträts der einzelnen Agamenarten finden Sie daher unter „Bemerkung“ und „Eignung“ entsprechende Hinweise.

Ergänzend zu den Artenporträts werden hilfreiche Klimadaten der Herkunftsgebiete dargestellt. Diese beziehen sich auf Werte einer Klimastation innerhalb des Verbreitungsgebietes. Messwerte einer größeren Anzahl von Klimastationen würden mit Sicherheit ein noch detaillierteres Bild darstellen, nur würde das den Rahmen dieses Buches sprengen. Zudem ist dem Terrarianer in der Regel der exakte Fundort innerhalb des Verbreitungsgebietes seiner gepflegten Art meist eh unbekannt, und es darf ohnehin eine Anpassungsfähigkeit der Agamenart unterstellt werden.

Von Bedeutung sind die monats- und jahresdurchschnittlich bezogenen Angaben der durchschnittlichen Temperatur sowie der relativen Luffeuchtigkeit und des Niederschlags in diesem Buch auch insofern, als der Terraristikspezialist Dohse Aquaristik basierend auf meinen Ideen Steuergeräte herstellt. Mit dem *Biotherm pro* ist es möglich, zwei unabhängige Temperaturbereiche per Fühlerkabel zu regeln oder neben nur einem Temperaturbereich zeitgesteuert Beregnungsanlagen per Sekundenschaltung zu regeln. Mit dem *ClimaControl* kann neben der Temperatursteuerung per Temperaturfühler die Feuchtigkeit bedarfsgerecht per Feuchtigkeitssensor gesteuert werden. Beide Geräte haben dazu eine Vielzahl von programmierbaren Zeitblöcken, um anders als herkömmliche Geräte nicht nur grob lediglich zwischen einer Tag- und einer Nachttemperatur zu unterscheiden.

Nach Grundlagen der Ernährung sowie Pflege und Zucht von Agamen, geht das Buch auf Terrarientypen, Einrichtung und Technik ein und schließt mit einem großen Serviceteil mit Informationen von rechtlichen Vorschriften bis zu bundesweiten Adressen von Behörden und Tierärzten ab. „Kompaktwissen Agamen“ wurde geschrieben, um Sie vor der Anschaffung einer Agame als Terrarientier gründlich über deren Haltung zu informieren. Ich hoffe, dass dieses Buch Sie bei Ihrem Hobby über viele Jahre begleiten und Ihnen immer wieder wertvolle Hinweise geben wird. Die Entscheidung, eine Agame zu pflegen, sollte nicht in spontaner Begeisterung getroffen werden. Zu bedenken sind der erforderliche Zeitaufwand, die Anschaffungs- und Unterhaltskosten, die Möglichkeit, ein Terrarium aufzustellen, und die dem Schwierigkeitsgrad der Haltung entsprechende Erfahrung. Wenn Sie sich nach der Lektüre dieses Buches ausreichend informiert fühlen und Ihr Terrarium fertig eingerichtet ist, werden Sie für Ihre Geduld durch das Beobachten des interessanten, abwechslungsreichen Verhaltens Ihrer Tiere reichlich belohnt. Dabei wünsche ich Ihnen viel Freude.

Meckenheim, Januar 2009
Oliver Drewes

INHALTSVERZEICHNIS

VORWORT 3

I. ANSCHAFFUNG 9
Überlegungen vor dem Kauf 9
Zeit- und Kostenaufwand 9
Welche Art soll gepflegt werden? 9
Wo Tiere im Urlaub unterbringen? 10
Der Kauf von Agamen 11
Auswahl 11
Transport 13
Quarantäne und Eingewöhnung 13
Vergesellschaftung 14
Die Anschaffung des Terrariums 15

II. AGAMEN IM PORTRÄT 17
Systematik 17
Reptilia (Klasse Reptilien) 19
Squamata (Ordnung Schuppenkriechtiere) 19
Sauria (Unterordnung Echsen) 20
Agamidae (Familie Agamen) 20
Erläuterung der Porträts 21
Acanthocercus atricollis 23
Acanthosaura armata 26
Acanthosaura capra 29
Acanthosaura crucigera 32
Acanthosaura lepidogaster 36
Agama aculeata 39
Agama armata 42
Agama lionotus dodomae 45
Bronchocela cristatella 48
Calotes emma 51
Calotes mystaceus 55
Calotes versicolor 57
Chlamydosaurus kingii 61
Draco volans 65
Gonocephalus chamaeleontinus 69
Gonocephalus grandis 73
Hydrosaurus amboinensis 76
Hydrosaurus weberi 79
Japalura splendida 82
Laudakia stellio picea 86
Leiolepis belliana 90
Leiolepis guttata 93
Leiolepis reevesii 96
Lophognathus temporalis 98

Physignathus cocincinus 101
Physignathus lesueurii 105
Pogona henrylawsoni 108
Pogona minor 113
Pogona vitticeps 116
Tympanocryptis tetraporophora 120
Uromastyx acanthinura 125
Uromastyx aegyptia microlepsis 130
Uromastyx geyri 133
Uromastyx ocellata 137
Uromastyx ornata 141
Xenagama taylori 145

III. HALTUNG VON AGAMEN 150
Grundlagen Ernährung 150
Wer frisst was? 150
Wasserbedarf 150
Zwangsfütterung 150
Trockenfutter 151
Grünfutter 151
Lebendfutter 153
Lebendfutter - Fang und Zucht 157
Lebendfutter selbst fangen 157
Lebendfutter selbst züchten 158
Ergänzungsfuttermittel 161
Notwendigkeit 161
Inhalte von Ergänzungsfuttermitteln 161
Vitamine 162
Mineralstoffe 163
Spurenelemente 165
Die Pflege von Agamen 166
Greifen und Halten 166
Hygiene 166
Winterruhe 167
Krankheiten und Verletzungen 168
Haltungsfehler vermeiden 174
Aufgabe des Hobbys – wohin mit den Tieren? 175
Die Zucht von Agamen 176
Voraussetzungen für die Zucht 176
Fortpflanzungszyklen 176
Stimulationsparameter 176
Paarung 179
Agameneier und ihre Inkubation 179
Inkubationssubstrate 182
Schlupf 183
Aufzucht 183

IV. BETRIEB VON TERRARIEN 184
Terrarientypen 184
Trockenterrarium 184
Waldterrarium 187
Regenwaldterrarium 188
Aquaterrarium 190
Gestaltung 192
Rückwände 192
Bau einer individuellen Rückwand 197
Bodengrund 200
Dekoration 203
Bepflanzung 205
Wasserteil 209
Feuchtigkeit 210
Klimafaktor Feuchtigkeit 210
Regelung der Feuchtigkeit 211
Befeuchtungssysteme 211
Temperatur 213
Klimafaktor Temperatur 213
Regelung der Temperatur 213
Heizsysteme 215
Beleuchtung 217
Klimafaktor Licht 217
Beleuchtung im Terrarium 218
UV-Bestrahlung 221
UV-B-Strahler im Vergleich 222
Zusammenfassung des Vergleichs 237
Beurteilung des Vergleichs 238

V. SERVICE 239
Rechtliche Bestimmungen 239
Washingtoner Artenschutzabkommen 239
EU-Artenschutzverordnung 239
Einfuhr geschützter Tierarten in die EU und ihre Ausfuhr 241
Durchführungsverordnung DVO (EG) Nr. 1808/01 242
Bundesnaturschutzgesetz 242
Bundesartenschutzverordnung 242
Polizeiliches Verwaltungsgesetz 243
Mietrecht 243
Tierschutztransportverordnung 243
Tierschutzgesetz 243
Mindestanforderungen an die Haltung von Reptilien 244
Adressen 245
Versicherungen 245
Museen und Zoos 246
Artenschutzbehörden der Bundesländer 249
Kopiervorlage Bestandsveränderungsanzeige 253

Kopiervorlage Herkunftsbestätigung 254
Tierschutzbehörden der Bundesländer 255
Herpetologische Gesellschaften, Behörden und Organisationen 256
Untersuchungsinstitute 258
Tierärzte 260
Zeitschriften & Internet 265
Kleines Lexikon 267

LITERATURVERZEICHNIS 272
PFLANZEN- UND TIERVERZEICHNIS 275
STICHWORTVERZEICHNIS 278
BILDQUELLENNACHWEIS 285
DANKSAGUNG 286

Trächtiges Weibchen der Zwergbartagame *Pogona henrylawsoni*.

Ein Terrarium ist ein Schmuckstück
in jeder Wohnung.

I. Anschaffung

Überlegungen vor dem Kauf

Zeit- und Kostenaufwand

Sicher wird die Anschaffung und Einrichtung eines Terrariums zunächst einen größeren **Zeitaufwand** darstellen. Das Studium von Fachbüchern, die Beratung im Zoofachgeschäft und der Kauf von Zubehör nehmen schon einige Tage, wenn nicht Wochen in Anspruch. Das Einrichten des Terrariums ist dann je nach Größe eine Sache von Stunden. Später muss neben dem Füttern und Beobachten noch Zeit für die Pflanzenpflege und die Reinigung eingeplant werden. Sicher hängt es von jedem Einzelnen ab, wie viel Zeit er in sein Hobby investiert, aber im Vergleich mit anderen Haustieren ist der Aufwand keineswegs größer.
Die **Kosten** teilen sich auf in die zunächst relativ hohen Anschaffungskosten und die geringeren, aber konstanten Unterhaltskosten. Anschaffungskosten sind im Wesentlichen Ausgaben für Terrarium, Einrichtungsgegenstände, Beleuchtung, Beheizung, Temperaturregler und Messinstrumente. Zu den laufenden Kosten gehören Ausgaben für Futter, Vitamine, Bodengrund, Strom und manchmal unumgängliche Tierarztkosten.
Gehen wir einmal von der Anschaffung eines 100 cm langen Glasterrariums mit einer Höhe und Breite von 50 cm aus, muss man dafür mindestens 125 bis 150 Euro veranschlagen. Als Beleuchtung gibt es ganz unterschiedliche Systeme, aber 75 bis 100 Euro sind minimal einzukalkulieren. Wärmestrahler mit Fassung kosten etwa 30 bis 40 Euro, alternative Heizmatten oder Heizkabel 40 bis 60 Euro. Temperaturregler mit Tag-Nacht-Automatik, wie sie für temperaturempfindliche Arten empfohlen werden, kosten zwischen 75 und 150 Euro. Einigermaßen zuverlässige Messinstrumente für Temperatur und Luftfeuchtigkeit gibt es schon ab 15 Euro. Je nach Tier und Geschmack kommen dann für Einrichtungsgegenstände von der Rückwand über die Dekoration und Bepflanzung bis zu den Trinkschälchen schnell noch einmal 75 Euro hinzu. Rechnet man die Beträge zusammen, kommt man auf ungefähre Anschaffungskosten zwischen 400 und 500 Euro.
Vernachlässigen wir einmal Kosten für Strom und die hoffentlich seltenen Tierarztbesuche, zählen zu den laufenden Kosten vor allem Ausgaben für Futter, Vitaminpräparate und Bodengrund. Diese sind je nach gepflegtem Tier so unterschiedlich, dass ich nur empfehlen kann, sich beim Fachhändler über Fressgewohnheiten, Abstände der Erneuerung des Bodengrundes und Ähnliches ausführlich beraten zu lassen.

Tipp: Besonders junge Terrarianer sollten vorher nachrechnen, ob das Taschengeld oder der Zuverdienst wirklich ausreicht, um die Verantwortung für ein Tier übernehmen zu können.

Welche Art soll gepflegt werden?

Hat man sich davon überzeugt, die Haltung von Agamen finanzieren zu können, stellt sich als nächste Frage, ob man bereit ist, einen gewissen Teil der Freizeit über die nächsten Jahre hinweg in das neue Hobby zu investieren. Zeit nehmen muss man sich unter Umständen besonders für Fütterung, Krankenpflege oder Aufzucht des Nachwuchses. Hat man auch dies berücksichtigt, geht es an die Auswahl der Art, die man pflegen möchte. Über Verhalten, Klimabedürfnisse (siehe Kapitel II, Agamen im Porträt) und Futtergewohnheiten (siehe im Kapitel III: Grundlagen Ernährung) muss man sich genauso informieren wie über die Frage, welche rechtlichen Bestimmungen (siehe im Kapitel V: Rechtliche Bestimmungen) bezüglich der Haltung zu beachten sind. Artgerechte Unterbringung bedeutet, den Tieren die Möglichkeit zu geben, ihr natürliches Verhalten auch im Terrarium zu zeigen. Bei Agamenweibchen ist es zum Beispiel ein Muss, eine Möglichkeit zur Eiablage anzubieten, da sie sonst an Legenot verenden können. Einer der wichtigsten Aspekte ist natürlich, wie groß das ausgewachsene Tier sein wird (siehe im Kapitel II: Beschreibung der Arten) und welche Terrarienmindestgröße somit erforderlich ist. Hat man sich mit dem Gedanken angefreundet, eine ganz bestimmte Art zu pflegen, und sich über deren Bedürfnisse informiert, ist noch zu berücksichtigen, ob das Terrarium auch an einem geeigneten Ort aufgestellt werden kann. Agamen fühlen sich zum Beispiel bedroht, wenn man sich bei der Beobachtung von oben nähert. Ihr Terrarium sollte daher mindestens in Augenhöhe aufgestellt werden. Unter Umständen spielt auch der Einfall von natürlichem Sonnenlicht eine Rolle.

Nach Klärung von Terrarientyp, -größe und -standort folgt die Anschaffung, Aufstellung und Einrichtung des Terrariums (siehe im Kapitel I: Die Anschaffung des Terrariums). Ist auch die Technik (siehe Kapitel IV, Betrieb von Terrarien) installiert, sollte das Terrarium einige Tage ohne eingesetzte Tiere in Betrieb genommen werden. Vor allem bei feuchtigkeits- und temperaturempfindlichen Arten muss das einwandfreie Funktionieren der technischen Geräte sichergestellt sein.

Wo Tiere im Urlaub unterbringen?

Abhängig von der Art der gepflegten Agamen und ihren Bedürfnissen sowie der Länge Ihres Urlaubs, brauchen Sie eine Vertretung. Viele Jungtiere müssen täglich gefüttert, manche Terrarien ohne Sprühanlagen täglich mit der Flasche besprüht werden. Bei manchen Agamen ist dies vielleicht aber auch gar nicht nötig. Je nach Art, Größe und guter Fütterung können sie problemlos eine Woche bis mehrere Monate fasten. Allerdings benötigen Jungtiere und Pflanzenfresser etwas häufiger Nahrung als die anderen. Kranke Agamen sollten selbstverständlich nicht ohne Aufsicht bleiben. Finden sich keine Personen im Bekanntenkreis oder unter den Nachbarn, denen Sie Ihre Tiere anvertrauen können, bleibt als allerletzte Möglichkeit, diese im Zoofachgeschäft einige Tage unterzubringen. Der Wechsel in eine neue Umgebung und die räumliche Enge der dortigen Unterbringung sind jedoch mit sehr viel Stress verbunden und wirklich nur als äußerste Notlösung zu empfehlen. Personen, die noch keine Erfahrung mit Terrarien haben, sollten Sie kurz in alle wesentlichen Aspekte einweisen und ihnen die technischen Geräte erklären und was eventuell bei deren Ausfall zu tun ist. Ob mit oder ohne Urlaubsvertretung sollten Sie Beleuchtungsdauer und Temperatur reduzieren. Werden diese im Rahmen der Verträglichkeit etwas verringert, verbrauchen die Tiere durch verlangsamten Stoffwechsel auch weniger Energie. Gleichzeitig wird durch die eingeschränkte Futteraufnahme auch die Verschmutzung geringer. Vor der Abfahrt sollte das Terrarium noch einmal gereinigt werden. Vor allem sollte den Tieren jedoch ausreichend Wasser zur Verfügung gestellt werden.

Tipp: Geben Sie der Urlaubsvertretung für Notfälle Ihre Telefonnummer, die eines befreundeten Terrarianers oder Fachhändlers.

Der Kauf von Agamen

Auswahl

Beim Erwerb besteht mitunter auch beim Fachhändler das Risiko, kranke Tiere zu erhalten. Daher sollten Sie auf einige allgemeine und spezielle Dinge achten.
Zunächst sollten Sie sich davon überzeugen, dass die Terrarien gepflegt und sauber sind. Temperatur und Luftfeuchtigkeit sollen den Anforderungen an die Haltung entsprechen. Der Kot im Terrarium sollte fest und geformt sein. Fallen Ihnen kranke Tiere auf, ist nicht auszuschließen, dass gesund erscheinende Tiere des gleichen Terrariums ebenfalls erkrankt oder infiziert sind. Generell sollten Sie kein Tier aus Mitleid kaufen oder in der Hoffnung, es schon wieder aufzupäppeln. Ich selbst musste die Erfahrung trotz besseren Wissens machen und würde mich freuen, Ihnen das mit diesem Ratschlag ersparen zu können.
Ein kompetenter Fachhändler überzeugt durch fundierte Beratung und lässt Ihnen ausreichend Zeit, ein Tier zu beobachten. Vielleicht sollten Sie ein Tier sogar über Tage hinweg beobachten und den Händler mehrfach besuchen. Günstig ist es, die Agame bei der Fütterung zu erleben. Sie sollte mit gutem Appetit fressen. Teilnahmslos wirkende Tiere könnten krank sein. Wählen Sie ein Tier, das bei schneller Handbewegung Fluchtreaktionen zeigt oder zumindest auf den Störenfried reagiert.
Wildfänge sollten bei der Auswahl nach Möglichkeit ausgeschlossen werden. Sie sind nicht nur stärker von Innen- und Außenparasiten befallen, sondern auch anfälliger für Krankheiten und schwieriger an die Terrarienhaltung zu gewöhnen als Nachzuchten. Des Weiteren sollte vermieden werden, den Bestand der Tiere in der Natur zu Gunsten der Terrarienhaltung zu dezimieren. Ausnahmen stellen natürlich Arterhaltungsmaßnahmen dar, die jedoch nicht bei allen Terrarianern das Motiv für die Haltung sein dürften.

Achten Sie im Speziellen auf das äußere Erscheinungsbild. Wie bei allen Echsen sollten Rippen, Rückenwirbel und Beckenknochen nicht zu stark hervortreten. Gliedmaßen sollten nicht geschwollen sein. Die Haut sollte einwandfrei, ohne Infektionen oder Geschwülste sein. Das Maul darf keine schmierigen Beläge haben, da dies Entzündungen oder Infektionen vermuten lässt. Ein ständig geöffnetes oder sich ruckartig öffnendes Maul könnte auf eine Erkältung hinweisen. Neben Maul und Nase sollten auch die Augen frei von Schleim und Verkrustungen sein. Die Augen sollten nicht zu tief in den Höhlen liegen. Ein geringer Befall von äußeren Parasiten ist hingegen zu vertreten. Die Muskulatur der Oberschenkel und der Schwanzwurzel sollte gut ausgeprägt sein. Es dürfen keine Schwellungen an den Gliedmaßen oder am Kiefer zu sehen sein. Gesunde Tiere zeigen kräftige und helle Farben. Die Augen sollten geöffnet und die Schleimhäute der meisten Arten rosafarben sein. Doch es gibt auch Ausnahmen, zum Beispiel sind bei vielen *Gonocephalus*-Arten Teile des Mundbereiches schwarz. Die Häutung der Agamen sollte rückstandslos verlaufen sein, da es beispielsweise durch Hautreste an den Zehen zu bedrohlichen Abschnürungen kommen kann. Gesunde kleine Agamen flüchten beim Herausnehmen oder wehren sich. Gesunde große Tiere zeigen Drohgebärden oder Abwehrverhalten.

Tipp: Nehmen Sie sich Zeit bei der Auswahl Ihrer Tiere. Beobachten Sie genau das Verhalten und untersuchen Sie den Gesundheitszustand. Kaufen Sie kein krankes Tier in der Hoffnung, es werde schon wieder gesund.

Auf Messen herrscht dichtes Gedränge wie auf Volksfesten. Stress für Tiere und Besucher.

Für viele Messen typische Tierpräsentation: enge Salatdosen.

Beim Kauf im Zoofachhandel können Sie Terrarientiere bei ihrem natürlichen Verhalten in Ruhe und über mehrere Tage beobachten, bevor Sie sich für ein Exemplar entscheiden.

Transport

Transport bedeutet für Tiere Angst und Stress. Um das zu minimieren, sollten Tiere grundsätzlich in dunklen, geschlossenen Behältern transportiert werden, die zudem mit Moos oder Schaumstoff ausgepolstert werden sollten. Luftlöcher sollten von innen nach außen gestochen werden, um Verletzungen zu vermeiden. Bei langen Transportwegen oder temperaturempfindlichen Arten bietet sich die Verwendung von Styroporboxen an, die sich mit Hilfe einer Wärmflasche mit maximal 35° C zusätzlich erwärmen lassen. Styroporboxen werden nicht mit Luftlöchern versehen, da dadurch die Isolierfunktion aufgehoben wird. In ausreichend großen Styroporboxen besteht auch bei stundenlangem Transport keine Erstickungsgefahr. Um gegenseitige Verletzungen auszuschließen, sollten Tiere grundsätzlich einzeln eingepackt werden.

Agamen werden in nach links gedrehten Stoffsäcken untergebracht, die keine Löcher haben dürfen, die von den Tieren schnell erweitert würden, und aus reißfestem Material bestehen müssen. Kleineren Exemplaren sollte man etwas trockenes Moos oder Styroporchips in den Beutel geben. Beim Verschnüren ist darauf zu achten, dass keine Gliedmaßen oder Schwänze abgebunden werden. Vor Zugluft geschützt, sollte der Sack in einen Karton oder eine Styroporbox gelegt werden. Kleinere Agamen können gut in Heimchendosen untergebracht werden. Bei längerem Transport kann man diese mit feuchtem Papier auslegen oder einen feuchten Schwamm beilegen.

Um Infektionskrankheiten auf jeden Fall auszuschließen, sollten Sie Kartons nach dem Transport wegwerfen. Styroporboxen können nach dem Desinfizieren erneut verwendet werden, Leinensäcke nach dem Kochen.

Tipp: Rechtliche Aspekte, vor allem beim längeren Transport, finden Sie im Kapitel Rechtliche Bestimmungen unter Tierschutztransportverordnung beschrieben.

Quarantäne und Eingewöhnung

Quarantänemaßnahmen sind bei allen neu angeschafften oder kranken Tieren von großer Bedeutung. Nur so können Sie bereits vorhandene Tiere vor dem Einschleppen von Parasiten oder Krankheitserregern schützen. Sicher könnten Sie bei der Erstanschaffung eines einzelnen Tieres darauf verzichten. Aber wenn es doch erkrankt, können Gesundung und ausreichende Hygiene nur im Quarantäneterrarium sichergestellt werden. Unter Umständen können Einrichtungsgegenstände des eigentlichen Terrariums nur mit großem Aufwand erregerfrei gemacht werden und müssen Bodengründe komplett entsorgt werden.
Die Quarantäne sollte mindestens vier bis sechs Wochen, am besten aber zwei bis drei Monate durchgehalten werden. Als Quarantäneterrarium können Glas- oder Kunststoffbehälter verwendet werden. Glasbehälter haben meist den Vorteil, dass die Scheiben nicht so leicht verkratzen. Eine leicht erhöhte Temperatur während der Quarantäne ist empfehlenswert. Bei großer Nervosität des Tieres sollte das Terrarium anfangs mit einem Tuch bedeckt werden, das nach und nach zurückgezogen wird. Es empfiehlt sich, als Bodengrund lediglich Zeitungs- oder Küchenpapier zu verwenden, das einfach gewechselt und entsorgt werden kann. Die Einrichtung sollte zweckmäßig und leicht desinfizierbar sein. Sie muss dem Tier aber ausreichend Rückzugsmöglichkeiten bieten. Dieselben Futterpinzetten sollten nicht mehr für das normale

Terrarium benutzt werden. Für jedes Terrarium verwendet man am besten ein eigenes Netz, eine eigene Pinzette und eigene Reinigungsutensilien. Diese sind regelmäßig zu desinfizieren und anschließend 24 Stunden zu wässern. Als Dekoration oder Klettermöglichkeit sollten einfache Äste und Zweige dienen, die Sie später wegwerfen können. Futter- und Wasserschalen sollten täglich heiß ausgewaschen werden.

Während von Beginn an frisches Trinkwasser zur Verfügung stehen muss, sollte mit dem Füttern von kleinen Mengen erst nach ein bis zwei Tagen begonnen werden. Je nach Herkunft und Import des Tieres ist sein Organismus nicht mehr an größere Futtermengen gewöhnt. Bei karnivoren Agamen reicht die Fütterung nach einer Woche, manche Exemplare fressen erst nach zehn bis 15 Tagen.

Wer es besonders ernst nimmt mit der Quarantäne beziehungsweise Wildfänge erworben hat, sollte Kotproben zur parasitologischen Untersuchung (siehe Forschungs- und Untersuchungsinstitute) einschicken. Um aussagekräftige Ergebnisse zu erhalten, sollten aber mindestens drei Proben im Abstand von vier Wochen eingeschickt werden, da nicht bei jedem Koten Parasiten mit ausgeschieden werden. Jede Probe sollte frisch sein und kann mit etwas Wasser angefeuchtet werden, um ein Austrocknen während des Transports zu vermeiden. Recht gut eignen sich dazu Filmdöschen.

Nach Verlassen des Quarantäneterrariums wird das Tier in sein neues Heim gesetzt. Ist dieses schon von Artgenossen bewohnt, sollte die Dekoration komplett neu eingerichtet werden. Bestehende Reviere würden es dem Neuankömmling nicht gestatten, Fuß zu fassen. Wichtig in der umgestalteten Dekoration sind Sichtbarrieren, Versteckmöglichkeiten und mehrere Futterschalen, um auch hier Streitigkeiten zu vermeiden. Neue Tiere, die dennoch unterdrückt werden und sogar die Futteraufnahme verweigern, halte ich persönlich separat, bis sie etwas größer und den anderen körperlich nicht mehr so unterlegen sind. Generell lassen sich junge Tiere aber schneller und besser in eine Gruppe integrieren als bereits ausgewachsene. Natürlich darf der Größenunterschied nicht so erheblich sein, dass die kleineren Tiere von ihren Artgenossen als Futtertiere angesehen werden. Am sichersten ist es selbstverständlich, bestehende Gruppen überhaupt nicht mehr zu erweitern.

Tipp: Grundsätzlich gilt: kein Terrarium ohne zweites Quarantäneterrarium. Im Notfall sollte man keine Zeit dadurch verlieren, erst noch eines kaufen zu müssen.

Vergesellschaftung

Bei der Vergesellschaftung geht es darum, mehrere Tiere gleicher oder unterschiedlicher Art derart zusammen zu halten, dass kein Tier in seiner Entwicklung, seinem Verhalten und seiner Gesundheit beeinträchtigt wird.

Zunächst muss man zwischen innerartlicher Vergesellschaftung und der unterschiedlicher Arten unterscheiden. Bei der innerartlichen Vergesellschaftung ist das Verhalten von Männchen und Weibchen und besonders das Verhalten von mehreren Männchen untereinander entscheidend. Grundsätzlich ist das Territorialverhalten zu beachten und dafür zu sorgen, dass durch die Struktur der Einrichtung Sichtschutz geschaffen wird, damit sich Revierkämpfe nicht zu Dauerstress entwickeln oder zu psychischer oder physischer Unterdrückung führen. Es kann erforderlich sein, mehrere Futterstellen einzurichten. Auch bei nebeneinander oder gegenüber stehenden Terrarien sollte ein Sichtschutz das gegenseitige Stressen verhindern.

Denkt man an die Vergesellschaftung unterschiedlicher Arten, gibt es einige generelle Hinweise zu beachten. Auf Grund der Verschiedenheit der Arten ist es besonders wichtig, nur gesunde Tiere zusammenzusetzen. Die Anschaffung eines Quarantäneterrariums für neue, kranke oder nachgezogene Tiere ist dringendst zu empfehlen. Tiere unterschiedlicher Größe sollten nicht zusammen gehalten werden, da es in Folge des Räuber-Beute-Verhaltens zum Tod der kleineren Art durch Stress oder Verletzung kommt. Echsen sollten nicht zusammen mit Schlangen gehalten werden. Keine der beiden Ordnungen sollte zudem mit Schildkröten vergesellschaftet werden. Es besteht die Gefahr, durch Schildkröten die Amöbenruhr zu übertragen, die für Echsen und Schlangen meistens tödlich verläuft. Es ist möglich, Arten verschiedener Kontinente gemeinsam zu pflegen, jedoch müssen die klimatischen Ansprüche der zu vergesellschaftenden Arten die gleichen sein. Hinweise, welche Arten grundsätzlich miteinander vergesellschaftet werden können, finden sich bei den jeweiligen Artenbeschreibungen in Kapitel II.

Zeigen Tiere – unabhängig davon, ob die Vergesellschaftung innerartlich ist oder nicht – trotz Ausweichmöglichkeiten im Terrarium permanentes Demutsverhalten, sind sie außergewöhnlich scheu oder entwickeln ihre sonst prächtigen Farben nicht, ist die Vergesellschaftung als missglückt anzusehen. Die Tiere müssen separiert werden. Anhaltende Nahrungsverweigerung, auffallend häufige Erkrankungen und überdurchschnittlicher Parasitenbefall können die Folge von Dauerstress sein und machen ebenfalls eine Trennung unumgänglich.

Die Anschaffung des Terrariums

Obwohl im Handel eine Vielzahl fertiger Terrarien in den unterschiedlichsten Größen angeboten werden, kann auf Grund besonderer Maße oder Vorstellungen des Halters der Eigenbau eine Alternative sein. Als Material hat Glas gegenüber Kunststoff den Vorteil, dass es nicht so schnell verkratzen und durch Reinigungs- und Desinfektionsflüssigkeiten nicht an Transparenz verlieren kann. Der Nachteil ist jedoch, dass Glas recht schwer ist, schlecht isoliert und schnell bricht beziehungsweise zerspringt. Je nach gepflegter Art können für den Terrarienbau auch Materialien wie Holz oder Spanplatten, Styropor oder Styrodur verwendet werden.

Beachten Sie, dass ein Terrarium für kletternde Tiere ausreichend hoch und eines für bodenbewohnende ausreichend breit sein sollte. Arten, die von Natur aus scheu sind, brauchen generell größere Terrarien. Wenn sie wissen, dass sie genug Platz zum Flüchten haben, bleiben sie auch eher an ihrer Stelle sitzen, statt panikartig zu flüchten, wenn sich der Pfleger nähert.

Besonders wichtig sind mindestens zwei Belüftungsöffnungen. Je nach Größe der Futtertiere wird Lochblech oder Drahtgaze verwendet. Generell besteht bei schlechter Belüftung die Gefahr von Atemwegserkrankungen. Des Weiteren bilden sich schnell Pilze und Schimmel auf natürlicher Dekoration, Bodengrund und Exkrementen. Feuchtterrarien sollten so belüftet sein, dass die Terrarienscheiben trotz hoher Luftfeuchtigkeit nicht dauerhaft beschlagen sind. In industriegefertigten Terrarien befinden sich Lüftungsgazen meist an der Vorderseite unterhalb der Schiebescheiben und als schmaler Streifen oben am Terrariendeckel. Letzteres ist wichtig, um durch Ausleitung der Wärme aus dem Terrarium eine übermäßige Aufheizung zu vermeiden. Trockenterrarien sollten möglichst oben so große Lüftungsöffnungen

haben, dass die Luftfeuchtigkeit tagsüber nur sehr gering ist.
Für die Aufstellung kommen je nach Terrarientyp nur bestimmte Orte in Frage. Nach Möglichkeit sollten Terrarien nicht in Durchgangsbereichen wie Fluren oder in Türnähe aufgestellt werden. Unbeheizte, feuchte Terrarien, deren Temperatur nicht über 18-20° C steigen sollte, eignen sich nicht für Wohnräume mit Temperaturen über 21° C und bleiben so dem kühleren Hobby- oder Kellerraum vorbehalten. Soll das Terrarium an einem hellen Fensterplatz mit direkter Sonne aufgestellt werden, können keine Tiere gepflegt werden, die sich ausschließlich in schattigen Zonen aufhalten. Zudem muss sichergestellt sein, dass sich das Terrarium unter der Sonneneinwirkung nicht überhitzt. Auf jeden Fall muss das Terrarium hoch genug aufgestellt werden, da die Tiere in Panik ausbrechen, wenn man sich beim Beobachten von oben nähert.
Natürlich muss auch eine Steckdose beziehungsweise sogar eine Mehrsteckerleiste in der Nähe sein, um Licht, Heizung, Temperaturregler, Luftbefeuchter et cetera anschließen zu können. Das Terrarium sollte, um Spannungen im Bodenglas zu vermeiden, auf eine Unterlage gestellt werden. Besser als die üblichen Aquarienunterlagen ist eine Styroporplatte, da sie noch stärker wärmeisolierend wirkt. Ein Terrarienschloss verhindert ein Ausbrechen der Tiere und ist bei Kindern im Haushalt ein generelles Muss.

Literaturtipp: Tragen Sie sich mit dem Gedanken, ein Terrarium selbst zu bauen, gibt Ihnen folgendes Buch wertvolle Hilfestellung: WILMS, T. (2004):**Terrarieneinrichtung. Grundlagen, Materialien, Methoden**. Natur und Tier Verlag, Münster.

Tipp: Verkaufsterrarien stellen keine Anhaltsgrößen für die private Haltung dar. Zoofachgeschäfte haben Ausnahmegenehmigungen für das vorübergehende Unterschreiten der Mindestterrariengrößen sowie kurzzeitigen Überbesatz.

Agamenterrarien müssen je nach gepflegter Art nicht zwangsläufig Trockenterrarien sein.

II. AGAMEN IM PORTRÄT

Systematik

Terrarianer, die sich über ihre Tiere informieren, stoßen in der Literatur auf vielerlei wissenschaftliche Bezeichnungen, Abkürzungen, Symbole und Zahlen.
Beginnen wir mit den wissenschaftlichen Bezeichnungen. Um Lebewesen überhaupt eindeutig benennen und klassifizieren zu können, wurde von Linné die binominale (heute trinominale) Systematik entwickelt, die jeder Art einen bestimmten Namen zuweist. Systematiker und Taxonomen beschreiben neue Arten und versuchen, sie nach ihrer Verwandtschaft untereinander in das System einzuordnen.
Die gröbste Einteilungsstufe ist das Reich mit der Unterscheidung in Pflanzen, Pilze, Tiere und Protisten. Die nächst untere Stufe ist der Stamm, der das einzelne Reich weiter unterteilt. Einer dieser Stämme sind beispielsweise die Chordatiere (Chordata), zu denen auch die Wirbeltiere (Vertebrata) gehören. Darauf folgen die Klassen (z.B. Reptilia), die sich wiederum in Ordnungen (z.B. *Squamata*, Schuppenkriechtiere), Unterordnungen (z.B. Sauria, Echsen), Familien (z.B. Agamidae), Gattungen (z.B. *Uromastyx*), Arten (z.B. *dispar*) und Unterarten (z.B. *flavifasciata*) aufteilen.
Der wissenschaftliche Name aller Tiere besteht aus der Bezeichnung der Gattung, der Art, falls vorhanden der Unterart, dem Beschreiber und dem Jahr der Beschreibung. Dabei werden Gattung, Art und Unterart kursiv geschrieben, wobei Art und Unterart mit kleinen Buchstaben beginnen. Darauf folgen, meist in Großbuchstaben, der Beschreiber und durch ein Komma getrennt das Jahr der Beschreibung. Sind Name und Jahr in Klammern gesetzt, bedeutet dies, dass der ursprüngliche Gattungsname, mit dem die Art beschrieben wurde, nicht mehr mit der Gattung identisch ist, in der die Art heute geführt wird. Hinter der Bezeichnung *Laudakia stellio* (Linnaeus, 1758) verbirgt sich zum Beispiel der Hardun, der bereits 1758 von Linnaeus als *Lacerta stellio* beschrieben wurde. Neben der Art *stellio* umfasst die Gattung *Laudakia* weitere Arten wie z.B. *caucasia*, *melanura* und *nupta*, um nur einige zu nennen. Die Art *Laudakia stellio* weist wiederum mehrere Unterarten auf. So werden unter anderen *Laudakia stellio daani*, *Laudakia stellio picea und Laudakia stellio stellio* unterschieden. In der Literatur kürzt man häufig den Artnamen ab, wie beispielsweise bei *Laudakia s. daani*, wenn mehrere Unterarten einer Art nacheinander aufgezählt werden. *Laudakia* spec. würde bedeuten, dass die Artzuordnung nicht geklärt ist. Dies kann bedeuten, dass es sich um eine neue, noch nicht beschriebene oder aber um eine nicht näher bestimmte Art handelt. Die Bezeichnung *Laudakia stellio* ssp. würde für eine nicht geklärte Unterart verwendet werden.
Im Lateinischen stimmen grammatisches Geschlecht von Adjektiv und Bezugs-Substantiv überein. Oft, aber nicht immer, enden männliche Bezugs-Substantive auf -us, weibliche auf -a. Je nach grammatischem Geschlecht des Gattungsnamen wird der Artname angepasst. Ändert sich bei einer Art die Gattungszuordnung und damit der Gattungsname, muss auch das Geschlecht des Adjektivs angepasst werden. Beim Gattungswechsel der Bartagame von *Amphibolurus barbatus* (*Amphibolurus* ist männlich, daher auch das Adjektiv „bärtig" im lateinischen „*barbatus*" auf -us endend) zu *Pogona*, musste entsprechend das Geschlecht des Adjektivs ebenfalls auf die weibliche Endung „*barbata*" angepasst werden. „*barbatum*" hätte das Adjektiv dann heißen müssen, wenn das Bezugs-Substantiv das lateinische und komplizierte Neutrum gewesen wäre.
Manchmal begegnet man bei der Artbezeichnung auch kursiv geschriebenen ‚Personennamen'. *Gonocephalus kuhlii* bedeutet zum Beispiel, dass diese Art der Gattung *Gonocephalus* vom Erstbeschreiber nach

einem Herrn Kuhl benannt wurde. Würde dieser Skink *Gonocephalus kuhlae* heißen, könnte man ablesen, dass es sich um eine Frau Kuhl gehandelt hat, nach der die Art benannt wurde. Dass Artnamen, die auf Personennamen basieren, -ii als Endung tragen, kommt daher, dass früher das Gebot, bei wissenschaftlichen Namen Latein zu verwenden, sehr konsequent angewendet wurde. Wurde ein Tier nach einer Person benannt, wurde der Personenname vorher latinisiert, also so behandelt, als wäre er ein lateinischer Name. Aus dem Namen Kuhl wird dann Kuhlius. Wenn zum Personennamen der Genitiv gebildet wird, da es ja Kuhls Winkelkopfagame ist, muss gemäß den lateinischen Grammatikregeln ein -i an den Wortstamm angehängt werden. Da der Wortstamm von Kuhlius, Kuhli lautet, da -us ja nur die männliche Endung ist, entsteht durch das Genitiv-i dann kuhlii. Zu dem selben Ergebnis kommt es natürlich, wenn die Person nicht Kuhl sondern Kuhli heißen würde, denn auch dann wäre der Artname *kuhlii*.

Häufig stößt man in Händlerlisten oder Anzeigen auf verschiedene Abkürzungen:

WF = Wildfangtier, das heißt in der Natur geboren
NZ = Nachzuchttier, das heißt in menschlicher Obhut geboren
DNZ = in Deutschland nachgezüchtetes Tier
FZ = Farmzuchttier, das heißt meist im Ausland in großer Zahl gezüchtetes, importiertes Tier
ZP = Zuchtpaar
ZG = Zuchtgruppe
KRL = Kopf-Rumpf-Länge
LBH = Länge x Breite x Höhe (von Terrarien)

Ebenso finden sich in Haltungsempfehlungen oder Händlerlisten Zahlen:

1,0 = ein männliches Tier
0,1 = ein weibliches Tier
1,2 = ein männliches und zwei weibliche Tiere
0,0,2 = zwei Tiere unbekannten Geschlechts

Zwergbartagame, *Pogona henrylawsoni*

Reptilia
(Klasse Reptilien)

Die Klasse der Reptilien wird neben der Klasse der Vögel und der Klasse der Säugetiere zu den höheren Wirbeltieren gerechnet. Reptilien werden mit etwa 7300 Arten in vier Ordnungen unterteilt. Die Ordnung der Rhynchocephalia besteht heute nur noch aus zwei Arten von Brückenechsen, die als Terrarientiere nicht gehalten werden dürfen. Die Ordnung der Krokodile, Crocodylia, mit 23 Arten eignet sich kaum für die private Haltung. Etwa 250 Arten umfasst die Ordnung der Schildkröten, Testudines. Die vierte Ordnung ist die der Schuppenkriechtiere.

Reptilien haben eine trockene, drüsenarme Haut, die nicht wie bei anderen Tieren mit Haaren oder Federn bedeckt ist. Im Gegensatz zu Vögeln oder Säugetieren sind Reptilien wie Amphibien, Fische und alle Wirbellosen Poikilotherme, Wechselwarme, deren Körpertemperatur von der Umgebungstemperatur abhängig ist. Da sie selbst keine konstant hohe Körpertemperatur produzieren, können sie in kalten Regionen nur schwerer überleben.

Bei vielen Reptilien entscheidet die Temperatur während einer bestimmten Phase der Embryonalentwicklung über das Geschlecht. Dies ist je nach Art jedoch unterschiedlich. Bei Schildkröten bestimmen niedrige Bruttemperaturen von 25-28° C das männliche und hohe von 28-32° C das weibliche Geschlecht. Bei Echsen verhält es sich genau umgekehrt.

Squamata
(Ordnung Schuppenkriechtiere)

Die größte Ordnung der Schuppenkriechtiere, Squamata, teilt sich mit etwa 7000 Arten in die Unterordnung der Echsen, Sauria, und die der Schlangen, Serpentes. Als wechselwarme Tiere sind Reptilien besonders wärmebedürftig und daher in ihrer Verbreitung überwiegend auf die tropischen bis subtropischen Zonen beschränkt. Nur wenige Arten haben sich an Gebiete mit kalten Jahresabschnitten angepasst. Diese suchen mit abnehmender Tageslänge frostfreie Schlupfwinkel auf. In der Winterruhe kommt der Stoffwechsel nahezu zum Erliegen.

Neben den Echsen mit ausgebildeten Gliedmaßen und den Schlangen mit vollständig zurückgebildeten Gliedmaßen haben sich analog auch Echsen mit schlangenähnlichem Körperbau und Gliedmaßen entwickelt. Der gravierendste Unterschied zwischen Echsen und Schlangen ist, dass Echsen ein zum Teil von außen gut sichtbares Trommelfell besitzen, während man vermutet, dass Schlangen nicht hören können. Als Ausgleich können Schlangen allerdings schon die kleinsten Erschütterungen des Untergrundes wahrnehmen.

Die oberste Hautschicht von Echsen und Schlangen besteht aus verhorntem Gewebe und schützt die Tiere vor Austrocknung. Typisch für Schuppenkriechtiere ist das regelmäßige Abstoßen und Erneuern der obersten Hautschicht, da diese nicht mitwächst. Manche Arten verlieren die Haut in Fetzen, andere häuten sich in einem Stück. Für die Häutung ist die Luftfeuchtigkeit von besonderer Bedeutung. Sie darf nicht zu niedrig sein, da die Tiere sonst Häutungsprobleme bekommen. In solchen Fällen hilft man durch mehrmaliges Besprühen oder mit einem Bad in lauwarmem Wasser.

Sauria
(Unterordnung Echsen)

In der Unterordnung der Echsen sind etwa 4600 Arten in über 20 Familien eingeteilt. Mit wenigen Ausnahmen sind Echsen typische Landtiere. Vor allem in den Familien der Agamen, Chamäleons, Geckos und Leguane finden sich die für die Pflege im Terrarium am besten geeigneten Arten. Echsen sind mit Ausnahme der Polarregionen weltweit verbreitet.

Das Wort Echse leitet sich vom Wort Eidechse ab und ist im 19. Jahrhundert durch einen Trennungsfehler der Gelehrten entstanden; es hätte korrekterweise also Dechse heißen sollen. Die ursprünglichen Namensgeber, die Eidechsen, sind heute als Familie Lacertidae (Halsbandeidechsen) der Unterordnung der Echsen unterstellt. Viele europäische Arten sind vom Aussterben bedroht und stehen heute ausnahmslos unter Schutz.

Die Männchen vieler Echsenarten sind sehr territorial. Unterlegene Tiere werden stressbedingt geschwächt und sind so auch anfälliger für Infektionen und Parasitenbefall. Die überwiegende Zahl der Echsen ist karnivor bis omnivor. Zu den bekanntesten, sich überwiegend herbivor ernährenden Echsen zählt der Grüne Leguan oder der Wüstenleguan.

Agamidae
(Familie Agamen)

Die Familie der Agamen umfasst über zwei Dutzend Gattungen mit mehr als 370 Arten. Weil sie vom Süden Europas über Afrika und Asien bis Australien verbreitet sind, werden Agamen als „Altwelttiere“ bezeichnet. Die in Anatomie und Verhalten sehr ähnlichen Leguane kommen dagegen nahezu ausschließlich in der Neuen Welt vor.

Die meisten Agamenarten haben einen kräftig ausgeprägten Kopf, gut entwickelte Gliedmaßen und einen langen Schwanz. Anders als bei Leguanen wachsen verlorene Zähne bei Agamen nicht nach. Verlorene Teile des Schwanzes verheilen, wachsen aber in der Regel nur klumpig nach. Ausnahmen sind zum Beispiel bei *Agama agama* und *Physignathus lesueurii* beobachtet worden. Um das Droh- und Balzverhalten zu unterstützen, zeichnen sich Agamen anatomisch oft durch Hautkämme, Knochenwülste und Kehlsäcke aus.

Viele Agamen sind gute Kletterer, Schwimmer und Läufer. Zum Teil können sie sich sehr schnell auf zwei Beinen fortbewegen. In der Regel sind die boden- und baumbewohnenden Arten der Agamen tagaktiv. Eine dämmerungsaktive Art ist *Brachysaura minor*. Stimmungsbedingt können sich Agamen, überwiegend am Kopf, farblich verändern. Bei Erregung nicken viele Arten mit dem Kopf und winken mit den Vorderbeinen.

Zahlreiche Agamenarten verbringen eine mehrwöchige bis mehrmonatige Winterruhe. Im Terrarium ist dies Voraussetzung zur Zucht und erhöht darüber hinaus die Lebenserwartung der Tiere. In der Mehrzahl ernähren sich Agamen karnivor bis omnivor.

Calotes versicolor

Erläuterung der Porträts

Nachfolgend wird eine Auswahl der am häufigsten gehaltenen Agamen vorgestellt. Dem (angehenden) Terrarianer soll dadurch ein Überblick verschafft und die Entscheidung erleichtert werden, sich auf die Pflege einer bestimmten Art oder Gattung zu spezialisieren. Für Fortgeschrittene sind Tiere beschrieben, die eine gewisse Erfahrung voraussetzen.

Familie: Die in diesem Buch verwendete Namensgebung entspricht dem aktuellen Stand der Systematik. Durch immer neue Erkenntnisse der Zoologen ist die taxonomische Einteilung jedoch ständigen Veränderungen unterworfen. Die alphabetische Reihenfolge wird bei Arten unterbrochen, bei denen die Beschreibung einer Nominatform vorangestellt wird.

Herkunft: Angabe, wo die beschriebene Art ihr natürliches Verbreitungsgebiet hat.

Größe: Genannt werden die Gesamtlänge – das heißt das Maß für die Körperlänge vom Anfang der Schnauze bis zur Schwanzspitze – und die Kopf-Rumpf-Länge, das heißt das Maß vom Anfang der Schnauze bis zum Kloakenspalt.

Beschreibung: Auflistung der typischen Erkennungsmerkmale einer.

Aktivitätszeit: Angabe, wann die Tiere aktiv und so am besten zu beobachten sind.

Lebensweise: Information, ob die Art in der Natur boden-, busch-, fels- oder baumbewohnend ist.

Verhalten: Beschreibung des Verhaltens der Tiere in ihrem natürlichen Lebensraum und im Terrarium.

Soziale Zusammensetzung: Die Hinweise sind wie folgt zu verstehen: 1,0 oder 0,1 bedeutet, dass Männchen beziehungsweise Weibchen einzeln zu halten sind. 1,1 signalisiert, dass die Tiere paarweise gepflegt werden müssen. 1,X bedeutet, dass mit einem Männchen mehrere Weibchen gehalten werden können. X,X verrät Ihnen, dass mehrere Männchen mit mehreren Weibchen gehalten werden können, was selten und nur bei aggressionslosen Arten der Fall ist. Allgemeine Hinweise zur Vergesellschaftung unterschiedlicher Arten und eventuelle Probleme können Sie im Kapitel Anschaffung nachschlagen.

Geschlechtsunterscheidung: Hinweise auf Merkmale zur Unterscheidung der Geschlechter bei erwachsenen Tieren.

Nahrung: Auflistung üblicher Futterarten.

Terrarium: Informationen zum Terrarientyp, Tipps zur Dekoration und Einrichtung sowie Angaben zur Größe des Terrariums. Diese sind angelehnt an die gesetzlichen Mindestanforderungen an die Haltung von Reptilien, wurden aber im Zweifelsfall zu Gunsten der Art nach oben verändert.

Temperatur: Temperaturempfehlungen für Tag, Nacht, Wasserteile und Sonneninseln.

Luftfeuchtigkeit: Angabe der optimalen Luftfeuchtigkeit am Tag und in der Nacht. Wichtig für die problemlose Häutung.

Beleuchtung: Angaben zu Beleuchtungszeiten und Hinweis auf die Notwendigkeit von UV-Bestrahlung.

Winterruhe: Beschreibung von Dauer und Temperatur der winterlichen Ruhezeiten. Oft Voraussetzung für die erfolgreiche Zucht.

Fortpflanzung: Informationen zu Eiablage, Gelegegröße sowie Inkubation der Eier.

Bemerkung: Hier werden Eigenheiten der Art oder über die übliche Porträtierung hinausgehende Informationen genannt.

Eignung: Unter Eignung werden Schwierigkeitsgrad und besondere Ansprüche an die Terrariengröße, Erfahrung des Pflegers et cetera hervorgehoben.

Literaturtipp*:* Empfehlungen, wo über dieses Buch hinausgehende Informationen zu finden sind.

Klimagraphiken: Beziehen sich repräsentativ auf Werte einer einzelnen Klimastation innerhalb des Verbreitungsgebietes basierend auf den Veröffentlichungen von Müller (1996) im Handbuch ausgewählter Klimastationen der Erde. Zu beachten ist, dass die klimatischen Bedingungen vor allem bei Arten mit großen Verbreitungsgebieten, je nach Standort sehr unterschiedlich sein und von den hier dargestellten Klimadaten mehr oder weniger stark abweichen können. Die Auswahl der Stationen erfolgte nach Informationen des Großhandels über die Fanggebiete der importierten Arten (HOCH, schriftliche Mitteilung), Standortbenennungen aus Primärquellen oder repräsentativer Erachtung. Insofern sind die Angaben als grundlegende Informationen zum jährlichen Klimaverlauf zu verstehen. Mitunter weichen Angaben auch von anderer Literatur ab. So wird zum Beispiel für die Australische Kragenechse *Clamydosaurus kingii* eine abweichend höhere Haltungstemperatur und von HAUSCHILD & BOSCH (2003) eine sechs- bis zehnwöchige Winterruhe bei 18-20° C beschrieben. Da Importe aber nicht aus Australien, sondern dem Süden Neuguineas stammen (HOCH, schriftliche Mitteilung), werden hier herkunftsbezogen niedrigere Haltungstemperaturen und keine Winterruhe empfohlen. Inwieweit Winterruhe positiv die Fortpflanzung stimulieren könnte, bleibt dabei unberücksichtigt. Dass ein Terrarium zur Thermoregulierung der Arten unterschiedliche Temperaturbereiche und wärmere Sonneninseln aufweisen sollte, ist selbverständlich.

Die obere Klimagrafik des Artenporträts zeigt jeweils als orangefarbene Fläche die Bandbreite der durchschnittlichen minimalen und maximalen Temperaturen im Monatsverlauf. Die rote Fläche zeigt die während des jeweiligen Monats tiefsten und höchsten gemessenen Einzeltemperaturwerte. Die schwarze Kurve stellt die monatsdurchschnittlichen Temperaturen dar. Die untere Klimagrafik zeigt jeweils die monatsdurchschnittlichen Werte für Niederschläge in mm sowie relative Luftfeuchtigkeit in %.

Nachfolgende Skizze zeigt die Standorte der in den Porträts erwähnten Klimastationen:

Klimastationen in alphabetischer Reihenfolge: Ambon (Molukken (Indonesien) = **24**, Būr Sūdān (Sudan) = **7**, Charleville (Australien) = **30**, Cloncurry (Australien) = **28**, Dar-es-Salaam (Tansania) = **5**, Daru (Papua-Neuguinea) = **25**, Er-Riad (Saudi-Arabien) = **9**, Ghudamis (Libyen) = **1**, Guilin (China) = **11**, Hanoi (Vietnam) = **13**, Harar (Äthiopien) = **6**, Hefa (Israel) = **8**, Jakarta (Java (Indonesien) = **23**, Kuching (Malaysia) = **21**, Mtwara (Tansania) = **4**, Multan (Pakistan) = **10**, Nakhon Ratchasima (Vietnam) = **15**, Nanning (China) = **12**, Pinang (Malaysia) = **19**, Pontianak (Indonesien) = **22**, Pulau Labuan (Malaysia) = **20**, Saigon (Vietnam) = **16**, Surat Thani (Thailand) = **17**, Tabora (Tansania) = **3**, Takingeun (Indonesien) = **18**, Tamanrassset (Algerien) = **2**, Thursday Island (Australien) = **26**, Townsville (Australien) = **27**, Vientiane (Laos) = **14**, Windorah (Australien) = **29**, Yalgoo (Australien) = **31**.

Acanthocercus atricollis

(Smith, 1849)

Blaukehlagame

Anderer Name: Blauköpfige Baumagame.
Herkunft: Nördliches Äthiopien, gesamtes Ostafrika bis nördliches Südafrika an den Küsten des Kwazulu-Natals und des Ovambolandes (Branch, 1998)
Größe: Gesamtlänge bis 33 cm, Kopf-Rumpf-Länge bis 15 cm.
Beschreibung: Die Oberseite beider Geschlechter ist graubraun bis -grün gefärbt. Neben einem großen, dunkelbraunen Schulterfleck zeigt die Art auf dem Rücken einen breiten, blaugrünen bis gelblichen Vertebralstreifen. Männchen zeigen während der Paarungszeit eine blaue Rückenfärbung, die im Schulterbereich hellblau beginnend und zum Schwanz hin beigefarben auslaufen kann. Kopf und Kehle sind grünlich bis blau gefärbt. Rückenkämme sind bei der Art nicht vorhanden, die Ohröffnungen mit dem sichbaren Trommelfell sind größer als die Augenhöhlen.
Aktivitätszeit: Tagaktiv.
Lebensweise: Baumbewohnend.
Verhalten: Die bevorzugt bewohnten Akazien und Bäume der Gattung *Brachystegia* werden laut Barts (2003) nur zur Jagd nach Beute oder von den Weibchen zur Eiablage verlassen. Bei Bedrohung flüchten die Tiere auf die abgewandte Baumseite, Drohverhalten mit geöffnetem Maul oder Zubeißen erfolgt als letzte Alternative. Die Nacht wird auf dem Baum unter abgeschälter Rinde oder abgestorbenen, hohlen Zweigen verbracht.
Soziale Zusammensetzung: 1,1 / 1,2.
Geschlechtsunterscheidung: Die etwas kleiner bleibenden Weibchen zeigen auf dem Rücken dunkelbraune Rautenflecken. Ihr Kopf ist weniger breit ausgeprägt. Die Männchen besitzen zwei bis drei Reihen von bis zu 12 Präanalporen.
Nahrung: Die Nahrung im Herkunftsgebiet besteht aus Ameisen, Termiten, Fliegen, Käfern und Raupen. Im Terrarium werden sie mit den üblichen Futtertieren wie Heimchen, Grillen, Heuschrecken, Raupen, Würmern und Schaben ernährt. Laut Henkel & Schmidt (1997) wird auch pflanzliche Kost angenommen.
Terrarium: Die Terrariengröße sollte auf die Kopf-Rumpf-Länge bezogen im Verhältnis (Länge x Tiefe x Höhe): 8 x 4 x 8 bemessen sein. Entsprechend der Lebensweise muss das Terrarium mit dicken Stämmen und Ästen dekoriert werden. Korkröhren dienen als Versteck- und Rückzugsmöglichkeit. Als Bodensubstrat dient mindestens 5 cm hoher Sand. Zur Eiablage sollte eine Ecke etwa 15 cm Substrathöhe aufweisen und leicht feucht gehalten werden.
Temperatur: 27-30° C, nachts etwa 18-20° C, Sonneninseln 40° C.
Luftfeuchtigkeit: 40-60 %.
Beleuchtung: 12-14 Stunden. UV-Bestrahlung ist erforderlich.
Winterruhe: Eine bis zu sechswöchige Ruhephase bei 20 °C stimuliert nach Henkel & Schmidt (1997) die Paarung.
Fortpflanzung: Die Weibchen vergraben Gelege mit 5 bis 14 weichschaligen Eiern, die bis zu 28 mm groß sein können. Die bis zu 8 cm großen Jungen schlüpfen nach etwa 90 Tagen. (Barts, 2003)
Bemerkung: Die Unterarten erkennt man weniger durch morphologische als mehr durch farbliche Unterschiede.
Eignung: Mit Vorkenntnissen gut zu pflegen.

Entsprechend der natürlichen Lebensweise muss das Terrarium bei der Haltung von Blaukehlagamen mit dicken Stämmen und Ästen dekoriert werden.

Acanthocercus atricollis sind in einem großen Verbreitungsgebiet vom nördlichen Äthiopien bis zum nördlichen Südafrika beheimatet.

Klimastation Dar-es-Salaam, Tansania *

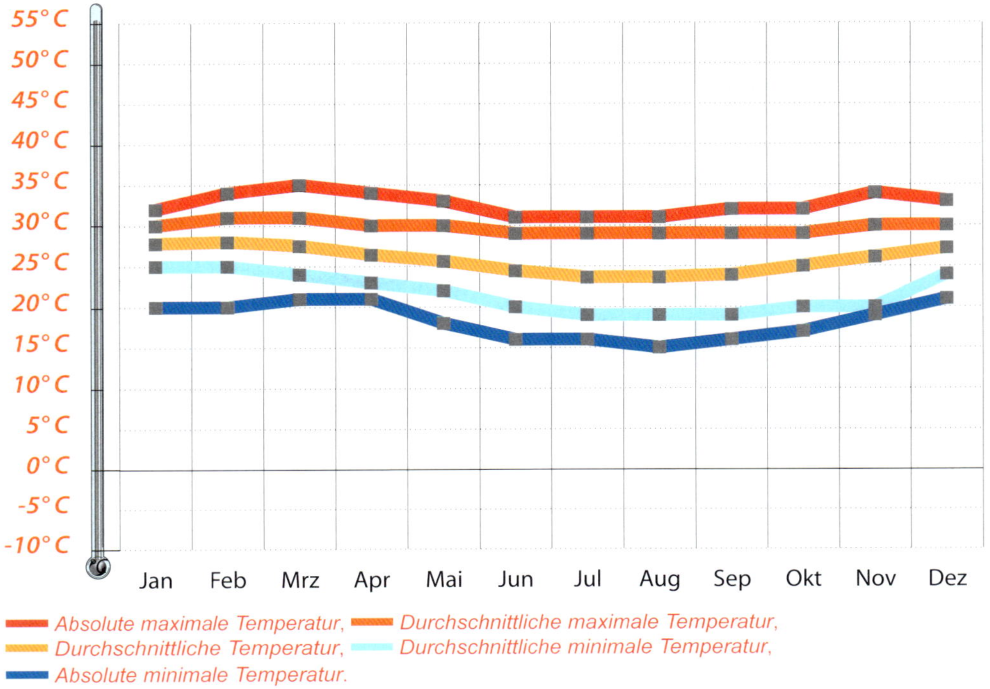

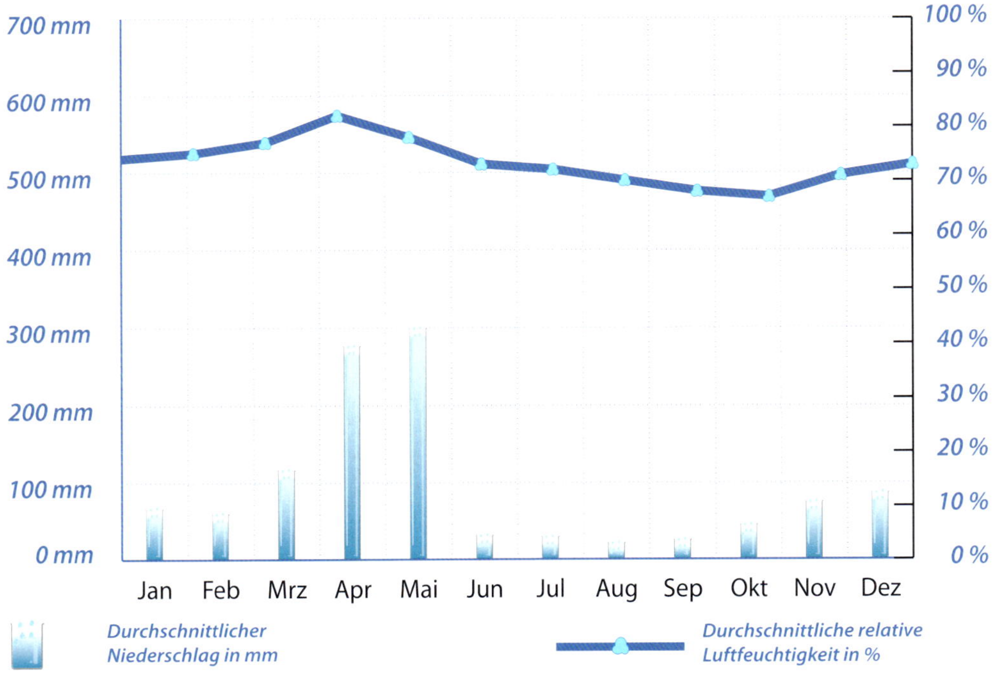

* Quelle: Müller, M. (1996): Handbuch ausgewählter Klimastationen der Erde. Universität Trier, Forschungsstelle Bodenerosion.

Acanthosaura armata

(HARDWICKE & GRAY, 1827)

Grüner Nackenstachler

Herkunft: Myanmar, Thailand, West-Malaysia, indonesische Insel Anamba, Kambodscha, Laos, Vietnam, Süd-China.

Größe: Gesamtlänge bis 30 cm, Kopf-Rumpf-Länge bis 14 cm.

Beschreibung: Körper und Schwanz der Art sind seitlich abgeflacht. Beide Geschlechter sind bräunlich bis grünlich gefärbt, die Farben der Weibchen sind unscheinbarer, Männchen können auffällig gefärbt sein. Auf dem Rücken fallen dunkel eingefasste, helle Flecken auf. Die Unterseite ist schmutzig weiß bis hell grünlich oder rotbräunlich gefärbt. Von allen anderen Nackenstachlern unterscheidet sich die Art durch den hohen, stachelbesetzten Rückenkamm. Beide Geschlechter tragen einen kleinen Kehlsack. Der dreieckige Kopf weist scharfkantige Augenbrauenbogen auf. Über den Augen finden sich zwei große Stachelschuppen, die wie Hörner aussehen.

Aktivitätszeit: Tagaktiv.

Lebensweise: Überwiegend baumbewohnend.

Verhalten: Besiedeln überwiegend die unteren Stammbereiche der Regenwaldbäume. Bei Gefahr verharren die Tiere regungslos, sich auf ihre Tarnung verlassend, am Stamm oder suchen Zuflucht unter Steinen, Wurzeln und Laub am Boden.

Soziale Zusammensetzung: 1,1.

Geschlechtsunterscheidung: Die kleiner bleibenden Weibchen wirken etwas untersetzter, die Männchen sind an den deutlich ausgeprägten Hemipenistaschen zu erkennen.

Nahrung: Bevorzugt werden Regenwürmer, Nacktschnecken und kleine Gliederfüßler verfüttert. Angenommen werden Heimchen, Grillen, Heuschrecken, Fliegen, Wachsmotten und deren Raupen.

Terrarium: Die Terrariengröße sollte auf die Kopf-Rumpf-Länge bezogen im Verhältnis (Länge x Tiefe x Höhe): 6 x 6 x 8 bemessen sein. Das Terrarium muss mit senkrechten Stämmen und sollte mit einer bekletterbaren Rückwand eingerichtet werden. Neben Korkröhren dient dichte Bepflanzung als Versteck- und Rückzugsmöglichkeit. Als feuchtigkeitsspeicherndes Bodensubstrat eignen sich feine Pinienrinde oder Terrarienerde. Eine Bademöglichkeit mit etwa 5 cm hohem Wasserstand oder Wasserfall sollte nicht fehlen.

Temperatur: 25-28° C, nachts etwa 18-20° C.

Luftfeuchtigkeit: 70-80 %.

Beleuchtung: 12-14 Stunden. UV-Bestrahlung ist erforderlich.

Winterruhe: In der Regenzeit zwischen September und November sollte die Temperatur leicht gesenkt und das Futterangebot etwas reduziert werden.

Fortpflanzung: Ungefähr 4 Monate nach der Paarung verscharren die Weibchen altersabhängig bis zu 20 durschnittlich 2 cm große Eier. Bei 21-25 °C schlüpfen die bis 8 cm großen Jungtiere nach etwas über 190 Tagen.

Bemerkung: Die gefräßige Art sollte mäßig gefüttert werden, da sie leicht verfettet.

Eignung: Auch für wenig erfahrene Terrarianer geeignet.

Der dreieckige Kopf des Grünen Nackenstachlers weist scharfkantige Augenbrauenbogen und über den Augen zwei große Stachelschuppen auf, die wie Hörner aussehen.

Von allen anderen Nackenstachlern unterscheidet sich *Acanthosaura armata* durch den hohen, stachelbesetzten Rückenkamm.

Klimastation Pinang, Malaysia *

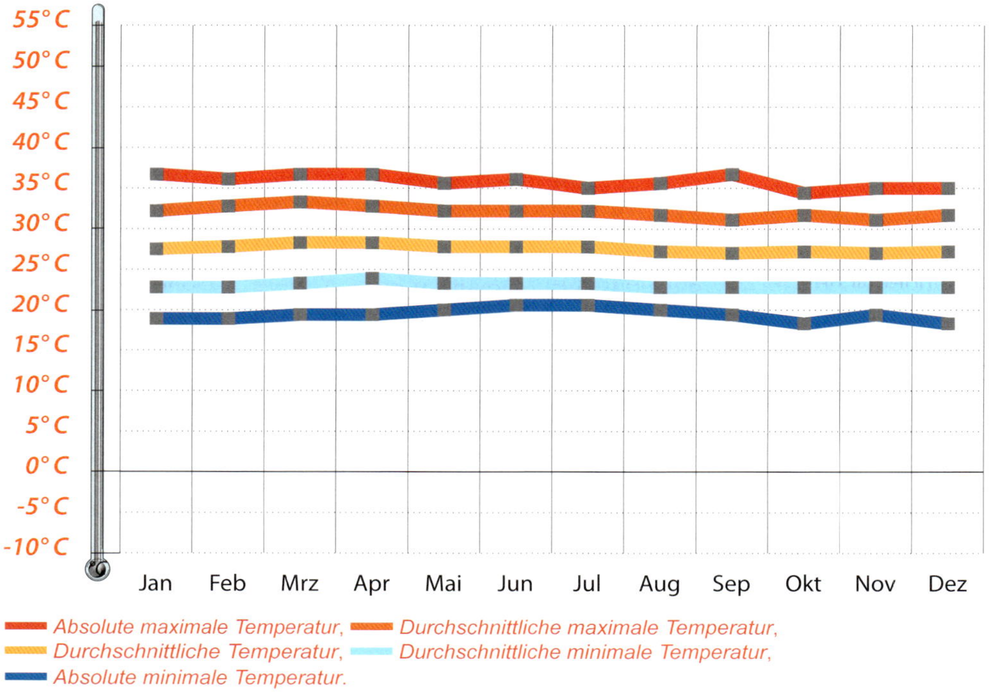

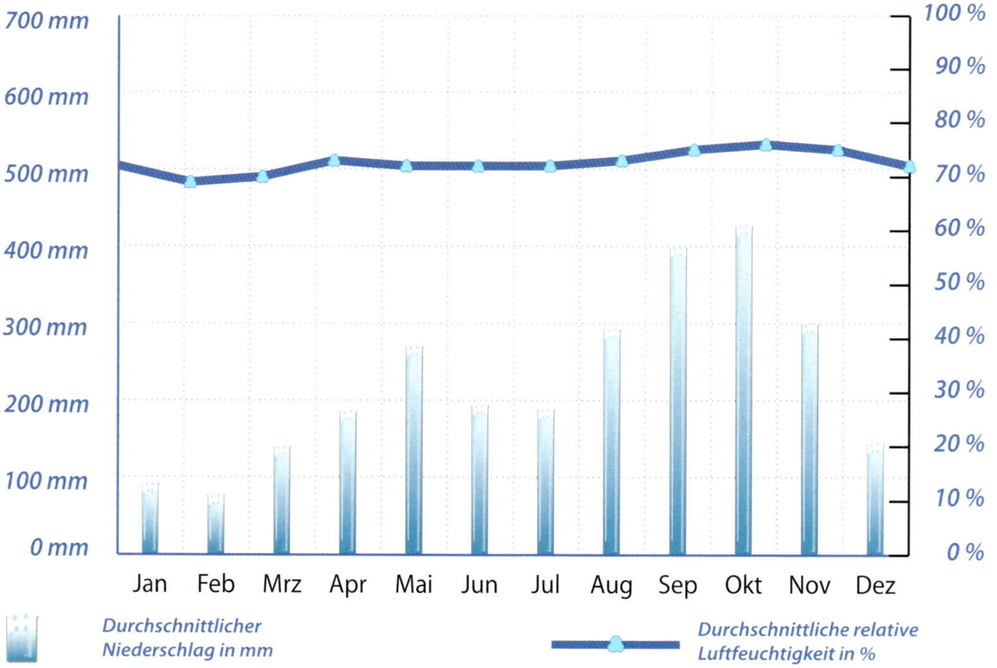

* Quelle: Müller, M. (1996): Handbuch ausgewählter Klimastationen der Erde. Universität Trier, Forschungsstelle Bodenerosion.

Acanthosaura capra

Günther, 1861

Großer Nackenstachler

Anderer Name: Vietnam-Nackenstachler
Herkunft: Laos, Kambodscha, Vietnam.
Größe: Gesamtlänge 32 cm, Kopf-Rumpf-Länge 12 cm.
Beschreibung: Die Art ist grau-oliv gefärbt und trägt undeutliche Flecken auf dem Rücken. Anders als bei den übrigen Arten der Gattung sitzt bei *Acanthosaura capra* am Hinterkopf kein Stachel. Am dreieckigen, gelblichen Kopf der Art findet sich bei den Männchen ein grünliches Band, das sich vom äußeren, dunkelgrünen Augenring bis zur Schulter zieht. Gleichfarbige Streifen befinden sich am Nacken zu beiden Seiten des Kammes. Der Nackenkamm, dem die Art ihren Namen verdankt, ist getrennt vom niedrigeren, weniger ausgeprägten Rückenkamm. Der Schwanz ist leicht abgeflacht.
Aktivitätszeit: Tagaktiv.
Lebensweise: Busch- und baumbewohnend.
Verhalten: Die ruhigen Tiere bewohnen im Regenwald den unteren Baumstammbereich. Sie können hervorragend klettern und springen, suchen aber auch Nahrung am Boden und flüchten in Höhlen oder unter Büsche, wenn sie gestört werden. Die Art meidet die Spotzentren künstlicher Wärme- und Lichtbestrahlung im Terrarium.
Soziale Zusammensetzung: 1,1. In der Natur sind die Tiere Einzelgänger und sollten maximal paarweise gehalten werden.
Geschlechtsunterscheidung: Die Weibchen sind massiger und kräftiger, die Männchen sind an der verdickten Schwanzwurzel zu erkennen.
Nahrung: Heimchen, Heuschrecken, Grillen, Fliegen, Falter, Regenwürmer, Zophobas, Wachsmaden und -motten, Raupen sowie nestjunge Säuger.
Terrarium: Die Art wird im Regenwaldterrarium mit einem Viertel Wasserteil gehalten. Als Bodengrund eignet sich ein Gemisch aus Erde und Torf. Setzen Sie Kletteräste und eine bekletterbare Rückwand ein. Gerne halten sich die Tiere an senkrechten Stämmen auf. Bieten Sie Versteck- und Rückzugsmöglichkeiten in Form von dichter Bepflanzung. Die Terrariengröße sollte auf die Kopf-Rumpf-Länge bezogen im Verhältnis (Länge x Tiefe x Höhe): 8 x 4 x 8 bemessen sein.
Temperatur: 23-25° C, nachts etwa 20° C, Sonneninseln bis 30° C.
Luftfeuchtigkeit: 70 %, nachts 90 %.
Beleuchtung: 12-14 Stunden. UV-Bestrahlung ist erforderlich.
Fortpflanzung: Das Weibchen legt nach der Paarung ungefähr zwölf Eier in ein etwa 10 cm tief gegrabenes Erdloch. Dieses wird zugescharrt und der Bodengrund mit Rammstößen des Kopfes verdichtet. Im Inkubator schlüpfen die Jungen bei 21-25° C nach zirka 190 Tagen.
Bemerkung: Bei zu viel Futter verfetten die Tiere schnell. Um ihren Durst zu stillen, sollte man täglich sprühen oder einen Wasserfall aufstellen.
Eignung: Auch für wenig erfahrene Terrarianer geeignet.

Der Große Nackenstachler besitzt einen ausgeprägten Nackenkamm, der deutlich höher ist als der Rückenkamm. Auf grau-oliver Rückenfärbung finden sich undeutliche Flecken.

Acanthosaura capra kann mit 12 cm Kopf-Rumpf-Länge gut in etwa 1 m hohen Regenwaldterrarien mit Wasserteil gehalten werden.

Klimastation Hanoi, Vietnam *

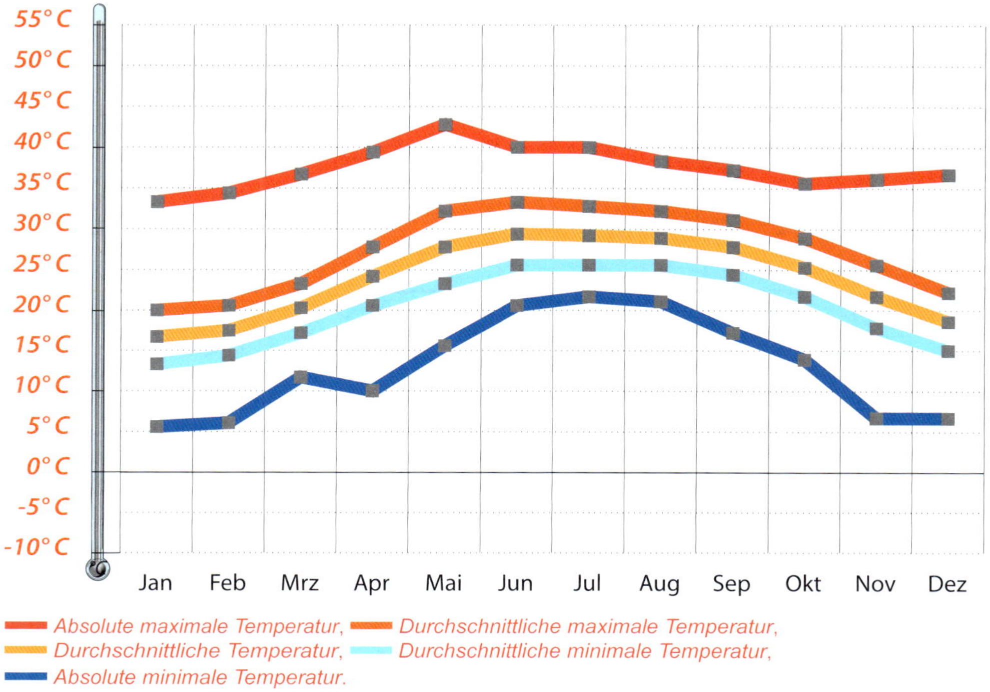

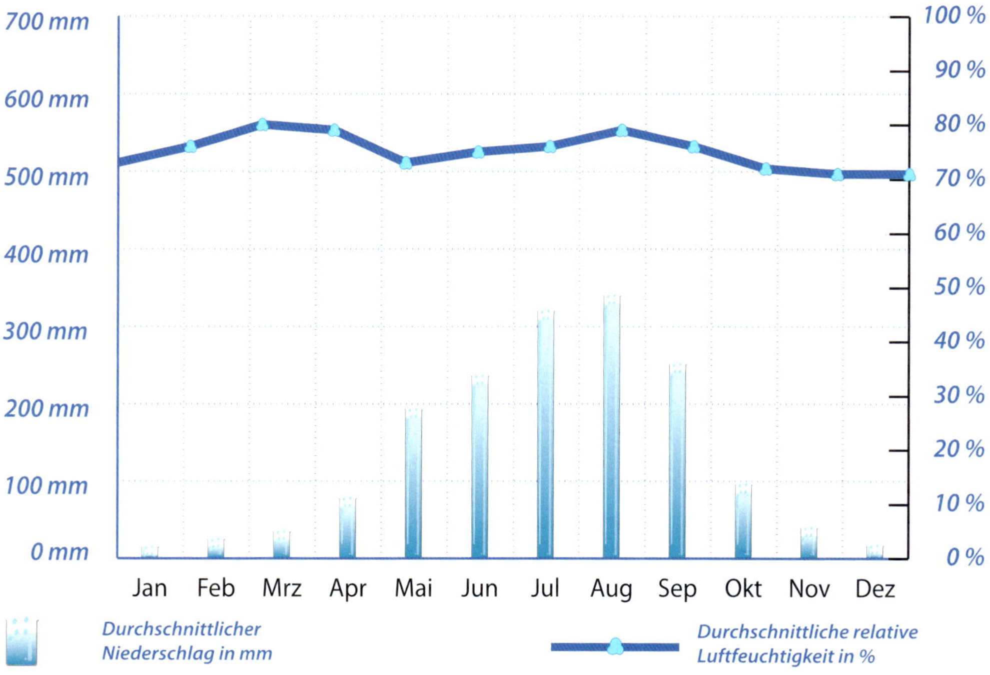

* Quelle: Müller, M. (1996): Handbuch ausgewählter Klimastationen der Erde. Universität Trier, Forschungsstelle Bodenerosion.

Acanthosaura crucigera
(BOULENGER, 1885)

Masken-Nackenstachler

Anderer Name: Kleine Winkelkopfagame.
Herkunft: Myanmar, Thailand, Laos, Kambodscha, Vietnam bis Nordmalaysia.
Größe: Gesamtlänge 38 cm, Kopf-Rumpf-Länge 14 cm.
Beschreibung: Die Art ist graubraun bis beige gefärbt. Bei Aufregung färben sich die Tiere dunkel. Die Nackenstacheln sind getrennt von den Rückenstacheln und etwa doppelt so hoch. Unter dem Auge verläuft von der Nasen- bis zur Gehöröffnung ein gelblich weißes Band. Die Art trägt einen Kehlsack und Halsstacheln. An den Seiten ist eine gelbliche Marmorierung zu erkennen, am Schwanz finden sich dunkle, breite Querbänder.
Aktivitätszeit: Tagaktiv.
Lebensweise: Busch- und baumbewohnend.
Verhalten: Die Art kommt in Regenwäldern und Bergregenwäldern bis 1800 m Höhe vor. Wie *Acanthosaura capra* meidet sie die Spotzentren künstlicher Wärme- und Lichtbestrahlung im Terrarium.
Soziale Zusammensetzung: 1,0 / 0,1. Einzeln halten, da trächtige Weibchen aggressiv wie Männchen sind. Als Zuchtgruppe unbedingt gleichzeitig einsetzen und Sichtschutz bieten.
Geschlechtsunterscheidung: Die Weibchen sind unauffällig braun gefärbt und zeigen weniger Kontraste bei den Querbändern am Schwanz sowie in der Kopfzeichnung. Die Männchen tragen eine schwarze Augenmaske.
Nahrung: Siehe *Acanthosaura capra.*
Terrarium: Die Art wird im Regenwaldterrarium mit einem Drittel Wasserteil gehalten, das regelmäßig zum Baden aufgesucht wird. Als Bodengrund eignet sich ein Gemisch aus Erde und Torf. Setzen Sie Kletteräste, eine bekletterbare Rückwand sowie armdicke senkrechte Äste ein. Bieten Sie Versteck- und Rückzugsmöglichkeiten in Form von dichter Bepflanzung. Die Terrariengröße sollte auf die Kopf-Rumpf-Länge bezogen im Verhältnis (Länge x Tiefe x Höhe): 8 x 4 x 8 bemessen sein.
Temperatur: 23-28° C, nachts 18-20° C.
Luftfeuchtigkeit: 70 %, nachts 90 %.
Beleuchtung: 10-12 Stunden. UV-Bestrahlung ist erforderlich.
Fortpflanzung: Das Weibchen legt nach der Paarung ungefähr zehn Eier in ein etwa 10 cm tief gegrabenes Erdloch. Dieses wird wie bei *Acanthosaura capra* zugescharrt, und die Erde wird mit Kopfstößen verdichtet. Im Inkubator schlüpfen die Jungen bei 24-25° C nach 155 bis 175 Tagen.
Bemerkung: Die Art ist äußerst stressanfällig. Je nachdem, ob die Tiere aus dem Hoch- oder Tiefland stammen, müssen sie warm und trocken oder feucht und kalt gehalten werden. Ohne Wasserteil kümmern die Tiere.
Eignung: Haltung dem erfahrenen Spezialisten vorbehalten.

Weibchen des Masken-Nackenstachlers, auch Kleine Winkelkopfagame genannt, sind unauffälliger gefärbt, zeigen weniger Zeichnungskontraste und nicht die typische schwarze Augenmaske der Männchen.

Acanthosaura crucigera ist eine stressanfällige, einzeln zu haltende Art, deren Pflege dem erfahrenen Spezialisten vorbehalten ist.

Der Masken-Nackenstachler, auch Kleine Winkelkopfagame genannt, meidet im Terrarium Spotzentren künstlicher Licht- und Wärmequellen.

Klimastation Surat Thani, Thailand *

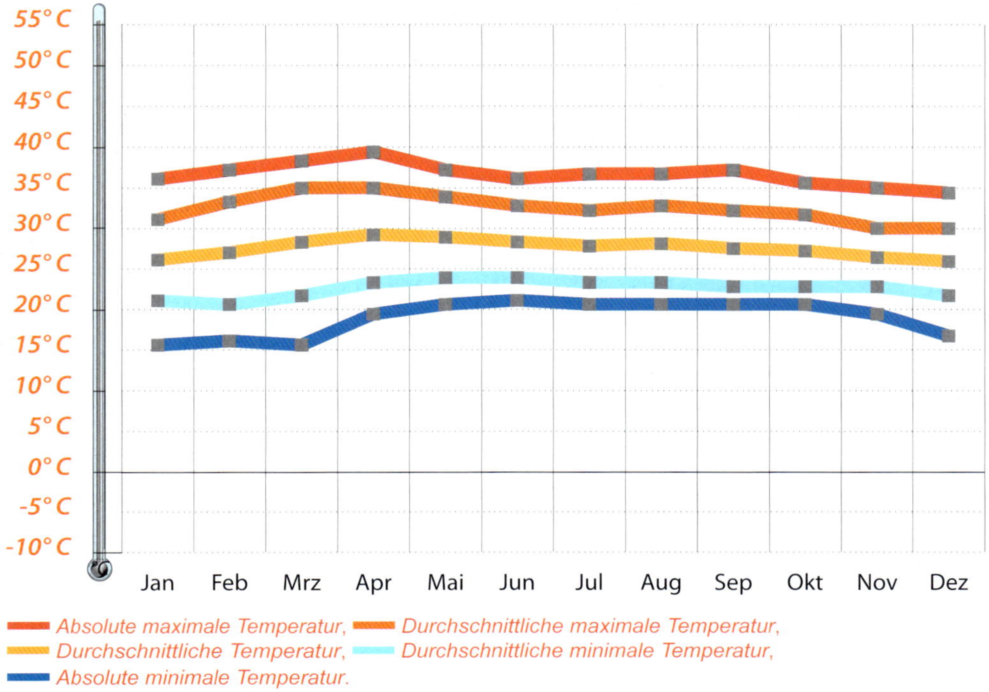

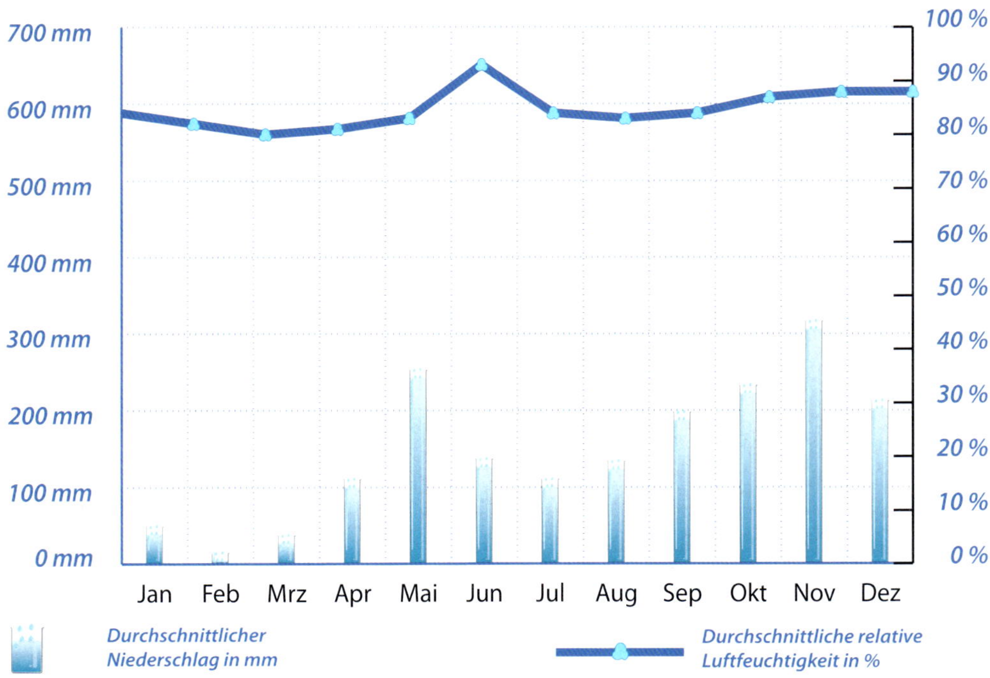

* Quelle: Müller, M. (1996): Handbuch ausgewählter Klimastationen der Erde. Universität Trier, Forschungsstelle Bodenerosion.

Acanthosaura lepidogaster
CUVIER, 1829

Bunter Nackenstachler

Anderer Name: Schwarzkopf-Nackenstachler.
Herkunft: Myanmar, Nord-Thailand, Kambodscha, Laos, Vietnam, Süd-China und Insel Hainan.
Größe: Gesamtlänge standortabhängig bis 28 cm, Kopf-Rumpf-Länge bis 10 cm.
Beschreibung: Die Grundfärbung der Tiere variiert je nach Verbreitungsgebiet. Meistens besteht sie aus Brauntönen mit hellen, dunkel eingefassten Flecken auf dem Rücken. Dort findet sich auch ein spitzschuppiger Kamm, der sich nach Unterbrechung im Nackenbereich etwas flacher auf dem Kopf fortsetzt. Die Augenbrauenbogen sind mit Stacheln versehen. Hinter dem Kopf trägt die Art meist einen dunklen Nackenfleck. Kehle und Halsbereich sind hell gefärbt.
Aktivitätszeit: Tagaktiv.
Lebensweise: Überwiegend baumbewohnend.
Verhalten: Als Lebensraum bevorzugt die Art Lichtungen und Randgebiete des bergigen Regenwalds.
Soziale Zusammensetzung: 1,1.
Geschlechtsunterscheidung: Die etwa gleich großen Weibchen sind etwas unauffälliger gefärbt und zeigen weniger Zeichnungskontraste. Die Männchen sind an der verdickten Schwanzwurzel zu erkennen.
Nahrung: Die Art wird mit Regenwürmern, Heimchen, Grillen, Heuschrecken, Fliegen, Wachsmotten und deren Raupen ernährt.
Terrarium: Das Regenwaldterrarium sollte auf die Kopf-Rumpf-Länge bezogen im Verhältnis (Länge x Tiefe x Höhe): 6 x 6 x 8 bemessen sein. Die Dekoration erfolgt mit hochkant eingesetzten Stämmen und teilweise dichter Bepflanzung. An freien Stellen sollten sich die Tiere auf dem Boden bewegen können. Als Substrat eignet sich feine Pinienrinde oder Terrarienerde. Ein großes Wasserbecken sollte nicht fehlen.
Temperatur: 22-28° C, nachts etwa 18-20° C, Sonneninseln bis 35 °C
Luftfeuchtigkeit: 70-80 %.
Beleuchtung: 12-14 Stunden. UV-Bestrahlung ist erforderlich.
Winterruhe: 8 Wochen bei 13-15 °C stimulieren die Paarung.
Fortpflanzung: Siehe *Acanthosaura crucigera*.
Bemerkung: Häufiger als andere Vertreter der Gattung trifft man den Bunten Nackenstachler in der Natur auch auf dem Boden an.
Eignung: Mit Vorkenntnissen gut zu pflegen.

Die Grundfärbung von *Acanthosaura lepidogaster* variiert je nach Verbreitungsgebiet, häufig besteht sie aus Brauntönen mit hellen, dunkel eingefassten Flecken auf dem Rücken.

Der Bunte Nackenstachler ist überwiegend baumbewohnend. Bei der Terrarieneinrichtung sollten jedoch freie Stellen auf dem Boden belassen werden, wo sich die Tiere bewegen können.

Klimastation Nanning, China *

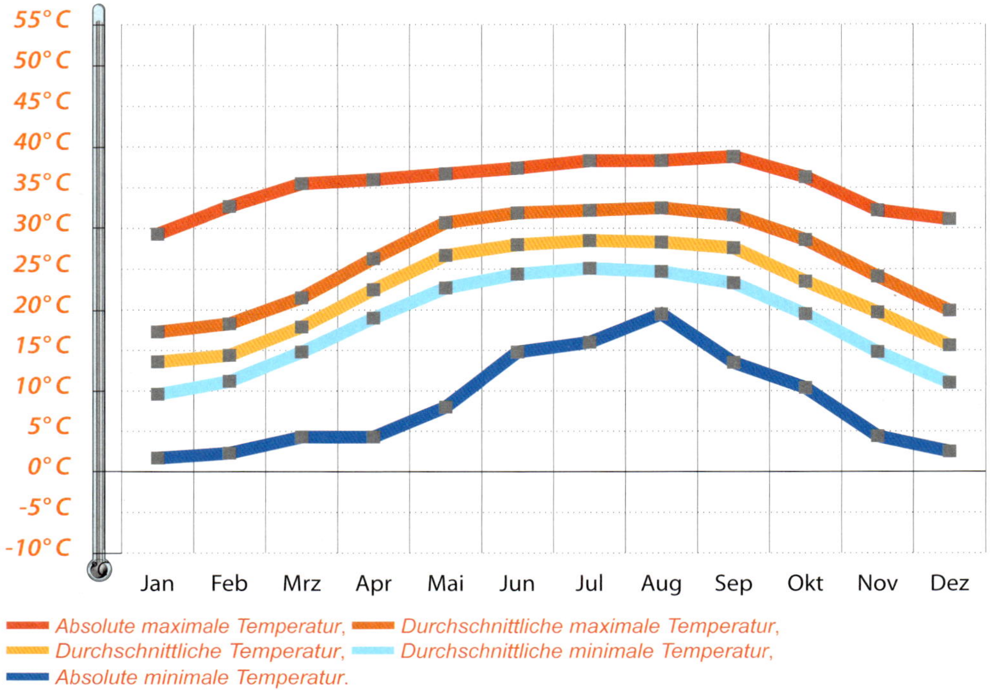

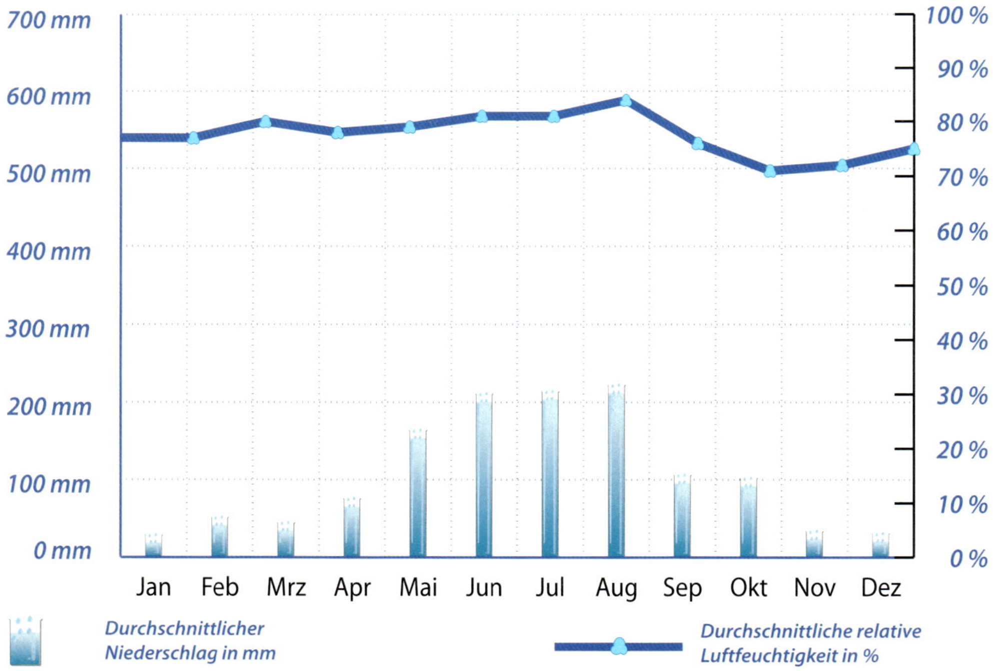

* Quelle: Verändert nach MÜLLER, M. (1996): Handbuch ausgewählter Klimastationen der Erde. Universität Trier, Forschungsstelle Bodenerosion.

Agama aculeata

Merrem, 1820

Stachelagame

Herkunft: Das Verbreitungsgebiet erstreckt sich vom Rande der Namibwüste im Westen über das südliche Angola im Norden, östlich durch die Kalahari Halbwüste bis ins zentrale Botswana und im Süden bis fast an die südliche Küste Südafrikas.
Größe: Gesamtlänge bis 26 cm, Kopf-Rumpf-Länge bis 13 cm.
Beschreibung: Der Körper ist olivgrün bis rötlich braun gefärbt. Oft finden sich graue bis gelbe Streifen entlang des Rückgrats. Auf dem Rücken finden sich vier bis fünf paarige, dunkle Flecken, die sich auf dem Schwanz in unregelmäßigen Querbändern fortsetzen. Der kleine, bei beiden Geschlechtern vorhandene Rückenkamm dehnt sich manchmal bis ins erste Drittel des Schwanzes aus. Auf dem kurzen Kopf finden sich oft zwei winklige Querbänder zwischen den Augen. Die Kehle der Männchen ist mit drei parallel verlaufenden, blauschwarzen Linien versehen, die sich netzartig verlaufen. Letzteres ist bei den Weibchen nur schwach ausgeprägt oder gar nicht zu erkennen. Der Bauch ist creme- bis rosa gefärbt.
Aktivitätszeit: Tagaktiv.
Lebensweise: Die Art zeigt sich nach Barts (2003) selbst in der Natur wenig scheu, kommt es aber zur Flucht, heben sie ihren Schwanz senkrecht in die Höhe und können erstaunlich schnell werden. Branch (1998) beschreibt, wie sie sich nach abruptem Stoppen auf den Boden pressen und sich auf ihre Tarnfärbung verlassen.
Verhalten: Überwiegend bodenbewohnend.
Soziale Zusammensetzung: 1,1.
Geschlechtsunterscheidung: Männchen, die insgesamt etwas größer als die Weibchen werden, können während der Paarungszeit strahlend blaue Körperfarben zeigen.
Nahrung: Die Art ernährt sich von allen möglichen Insekten. In menschlicher Obhut werden Heimchen, Grillen, Heuschrecken, Wachsmotten und deren Raupen sowie Zophobas angenommen.
Terrarium: Entsprechend den Busch- und Steinsavannen des Herkunfsgebietes wird die Art im Wüsten- bis Felsterrarium gehalten. Felsaufbauten und armdicke Äste stellen die ideale Dekoration dar, strukturieren das Terrarium und bieten Kletter- und Aussichtsmöglichkeiten. Versteckplätze runden die artgerechte Gestaltung ab. Der etwa 15 cm hoch eingebrachte Sand wird in den unteren Schichten leicht feucht gehalten. Ein kleine Wasserschale darf nicht fehlen.
Temperatur: 28-30° C, nachts etwa 18-20° C, Sonneninseln 40° C.
Luftfeuchtigkeit: 40-50 %.
Beleuchtung: 12-14 Stunden. UV-Bestrahlung ist erforderlich.
Fortpflanzung: Nach Barts (2003) umfasst ein Gelege durchschnittlich 8-18 weichschalige Eier von bis zu 10 x 15 mm Größe. Bei einer Zeitigungstemperatur von 30 °C schlüpfen die Jungtiere nach etwa 50 Tagen. Ihre Größe beträgt nach Heidemann (1990) etwa 5-6 cm.
Bemerkung: Die Art ist die am meisten verbreitete Agame im südlichen Afrika.
Eignung: Mit Vorkenntnissen gut zu pflegen.

Agama aculeata, hier die Naturaufnahme eines Weibchens aus Windhoek, Namibia, ist die am meisten verbreitete Agamenart im südlichen Afrika.

Der bei beiden Geschlechtern vorhandene Rückenkamm der Stachelagame dehnt sich bei manchen Exemplaren bis ins erste Drittel des Schwanzes aus.

Klimastation Mtwara, Tansania *

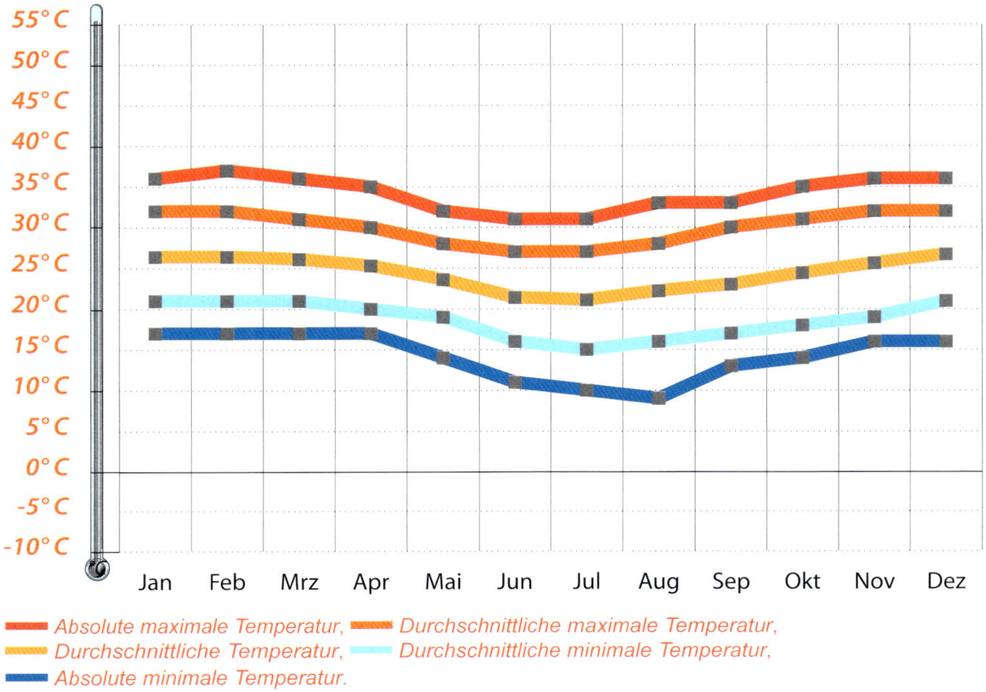

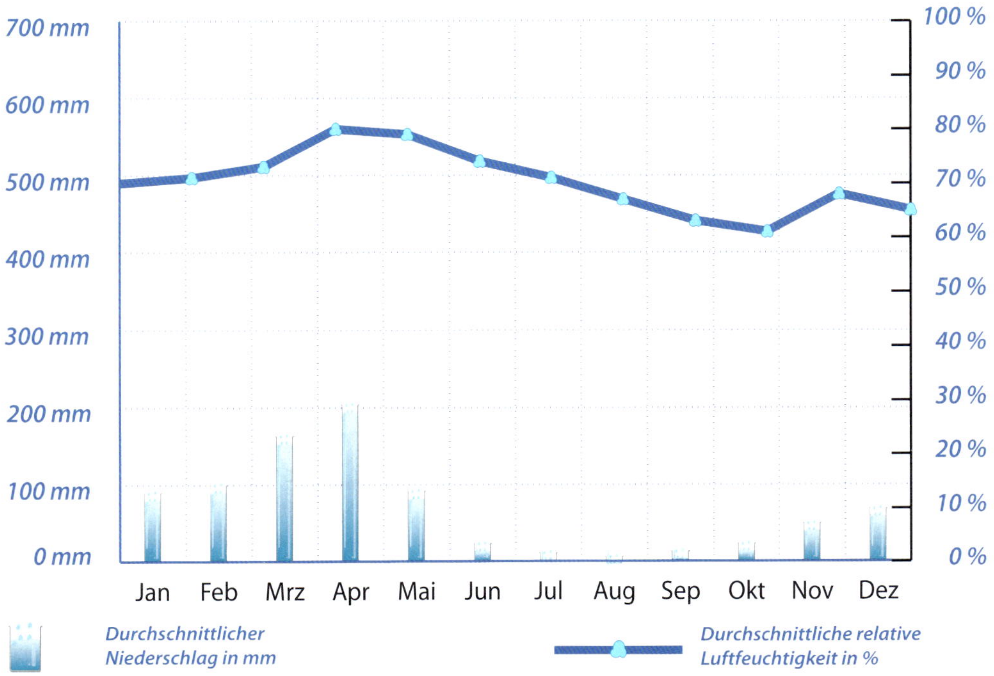

* Quelle: Müller, M. (1996): Handbuch ausgewählter Klimastationen der Erde. Universität Trier, Forschungsstelle Bodenerosion.

Agama armata

PETERS, 1854

Bodenagame

Herkunft: Das Verbreitungsgebiet dehnt sich im Westen bis Nord-Botswana (JACOBSEN, mündliche Mitteilung in BARTS & HAACKE 1997), über Simbabwe und Sambia bis Mosambik im Osten und Nord-Südafrika (BRANCH 1998) im Süden aus. Die nördlichste Grenze stellt Kenia (SPAWLS et. al., 2001) dar.
Größe: Gesamtlänge nach BARTS & HAACKE (1997) bis 26 cm, Kopf-Rumpf-Länge bis 13 cm.
Beschreibung: Die Grundfarbe der Art ist ein gelbgrauer bis rötlicher Farbton. Auf dem Rücken finden sich entlang des Rückgrats meist vier bis fünf paarig angeordnete, ziegelrote bis dunkelbraune Flecken sowie stimmungsabhängig ein cremegelblicher Längsstreifen. Der Rumpf ist seitlich leicht abgeflacht. Die Kopfform ist rundlich, die Schnauze rund und kurz. Im Kehlbereich zeigen die Männchen eine großflächige Blaufärbung. Brust und Bauch sind bei der Art schmutzig weiß marmoriert. Der dünne Schwanz ist deutlich vom Körper abgesetzt und relativ dornig.
Aktivitätszeit: Tagaktiv.
Lebensweise: Bodenbewohnend.
Verhalten: In der Natur findet man die Art nach DIECKMANN (2005) im flachen Gelände, wo sie gerne Aussichtspunkte wie Termitenhügel, Sträucher und Zaunpfähle erklimmt. Annäherung wird mit heftigem Kopfnicken bis schließlich flachem Drücken auf den Boden, wo die Tiere bestens getarnt mit dem Untergrund verschmelzen, erwidert. Im Terrarium sieht man die Art auch öfters beim Erklettern der Wandverkleidungen.
Soziale Zusammensetzung: 1,1. DIECKMANN (2005) fand die Art in ihrem Verbreitungsgebiet meist paarweise vor.
Geschlechtsunterscheidung: Die Männchen weisen breitere Köpfe, kompaktere Körper sowie längere Schwänze als die Weibchen auf und sind gut an der verdickten Schwanzwurzel zu erkennen. In der Paarungszeit färbt sich der Kopf über Hals und Brust bis zu den Flanken leuchtend grünblau. Weibchen färben sich während der Trächtigkeit von den Wangen bis zum Hals hellblau, während Flanken und Rücken organgerote Trächtigkeitsflecken zeigen.
Nahrung: In der Natur ernährt sich die Art nach BARTS & HAACKE (1997) hauptsächlich von Termiten, nach PATTERSON & BANNISTER (1988) vor allem von Ameisen, daneben aber auch wie von BARTS (eigene Beobachtung, in DIECKMANN 2005) bestätigt, von Pflanzenteilen. In menschlicher Obhut werden nach DIECKMANN (2005) Heimchen, Grillen, Heuschrecken, Schaben, Mehlkäfer, Wachsmotten und Fliegen angenommen.
Terrarium: Das Trockenterrarium sollte nach DIECKMANN (2005) für die Haltung eines Paares eine Grundfläche von 125 x 75 cm aufweisen. Als Bodengrund benötigt die grabende Art ein Sand oder Sand-Lehm-Gemisch, das in den untersten Schichten feucht gehalten wird. Äste, Wurzeln und aufgeschichtete Steinplatten dienen als Aussichtspunkte, Pflanzen als weitere Strukturierung. Ein Wasserschälchen darf nicht fehlen.
Temperatur: 21-25° C, nachts etwa 18-20° C, Sonneninseln 35° C.
Luftfeuchtigkeit: 40-50 %.
Beleuchtung: 12-14 Stunden. UV-Bestrahlung ist erforderlich.
Fortpflanzung: Nach der Paarung wird das Gelege in einer gegrabenen Höhle abgelegt. Die Gelegegrößen schwanken nach Angaben von Spawls et. al. (2001) und Patterson & Bannister (1988) zwischen 9 und 18 ovalen Eiern mit bis zu 1,5 cm Durchmesser. Der Schlupf der Jungtiere erfolgt nach BARTS & HAACKE (1997) nach 55-70 Tagen.
Bemerkung: Die Art kann nach DIECKMAN (2005) leicht mit *Agama aculeata* verwechselt werden.
Eignung: Mit Vorkenntnissen gut zu pflegen.

Agama armata weist einen rundlichen Kopf sowie eine runde und kurze Schnauze und auf Brust und Bauch eine schmutzig weiße Marmorierung auf.

Die Bodenagame zeigt auf gelbgrauer bis rötlicher Grundfarbe auf dem Rücken paarig angeordnete rotbraune Flecken und stimmungsabhängig einen cremegelben Längsstreifen.

Klimastation Tabora, Tansania *

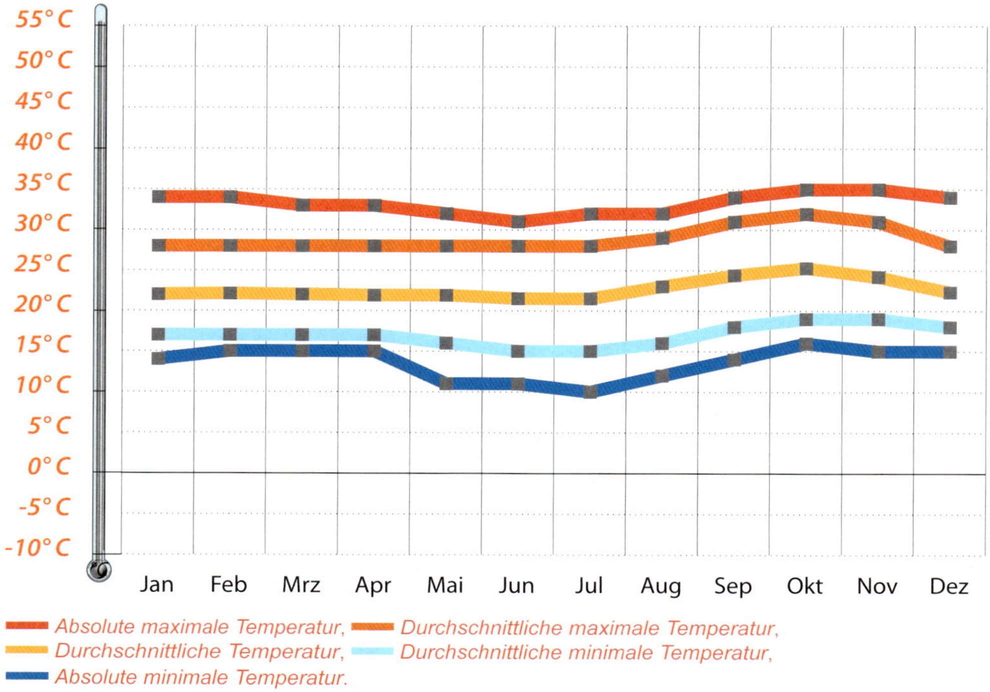

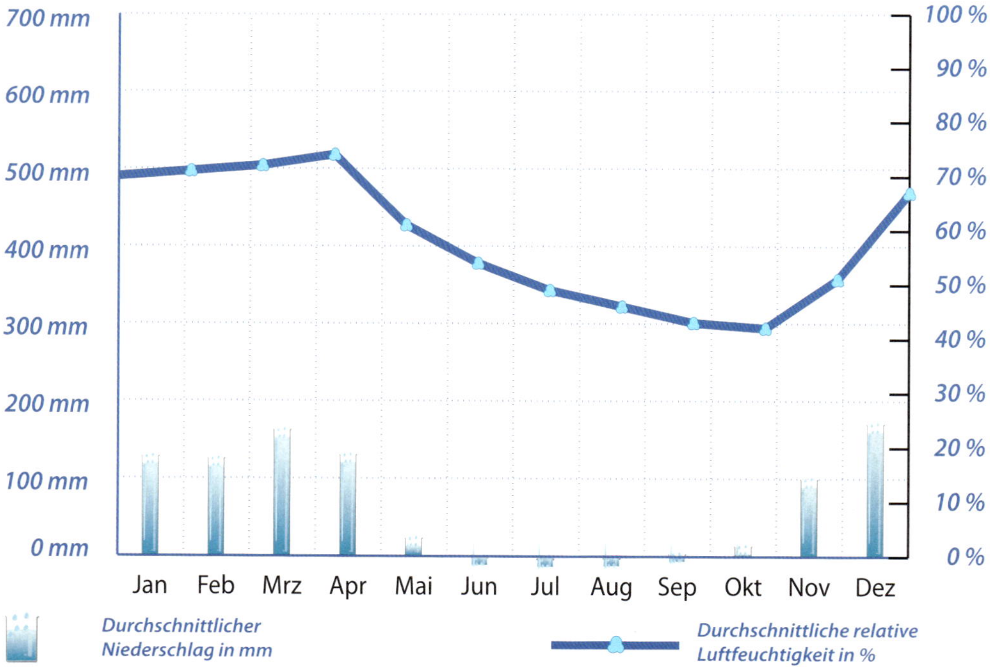

* Quelle: MÜLLER, M. (1996): Handbuch ausgewählter Klimastationen der Erde. Universität Trier, Forschungsstelle Bodenerosion.

Agama lionotus dodomae

Linnaeus, 1758

Siedleragame

Herkunft: Mittel- bis Südafrika.
Größe: Gesamtlänge ca. 35 cm, Kopf-Rumpf-Länge ca. 10 cm. Weibchen bleiben etwa 20% kleiner.
Beschreibung: Mit steigenden Tagestemperaturen verlieren die Tiere ihre dunkle Färbung. Während Weibchen und unterlegene Männchen unscheinbarer gefärbt bleiben, zeigen die dominanten Männchen je nach Unterart einen graublauen bis stahlblauen Körper und einen gelblichen bis roten Kopf. Körper und Gliedmaßen sind kräftig, der Kopf ist dreieckig und der Schwanz seitlich leicht zusammengedrückt. Bei Erregung zeigen die Männchen nicht nur ihre prächtigsten Farben, sondern stellen auch den flachen Nackenkamm und die Kehlfalte auf.
Aktivitätszeit: Tagaktiv.
Lebensweise: Bodenbewohnend.
Verhalten: Siedleragamen klettern gerne und leben in Gruppen. Sie sind Kulturfolger, die sich selbst in der Nähe von Hotelanlagen und Stränden finden lassen. Ranghohe Männchen suchen gerne erhöhte Stellen wie Felsen auf.
Soziale Zusammensetzung: 1,1 / 1,X.

Geschlechtsunterscheidung: Die insgesamt kräftigeren Männchen sind an ihren intensiveren Farben und größeren Präanalporen zu erkennen.
Nahrung: Heimchen, Heuschrecken, Grillen, Falter, Regenwürmer, Zophobas, Wachsmaden und -motten, Raupen sowie nestjunge Säuger. Ab und zu Obst anbieten.
Terrarium: Die Art wird im geräumigen Trockenterrarium mit sandigem Substrat gepflegt. Bieten Sie Felsen, Kletter- und Versteckmöglichkeiten an. Es empfiehlt sich eine Beheizung über Heizkabel oder -matten, da die Art höhere Bodentemperaturen gewöhnt ist. Eine Bepflanzung mit robusten Arten ist im ungeheizten Bodenteil möglich. Das Terrarium sollte zwei- bis dreimal pro Woche besprüht werden. Die Terrariengröße sollte auf die Kopf-Rumpf-Länge bezogen im Verhältnis (Länge x Tiefe x Höhe): 14 x 8 x 6 bemessen sein.
Temperatur: 30-35° C, nachts etwa 15-20° C, Sonneninseln 40-45° C.
Luftfeuchtigkeit: 60-70 %, nachts 80 %.
Beleuchtung: 12-14 Stunden. UV-Bestrahlung ist erforderlich.
Fortpflanzung: Das Weibchen legt nach der Paarung ungefähr vier bis zwölf Eier in eine ausgehobene Grube, die anschließend zugescharrt wird. Im Inkubator schlüpfen die Jungen bei 25-31° C nach 50 bis 90 Tagen.
Bemerkung: Die Art benötigt viel Wärme und eine hohe Beleuchtungsintensität. Die Nachtabsenkung der Temperatur ist sehr wichtig.
Eignung: Haltung dem erfahrenen Spezialisten vorbehalten.

Agama lionotus dodomae findet man am häufigsten im Zoofachhandel. Die anderen Unterarten werden ähnlich gehalten, können aber abweichende Ansprüche an Temperatur und Luftfeuchtigkeit stellen.

Während dominante Männchen – wie oben abgebildet – intensive Farben tragen, bleiben Weibchen und unterlegene Männchen unscheinbar gefärbt.

Klimastation Dar-es-Salaam, Tansania *

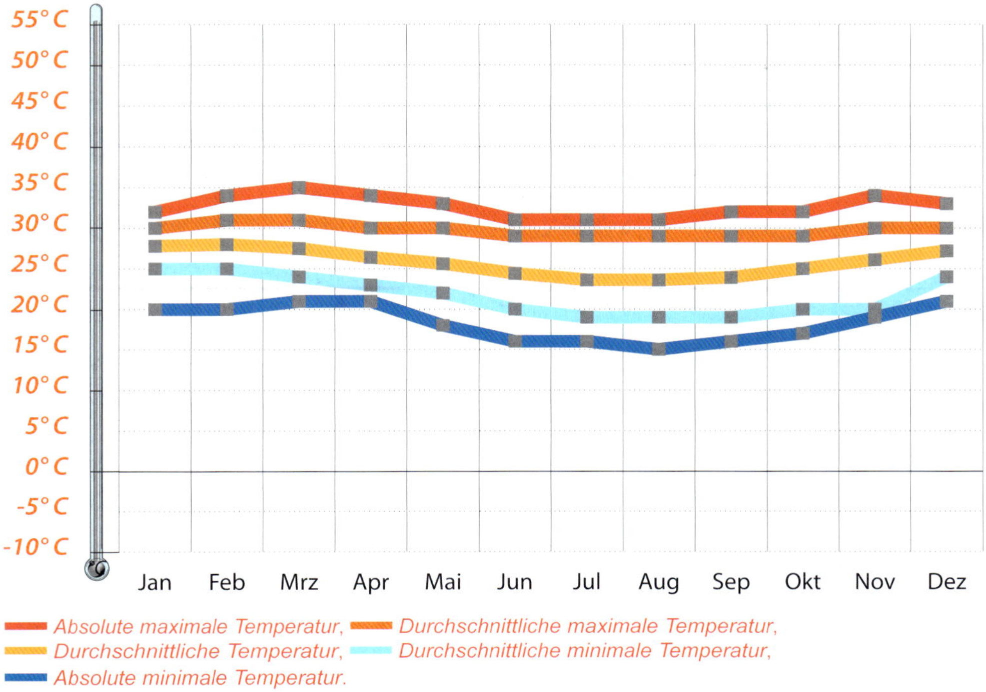

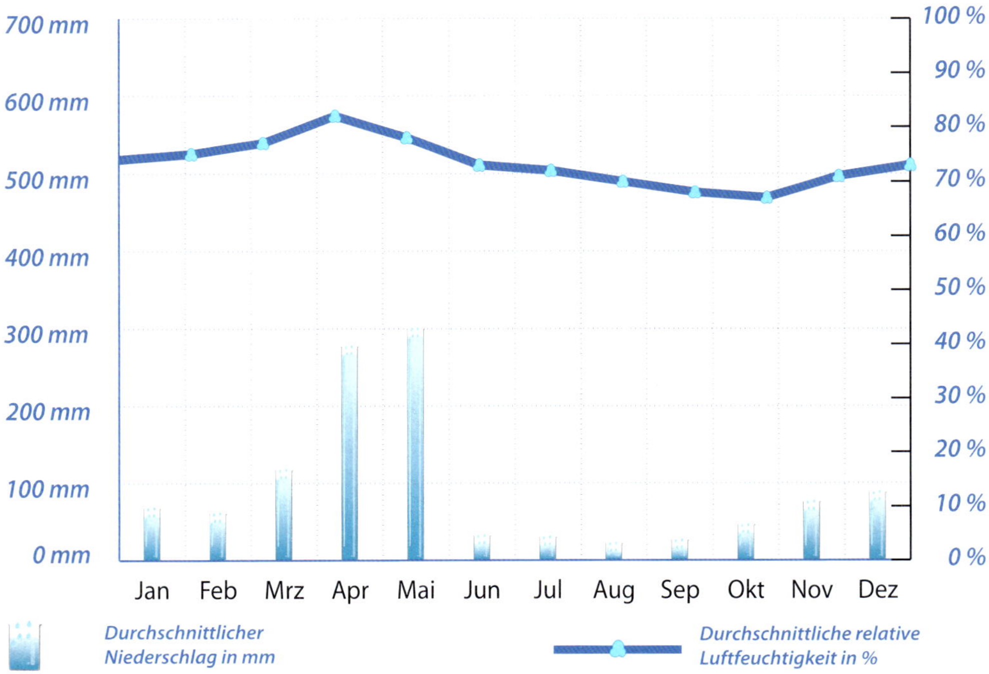

* Quelle: Müller, M. (1996): Handbuch ausgewählter Klimastationen der Erde. Universität Trier, Forschungsstelle Bodenerosion.

Bronchocela cristatella

(KUHL, 1820)

Borneo-Langschwanzagame

Anderer Name: Borneo Schönechse, Grüner Calotes.
Herkunft: Myanmar, Vietnam, Philippinen, Halbinsel Thailand/Malaysia bis Neuguinea.
Größe: Gesamtlänge standortabhängig ca. 45 cm, selten größer, Kopf-Rumpf-Länge ca. 14 cm.
Beschreibung: Borneo-Langschwanzagamen besitzen gattungstypisch einen schlanken, seitlich abgeflachten Körper und einen überproportional langen Schwanz. Sie sind herkunftsabhängig zwischen gelblichgrün über smaragdgrün bis blaugrün (BLUMBERG, 1983) gefärbt und zu einem schnellen Farbwechsel zu hellem Gelb oder dunklem Braun fähig. Auf dem Rücken können einige helle Flecken oder Querbänder vorhanden sein. Beine und Kopf sind länger als bei den eng verwandten *Calotes*-Arten. Die Augen sind oftmals dunkel eingefasst. Im Nacken trägt die Art einen kurzen Kamm. Männchen weisen einen gelblichen, kleinen Kehlsack auf, der rötlich gefärbt werden kann. Der Bauch ist graugelbfarben.
Aktivitätszeit: Tagaktiv.
Lebensweise: Baumbewohnend.
Verhalten: Die Art bewohnt bevorzugt die Schattenzonen von Baumstämmen in Waldrandgebieten.
Soziale Zusammensetzung: 1,1.
Geschlechtsunterscheidung: Die Weibchen bleiben etwas kleiner und weniger farbig, die Männchen sind an der verdickten Schwanzwurzel zu erkennen.
Nahrung: Die Art wird mit Regenwürmern, Heimchen, Grillen, Heuschrecken, Fliegen, Wachsmotten und deren Raupen ernährt.
Terrarium: Für die unruhige Art wird eine Terrariumgröße auf die Kopf-Rumpf-Länge bezogen im Verhältnis (Länge x Tiefe x Höhe): 10 x 6 x 8 empfohlen. Die Dekoration des Regenwaldterrariums erfolgt mit hochkant eingesetzten Stämmen und teilweise dichter Bepflanzung. Als feuchtigkeitsspeicherndes Substrat eignet sich feine Pinienrinde oder Terrarienerde.
Temperatur: 25-28° C, nachts etwa 20-23° C. Sonneninseln bis 33 °C.
Luftfeuchtigkeit: 70-80 %.
Beleuchtung: 12-14 Stunden. UV-Bestrahlung ist erforderlich.
Fortpflanzung: Die Weibchen legen 1 bis 2 weichschalige, etwa 4 cm lange Eier ins feuchte Substrat. Bei 30 °C schlüpfen die Jungtiere nach etwa 60-70 Tagen.
Bemerkung: HENKEL & SCHMIDT (1997) weisen auf das große Frischluftbedürfnis hin und empfehlen die Verwendung von kleinen Ventilatoren.
Eignung: Die Haltung ist dem erfahrenen Spezialisten vorbehalten.

Die Augen von Bronchocella cristatella sind oftmals dunkel eingefasst. Im Nacken trägt die Art einen kurzen Kamm. Beine und Kopf sind länger als bei den eng verwandten Calotes-Arten.

Der deutsche Name Borneo-Langschwanzagame weist auf den überproportional langen Schwanz hin, der alternative Name Grüner Calotes leitet sich vom smaragd- bis blaugrünen Grundton ab.

Klimastation Pulau Labuan, Malaysia *

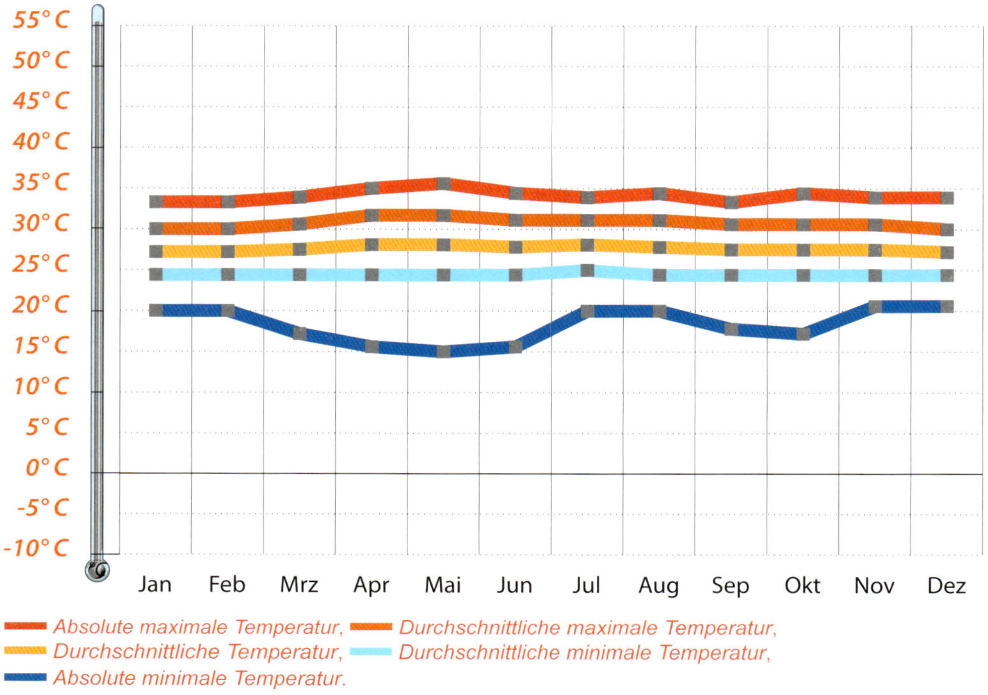

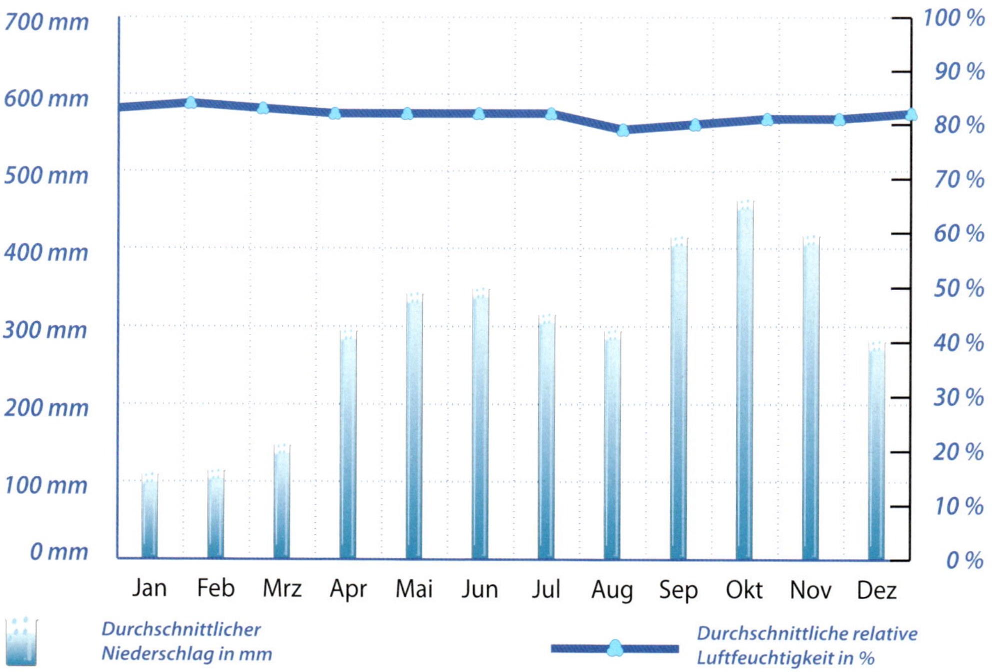

* Quelle: MÜLLER, M. (1996): Handbuch ausgewählter Klimastationen der Erde. Universität Trier, Forschungsstelle Bodenerosion.

Calotes emma

Gray, 1845

Gehörnter Calotes

Anderer Name: Hinterindische Schönechse.
Herkunft: Hinterindien bis Südchina.
Größe: Gesamtlänge ca. 40 cm, Kopf-Rumpf-Länge ca. 11 cm.
Beschreibung: Auf dem vorderen Rückenteil, der Kopfoberseite und den Kopfseiten ist die Art rötlich gefärbt, auf dem hinteren Teil trägt sie auf beige- bis gelbbraunem Untergrund rautenartige Flecken, die sich auf Flanken und Körpermitte aufspalten. Farbe und Zeichnung der Tiere variieren jedoch stark nach Verbreitungsgebiet. Arttypisch ist ein sehr heller Dorsolateralstreifen vom Hinterkopf bis zum Schwanz. Am hinteren Ende des Augenbrauenbogens und überhalb des Trommelfells befinden sich recht hohe Stachelschuppen. Von den Augen zu den Ohren verläuft eine dunkle Binde. Der Kopf läuft zur Schnauze hin spitz zu. Die rotbraune Färbung wird über den Hals- bis zum Rumpfbereich rötlich bis rosafarben. Der Kehlsack ist wenig ausgeprägt. Der Rückenkamm läuft von der Mitte des Hinterkopfes zum Schwanz hin immer niedriger werdend aus. Auf dem dunkeloliven Schwanz finden sich dunkelgraue Bänder.
Aktivitätszeit: Tagaktiv.
Lebensweise: Überwiegend baumbewohnend.
Verhalten: Die Art hält sich bevorzugt im unteren Stammbereich sowie auf Zweigen von Büschen im lichten Regenwald und dessen Rändern auf. Die Art ist in der Lage, Laute zu äußern und quiekt, wenn sie gefangen oder festgehalten wird. Bei Erregung färben sich Kehle und Kopfseitenbinde schwarz.
Soziale Zusammensetzung: 1,1.
Geschlechtsunterscheidung: Die kleiner als die Männchen bleibenden Weibchen tragen einen hellen Kehlsack, der mit dunklen Punkten und Strichen gezeichnet ist. Ihr Rückenkamm ist niedriger.
Nahrung: Grillen, Heimchen, Heuschrecken, Schaben, Zophobas, Wachsmotten.
Terrarium: Das Regenwaldterrarium, dessen Größe bei paarweiser Haltung (Länge x Tiefe x Höhe): 130 x 60 x 100 cm bemessen sein sollte, wird mit armdicken, senkrecht stehenden Ästen eingerichtet. Eine Natur- oder Strukturrückwand bietet weitere Klettermöglichkeiten. Eine üppige Bepflanzung dient der Art als Versteckmöglichkeit. Ein Wasserbecken (eventuell Aquaterrarium) darf in der Grundausstattung des Terrariums nicht fehlen.
Temperatur: 26-28° C, nachts etwa 21-23° C, Sonneninseln 35° C.
Luftfeuchtigkeit: 80-90 %.
Beleuchtung: 12-14 Stunden. UV-Bestrahlung ist erforderlich.
Fortpflanzung: Das Weibchen verscharrt bis zu 12 etwa 17 mm lange Eier in einer gegrabenen Mulde. Die Zeitigungsdauer bei 25-28 °C beträgt etwa 62-74 Tage.
Bemerkung: Aufgrund des großen Verbreitungsgebietes können die Klimaansprüche von diesem Porträt abweichen. Tiere des nördlichen Verbreitungsgebietes werden in Waldterrarien mit simulierten Regenzeiten gehalten.
Eignung: Mit Vorkenntnissen gut zu pflegen.

In der Natur hält sich *Calotes emma* bevorzugt im unteren Stammbereich auf. Das Terrarium wird entsprechend mit einem armdicken, senkrecht stehenden Ast eingerichtet.

Der überwiegend baumbewohnende gehörnte Calotes zeigt am hinteren Ende des Augenbrauenbogens und oberhalb des Trommelfells hohe Stachelschuppen.

Farbe und Zeichnung von *Calotes emma* variieren stark nach Verbreitungsgebiet. Arttypisch ist ein sehr heller Dorsolateralstreifen vom Hinterkopf bis zum Schwanz.

Klimastation Pinang, Malaysia *

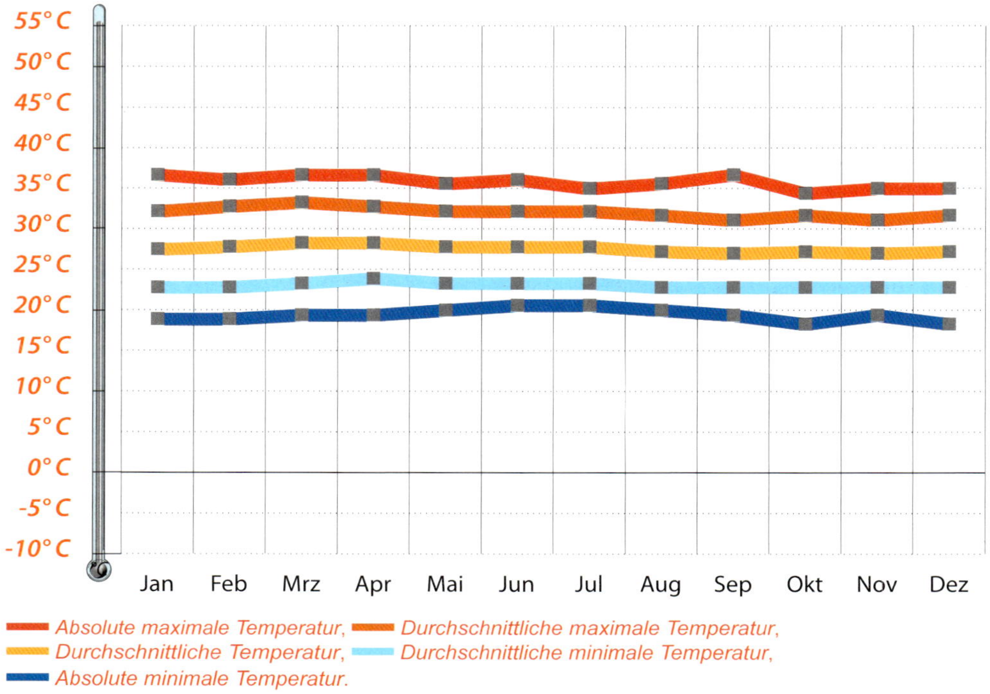

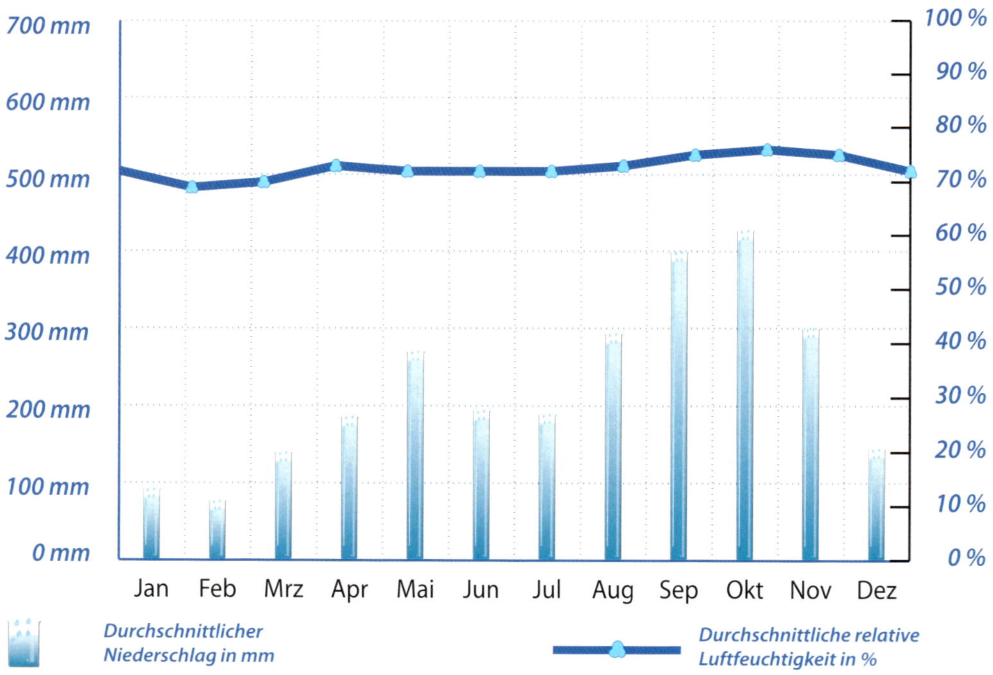

* Quelle: Müller, M. (1996): Handbuch ausgewählter Klimastationen der Erde. Universität Trier, Forschungsstelle Bodenerosion.

Calotes mystaceus

Duméril & Bibron, 1837

Blaukopf-Calotes

Anderer Name: Blaukopf-Schönechse.
Herkunft: Birma, Thailand, Laos, Kambodscha, Vietnam, Adamanen und Nikrobaren.
Größe: Gesamtlänge je nach Herkunftsgebiet ca. 42 cm, Kopf-Rumpf-Länge ca. 14 cm.
Beschreibung: Auf grau-brauner Grundfärbung zeigen die Tiere auf dem Rücken seitlich je vier große rötliche braune Flecken. An beiden Seiten befinden sich am Hinterkopf je zwei stachelartig abstehende Stachelschuppen, die von kleineren Stacheln umsäumt sein können. Der Nackenkamm der Männchen geht über den Rückenkamm im hinteren Rumpfviertel in niedrige, dreieckige Schuppen über. Unterhalb des Auges verläuft von der Schnauzenspitze ein weißer bis gelblicher Streifen bis zur Schulter. Die türkise bis leuchtend blaue Prachtfärbung umfasst Kopfbereich, vordere Rumpfpartie und die Vordergliedmaßen. Kehle und Kehlsack grenzen sich mit dunkelblauen bis violettfarbenen Tönen ab.
Aktivitätszeit: Tagaktiv.
Lebensweise: Überwiegend baumbewohnend.
Verhalten: Die Art findet sich an Bäumen in lichten Wäldern, ist als Kulturfolger aber auch in Stadtparks und an Bäumen am Straßenrand zu finden.
Soziale Zusammensetzung: 1,1.
Geschlechtsunterscheidung: Die etwas kleiner bleibenden Weibchen zeigen nicht so leuchtende Farben wie die Männchen, und ihr Rückenkamm reicht nur etwa bis in Höhe der Rumpfmitte.
Nahrung bis **Terrarium:** Siehe *Calotes emma*.
Temperatur: 24-30° C, nachts etwa 18-22° C, Sonneninseln bis 40° C.
Luftfeuchtigkeit: 60-70 %, während der Regenzeit von etwa Juni bis Dezember 80%.
Beleuchtung: 12-14 Stunden. UV-Bestrahlung ist erforderlich.
Fortpflanzung: Nach Ende der Trockenzeit beginnen die Tiere im Februar zu balzen und sich mit Beginn der Regenzeit zu paaren. Die Weibchen verscharren bis zu 11 etwa 18 mm lange Eier in einer gegrabenen Mulde. Die Zeitigungsdauer bei 24-26 °C beträgt etwa 60-70 Tage.
Bemerkung: Die recht unscheinbar gefärbten Tiere zeigen außerhalb der Paarungszeit nur bei Erregung, wie beim Anblick eins Fressfeindes ihre prächtige, türkisblaue Färbung.
Eignung: Mit Vorkenntnissen gut zu pflegen.

Calotes mystaceus sind eher unscheinbar gefärbte Tiere, die sich nur bei Errerung oder innerhalb der Paarungszeit prächtig färben.

Klimastation Kuching, Malaysia *

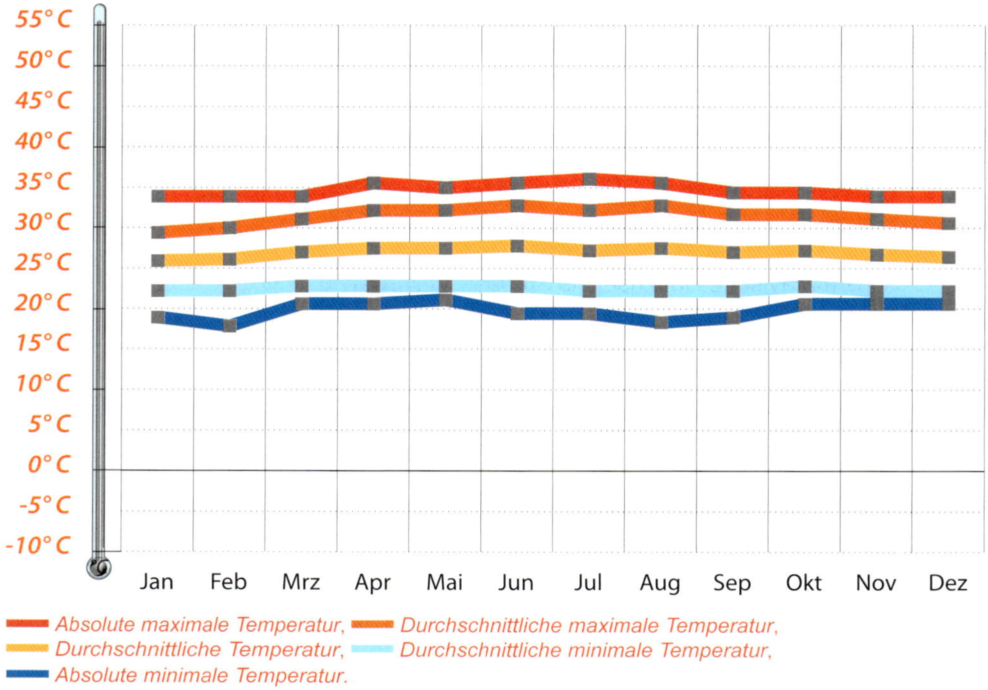

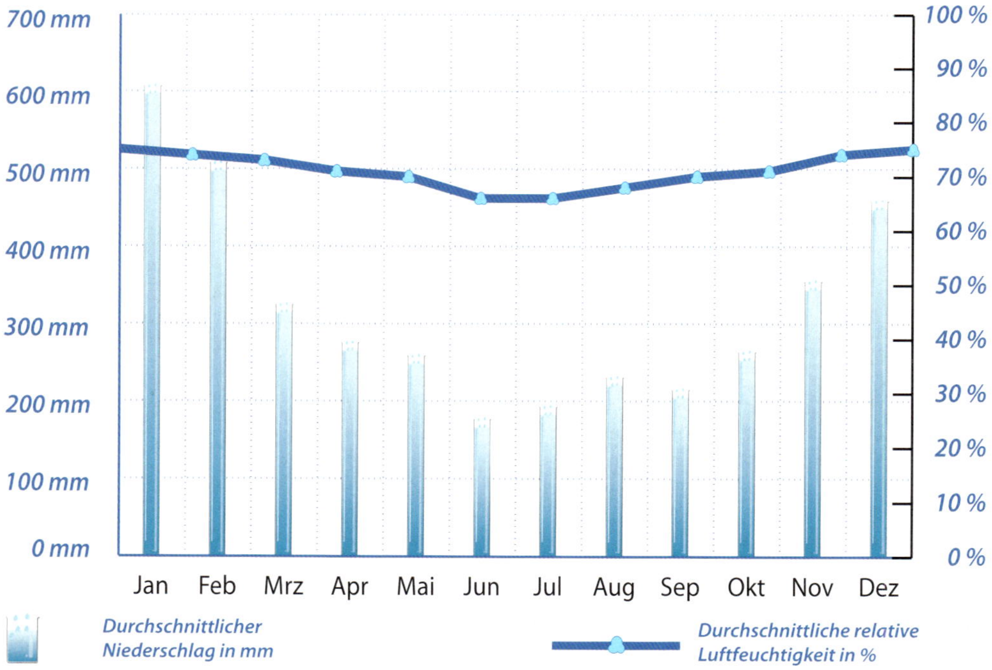

* Quelle: MÜLLER, M. (1996): Handbuch ausgewählter Klimastationen der Erde. Universität Trier, Forschungsstelle Bodenerosion.

Calotes versicolor
(Daudin, 1802)

Pakistanische Blutsaugeragame

Anderer Name: Verschiedenfarbige Schönechse.
Herkunft: Das riesige Verbreitungsgebiet erstreckt sich von Iran im Westen über Nepal im Norden, südliches China im Osten über die nördliche malayische Halbinsel bis Sumatra im Süden. Nach Henkel & Schmidt (1997) wurde die Art nach Mauritius eingeschleppt.
Größe: Gesamtlänge standortabhängig bis ca. 45 cm, Kopf-Rumpf-Länge ca. 14 cm.
Beschreibung: Das starke Farbwechselvermögen macht die Art zu beliebten Terrarientieren. Die Grundfärbung des Körpers besteht aus gelbgrauen bis gelbbraunen Tönen, die sich zur Schwanzwurzel hin verdunkeln. Gliedmaßen und Schwanz sind fast schwarz gefärbt. Kehle, Bauch und manchmal auch Flanken färben sich bei Erregung leuchtend rot. Der Kopf ist auffallend gelb gefärbt. Oberhalb der Ohröffnungen befinden sich beidseitig zwei oder mehrere Stacheln. Der Kehlsack der Art ist nur schwach ausgebildet.
Aktivitätszeit: Tagaktiv.
Lebensweise: Baum- und bodenbewohnend.
Verhalten: Nach Manthey & Schuster (1992) hält sich die Art in der Natur bevorzugt an einzelnen Bäumen und Büschen in offenem sowie steinigem Gelände auf. In menschlicher Obhut stoßen sich Wildfänge und Männchen in der Paarungszeit häufig die Schnauzen an den Terrarienscheiben auf.
Soziale Zusammensetzung: 1,1.
Geschlechtsunterscheidung: Der Rückenkamm reicht bei den Männchen bis zur Schwanzwurzel, Weibchen weisen nur einen Nackenkamm auf.
Nahrung: Grillen, Heimchen, Heuschrecken, Schaben, Zophobas, Wachsmotten.
Terrarium: Das halbfeuchte Terrarium sollte bei paarweiser Haltung der platzbedürftigen Art etwa (Länge x Tiefe x Höhe): 130 x 60 x 100 cm groß bemessen sein. Bei Haltung von mehr als einem Weibchen werden pro zusätzlichem Tier 15 % der Grundfläche hinzugerechnet. Als Bodengrund eignet sich Terrarienerde oder feines Rindensubstrat. Für die Einrichtung empfehlen sich künstliche Felsaufbauten und zahlreiche Kletteräste. Eine Verkleidung der Rück- und Seitenwände beispielsweise mit Korkplatten bietet weitere Klettermöglichkeiten.
Temperatur: 26-30° C, nachts etwa 20-25° C, Sonneninseln bis 40° C.
Luftfeuchtigkeit: 60-70 %, nachts über 90%.
Beleuchtung: 12-14 Stunden. UV-Bestrahlung ist erforderlich.
Fortpflanzung: Zur Zucht werden Tiere mit gleicher, jahrzeitlich übereinstimmender Fortpflanzungsbereitschaft aus dem selben Verbreitungsgebiet gewählt. Das Weibchen verscharrt bis zu 25 etwa 19 mm lange Eier in einer gegrabenen Mulde. Die Zeitigungsdauer bei 22-30 °C beträgt etwa 37-79 Tage.
Bemerkung: Die meisten importierten Wildfänge kommen aus Paktistan oder Vietnam (Hoch, schriftliche Mitteilung). Aufgrund des großen Verbreitungsgebietes können die Klimaansprüche von diesem Porträt abweichen.
Eignung: Auch für wenig erfahrene Terrarianer geeignet.

Die Grundfärbung des Körpers von *Calotes versicolor* besteht aus gelbgrauen bis gelbbraunen Tönen. Das starke Farbwechselvermögen macht die Art zu beliebten Terrarientieren.

Die wesentlich kleineren Weibchen der Pakistanischen Blutsaugeragame tragen seitlich vom Hinterkopf bis zur Schwanzmitte einen gelben Rückenstreifen.

Calotes versicolor, hier ein Männchen aus Ratnapura, Sri Lanka, weisen eine gelbe Kopffärbung, fast schwarze Gliedmaßen und bei Erregung rot leuchtende Partien an Kehle, Bauch und teils Flanken auf.

Zur Zucht werden Tiere mit gleicher, jahrzeitlich übereinstimmender Fortpflanzungsbereitschaft aus dem selben Verbreitungsgebiet gewählt. Hier abgebildet ein Weibchen aus Knuckels, Sri Lanka.

Klimastation Multan, Pakistan *

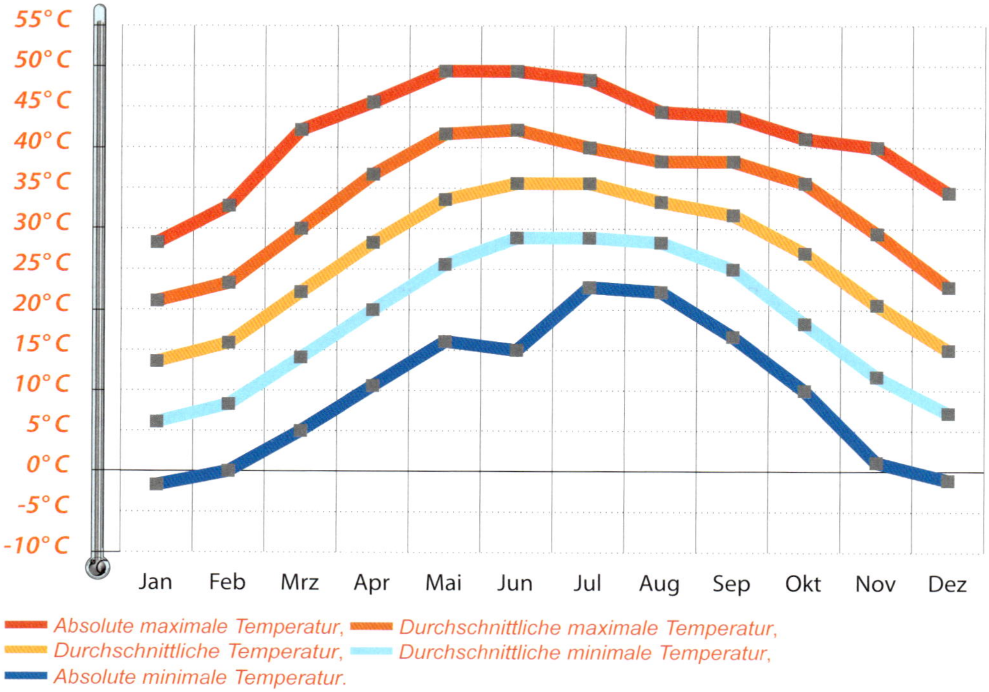

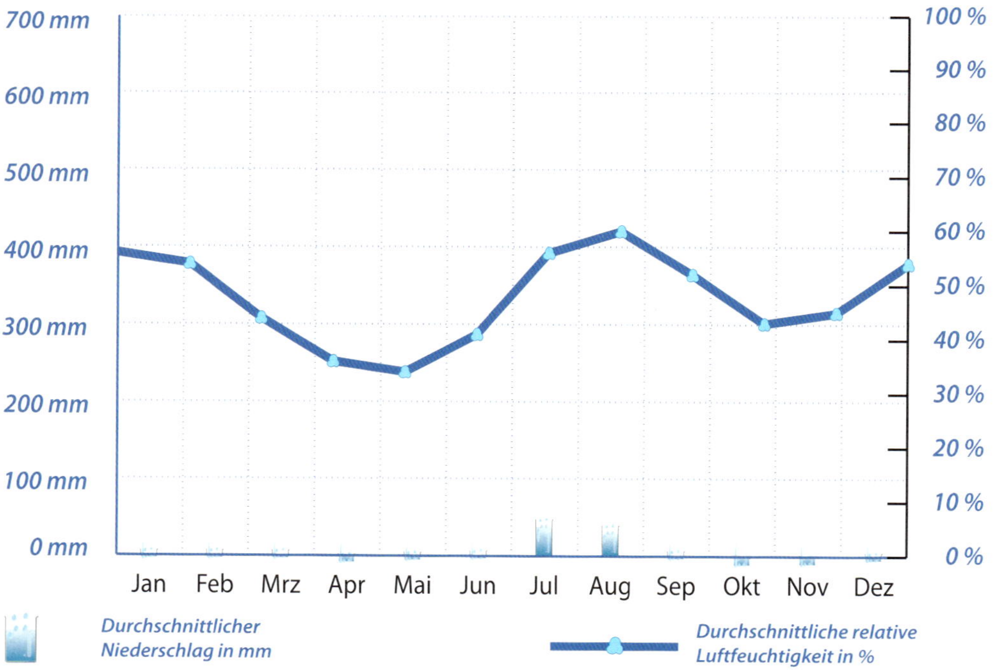

* Quelle: MÜLLER, M. (1996): Handbuch ausgewählter Klimastationen der Erde. Universität Trier, Forschungsstelle Bodenerosion.

Chlamydosaurus kingii

Gray, 1825

Australische Kragenechse

Verbreitung: Nordosten Australiens und Süden Neuguineas.

Größe: Gesamtlänge 95 cm, Kopf-Rumpf-Länge 28 cm.

Beschreibung: Die Grundfärbung der Tiere sind braunorange, braune oder graue bis schwarze Farben. Manche Tiere zeigen un-regelmäßige Muster und Querbänder. Charakteristisch für die Art ist der bei Erregung aufgestellte Kragen, der durch knorpelige Fortsätze des Zungenbeins gestützt wird. Die Kragenfarbe ist heller mit Tönen von Gelb über Orange bis Rot. Die vorderen Gliedmaßen mit kürzeren Zehen sind schwächer ausgeprägt als die hinteren. Insbesondere die mittleren Zehen der hinteren Gliedmaßen sind stark verlängert. Der Schwanz übertrifft die Kopf-Rumpf-Länge um mehr als das Doppelte.

Aktivitätszeit: Tagaktiv.

Lebensweise: Überwiegend baumbewohnend, die Tiere begeben sich zur Nahrungssuche aber auch auf den Boden.

Verhalten: Australische Kragenechsen sind nicht sehr bewegungsfreudig. Bei Bedrohung spannen sie zur Abschreckung den Kragen auf. Auf dem Boden flüchten die Tiere auf den Hinterbeinen laufend. Sie bewohnen trockene bis halbtrockene Gebiete mit nicht zu dichtem Baumbestand.

Soziale Zusammensetzung: 1,1 / 1,X.

Geschlechtsunterscheidung: Die Weibchen bleiben ein wenig kleiner, die Männchen haben einen etwas größeren Kopf. Eine sichere Geschlechtsbestimmung ist bei Jungtieren noch möglich. Bis zum Alter von drei Monaten lassen sich beim Männchen die Hemipenistaschen erkennen, bevor dies durch die Verdickung der Schwanzwurzel nicht mehr möglich ist.

Nahrung: Die Art wird mit Grillen, Heimchen, Heuschrecken, Schaben, Raupen und Käfern gefüttert. In der Natur ernähren sich die Tiere auch von Ameisen und kleinen Echsen.

Terrarium: Das Trockenterrarium für Australische Kragenechsen sollte mit 5-10 cm hohem Substrat aus Kies oder Sand ausgestattet sein. Die vertikal und horizontal eingesetzten Kletteräste sollten etwa armdick sein und können mit künstlichen Pflanzen dekoriert werden. Auf die Äste gerichtete Wärmestrahler ermöglichen es den Tieren, ihre Vorzugstemperatur zu finden. Die Terrariengröße sollte auf die Kopf-Rumpf-Länge bezogen im Verhältnis (Länge x Tiefe x Höhe): 4,5 x 3,5 x 7 bemessen sein. Bei Haltung von mehr als einem Weibchen werden pro zusätzliches Tier 15 % der Grundfläche hinzugerechnet.

Temperatur: 27-31° C, nachts 18-22° C, Sonneninseln 37° C.

Luftfeuchtigkeit: 50-70 %.

Beleuchtung: 12-14 Stunden. UV-Bestrahlung ist erforderlich.

Winterruhe: Sechs bis acht Wochen Winterruhe bei 23-25° C.

Fortpflanzung: Das Weibchen legt nach der Winterruhe in vierwöchigem Rhythmus etwa drei Gelege mit bis zu 15 Eiern. Im Inkubator schlüpfen bei 28-30° C nach 65 bis 90 Tagen die Jungen. Knapp die ersten 16 Wochen können diese zusammen aufgezogen werden.

Bemerkung: Mäßig füttern, da die Tiere schnell verfetten.

Eignung: Haltung dem erfahrenen Spezialisten vorbehalten.

Literaturtipp: Hauschild, A. & H. Bosch (2003): Bartagamen und Kragenechsen. Natur und Tier - Verlag, Münster (4. Auflage).

Chlamydosaurus kingii, vor allem im Nordosten Australiens beheimatet, ist eine imposante Echse. Ihre Haltung ist allerdings dem erfahrenen Spezialisten vorbehalten.

Die Australische Kragenechse erinnert, vor allem mit aufgeklapptem Kragen, wohl am stärksten an die urzeitlichen Reptilien.

Chlamydosaurus kingii ist überwiegend baumbewohnend, begibt sich zur Nahrungssuche aber auch auf den Boden.

Klimastation Daru, Papua-Neuguinea *

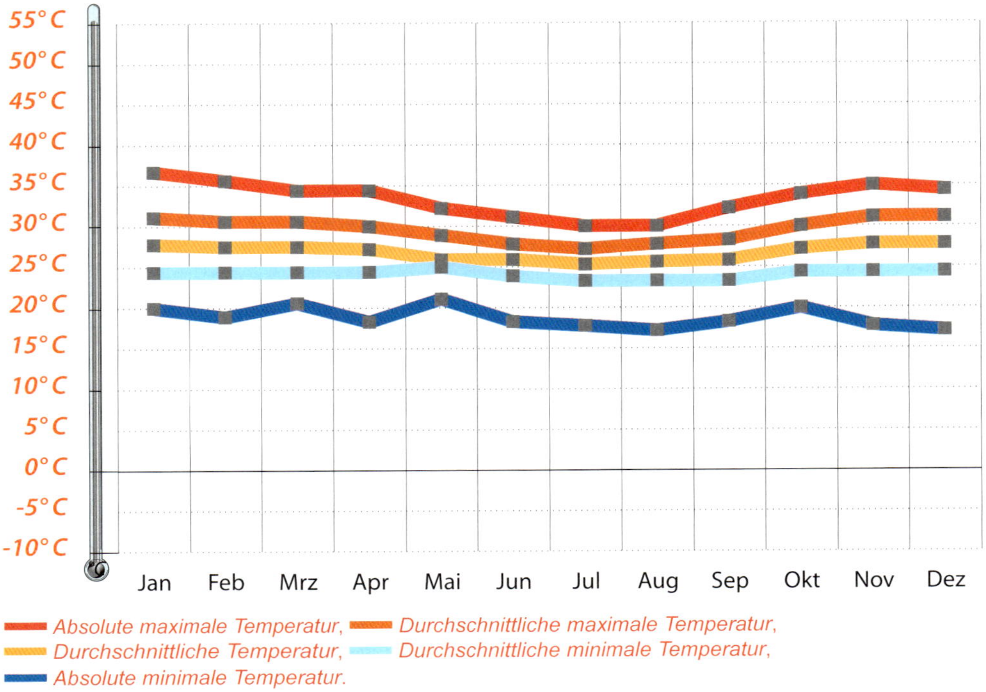

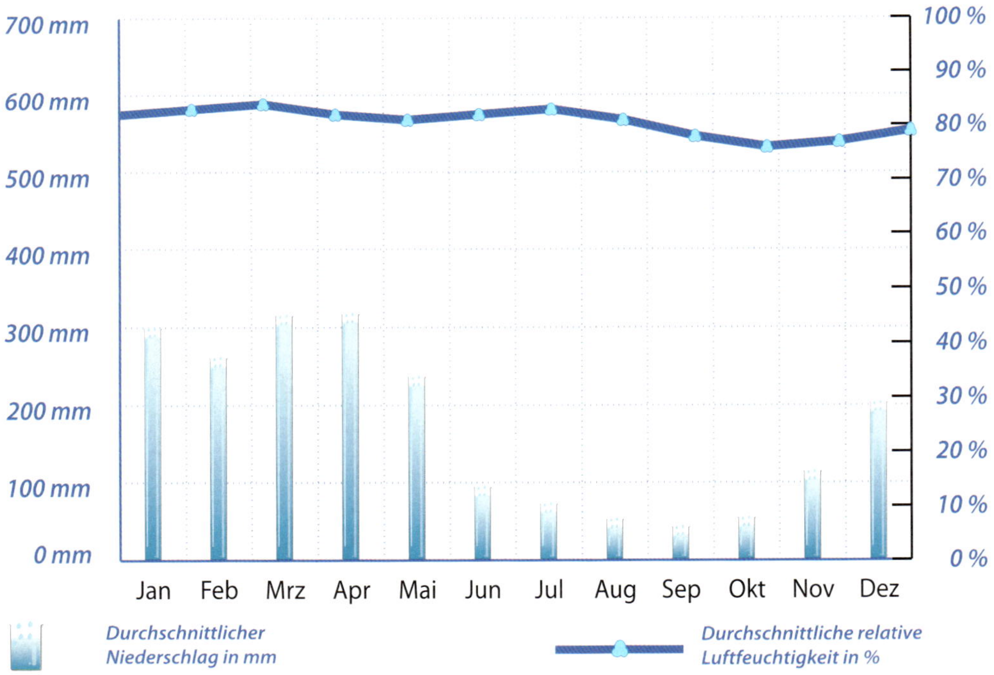

* Quelle: Müller, M. (1996): Handbuch ausgewählter Klimastationen der Erde. Universität Trier, Forschungsstelle Bodenerosion.

Draco volans
Linnaeus, 1758

Gewöhnlicher Flugdrache

Herkunft: Thailand, Malaysia und vorgelagerte Inseln, Sumatra und Borneo.
Größe: Gesamtlänge ca. 20 cm, Kopf-Rumpf-Länge ca. 9 cm.
Beschreibung: Die Körpergrundfarbe ist graubeige mit dunklen Zeichnungen und hellen Flecken. An den Flanken befinden sich zwei orange-schwarz gefärbte Hautlappen, die durch die beweglichen, verlängerten Rippen ein Hautsegel bilden können. Seitlich am Hals finden sich weitere Hautsegel. Die Art weist einen dünnen Schwanz auf, der den Flug stablisiert und die Zielansteuerung unterstützt.
Aktivitätszeit: Tagaktiv.
Lebensweise: Baumbewohnend.
Verhalten: Im natürlichen Lebensraum besiedelt die Art dichte und offene Waldgebiete, findet sich aber auch in Plantagen und benachbarten Gartenanlagen.
Soziale Zusammensetzung: 1,1 / 1,X.
Geschlechtsunterscheidung: Die Männchen weisen einen flachen Rückenkamm, die größer werdenden Weibchen lediglich einen Nackenkamm auf. Die Kehlfalte der Männchen ist organgefarben, die der Weibchen kleiner und bläulich gefärbt.
Nahrung: In der Natur ernährt sich die Art bevorzugt von Ameisen und Termiten, im Terrarium werden Fruchtfliegen, kleine Heimchen, Schaben und Raupen der Wachsmotte angenommen.
Terrarium: Das Terrarium sollte höher als breit und tief sein und mindestens etwa 1 m^3 Volumen aufweisen, beispielsweise (Länge x Tiefe x Höhe): 90 x 90 x 120 cm. Bei Haltung von mehr als einem Weibchen werden pro zusätzlichem Tier 15 % der Grundfläche hinzugerechnet. Armdicke Äste geben den Tieren Klettermöglichkeiten und sollten senkrecht so weit auseinander stehen, dass Gleitsprünge möglich sind. Das Terrarium kann bepflanzt werden, man sollte aber genügend Freiraum lassen.
Temperatur: 27-32° C, nachts etwa 20° C.
Luftfeuchtigkeit: Tagsüber 70 %, nachts höher.
Beleuchtung: 12-14 Stunden. UV-Bestrahlung ist erforderlich.
Fortpflanzung: Die Weibchen vergraben bis zu 5 Eier im leicht feuchten Bodensubstrat. Der Schlupf der Jungtiere erfolgt bei 20-22 °C nach etwa 68 Tagen.
Bemerkung: Ihren wissenschaftlichen und deutschen Namen „Flugdrache“ verdankt die Art einer besonderen Fähigkeit: Auf der Jagd nach Beute läuft sie Bäume hoch und springt vom oberen Baumbereich mit gespreizten Hautlappen im Gleitflug mit 5 bis 8 Metern Höhenunterschied und Winkeln zwischen 40 und 60 Grad bis zu über 50 m entfernte Bäumen an.
Eignung: Haltung dem erfahrenen Spezialisten vorbehalten.

Mit seiner Farbe und Zeichnung ist der Flugdrache perfekt auf Bäumen getarnt.

Ihren wissenschaftlichen und deutschen Namen „Flugdrache“ verdankt die Art der besonderen Fähigkeit mit gespreizten Hautlappen im Gleitflug von Bäumen zu springen.

Draco volans weist einen dünnen, die Kopf-Rumpf-Länge übertreffenden Schwanz auf, der den Flug stablisiert und die Zielansteuerung unterstützt.

Flugdrachen springen vom oberen Baumbereich im Gleitflug mit 5 bis 8 Metern Höhenunterschied und Winkeln zwischen 40 und 60 Grad bis zu über 50 m entfernte Bäumen an.

Klimastation Saigon, Vietnam *

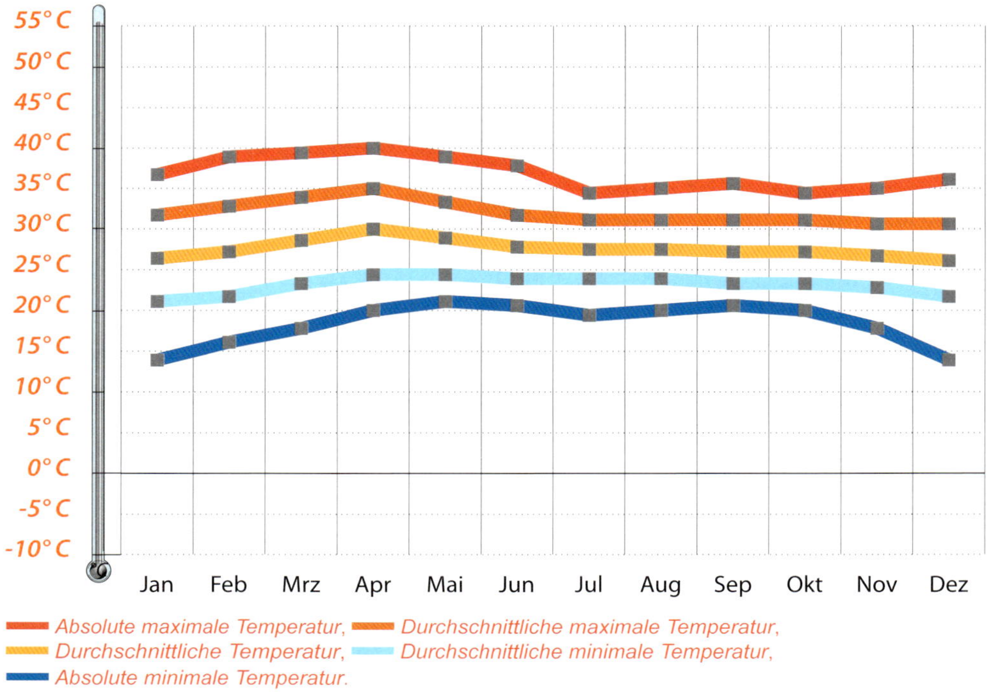

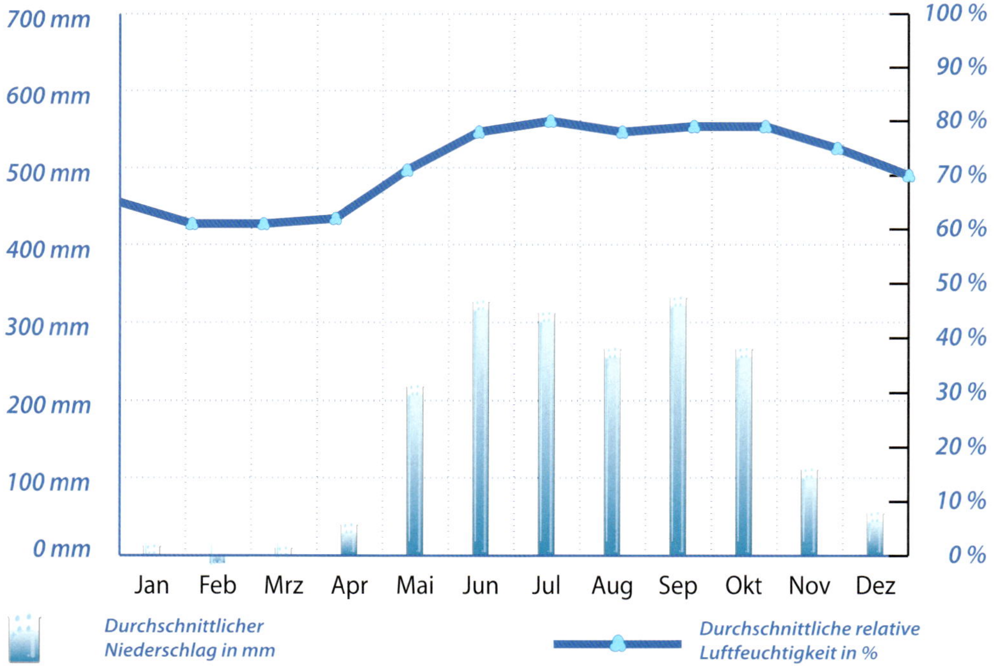

* Quelle: MÜLLER, M. (1996): Handbuch ausgewählter Klimastationen der Erde. Universität Trier, Forschungsstelle Bodenerosion.

Gonocephalus chamaeleontinus

(Laurenti, 1768)

Bunte Winkelkopfagame

Anderer Name: Java Winkelkopfagame, Laurents Winkelkopfagame.
Herkunft: Inseln Pulau und Tioman Westmalaysias und Inseln Java, Sumatra, Pulau Natuna Besar, Pulau Bangka und Pulau Sipora Indonesiens.
Größe: Gesamtlänge standortabhängig bis 45 cm, Kopf-Rumpf-Länge bis 17 cm.
Beschreibung: Der wissenschaftliche Gattungsname, zusammengesetzt aus dem griechischen „gono", was eckig, winklig, und „cephal", was Kopf bedeutet, weist auf die markante Kopfform hin. „chamaeleonitus" spielt auf das große Farbwechselvermögen der Art an, die Tiere können sich sehr stark abdunkeln. Auf grüner Grundfärbung finden sich auf dem Rücken ein dunkles Netzmuster und helle Flecken. Der Kopf wirkt sehr gedrungen, arttypisch enden die scharfkantigen Augenbrauenbogen spitzwinkelig hinter den Augen. Das Trommelfell ist deutlich sichtbar. Beide Geschlechter tragen Nackenkamm und Kehlsack, beim Männchen sind diese altersabhängig stärker ausgeprägt.
Aktivitätszeit: Tagaktiv. Nach Manthey & Schuster (1992) beschränkt sich die Aktivitätszeit auf die frühen Morgen- und späten Nachmittagsstunden.
Lebensweise: Baumbewohnend.
Verhalten: Im Regenwald des Verbreitungsgebietes zwischen Meereshöhe bis 1.500 m besiedeln die Tiere bevorzugt die unteren Stammbereiche. In menschlicher Obhut stellen Bunte Winkelkopfagamen friedliche und sehr ruhige, vielen Terrarianern zu ruhige Pfleglinge dar.
Soziale Zusammensetzung: 1,1. Auch Weibchen untereinander sind unverträglich.
Geschlechtsunterscheidung: Weibchen gleichen den Männchen bis auf die Größe und die verdickte Schwanzwurzel.
Nahrung: Futtertiere wie Heimchen, Grillen, Heuschrecken, Schaben, Wachsraupen, Zophobas aber auch Regenwürmer und nackter Kleinsäugernachwuchs.
Terrarium: Die Größe des Regenwaldterrariums sollte mindestens 1 m^3 betragen. Die Dekoration erfolgt mit überwiegend senkrecht, jedoch auch waagerecht aufgestellten, armdicken Ästen. Das feuchtigkeitsspeichernde Substrat kann aus Pinienrinde oder Terrarienerde bestehen und sollte etwa 10 cm hoch eingebracht werden. Da die Art in der Natur in unmittelbarer Nähe zu Bachläufen zu finden ist (Manthey & Schuster 1992), sollte ein Wasserfall im Terrarium nicht fehlen.
Temperatur: 28-30° C, nachts etwa 18-20° C, Sonneninseln 35-40 °C.
Luftfeuchtigkeit: 75-95 %.
Beleuchtung: Zwölf Stunden. UV-Bestrahlung ist erforderlich.
Fortpflanzung: Die Art paart sich das ganze Jahr über. Die zwei bis fünf Gelege im Jahr bestehen aus bis zu sieben Eiern, die im feuchten Substrat vergraben werden, bevor die Stelle zugescharrt und mit dem Kopf verdichtet wird. Im Inkubator erfolgt der Schlupf der etwa 8 cm großen Jungtiere bei 27-28 °C nach 72 bis 80 Tagen. Gonocephalus chamaeleontinus wachsen nur sehr langsam.
Bemerkung: Rogner (1992) weist drauf hin, dass Jungtiere bei der Aufzucht nicht mit Wachsmaden gefüttert werden sollten, da eine Gewöhnung an andere Futtersorten anschließend sehr schwer bis unmöglich ist.
Eignung: Auch für wenig erfahrene Terrarianer geeignet.

Bunte Winkelkopfagamen werden paarweise gepflegt, da im Terrarium auch weibliche Tiere einander drohen.

Der wissenschaftliche Artname „chamaeleonitus“ spielt auf das große Farbwechselvermögen der Tiere an; diese können sich sehr stark abdunkeln.

Klimastation Jakarta (Java), Indonesien *

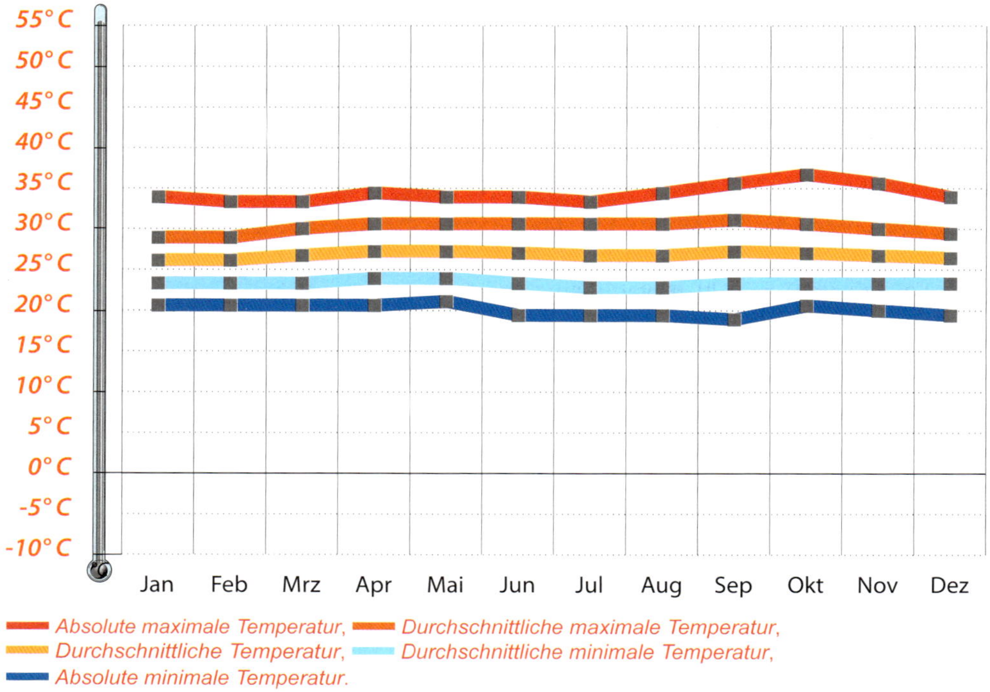

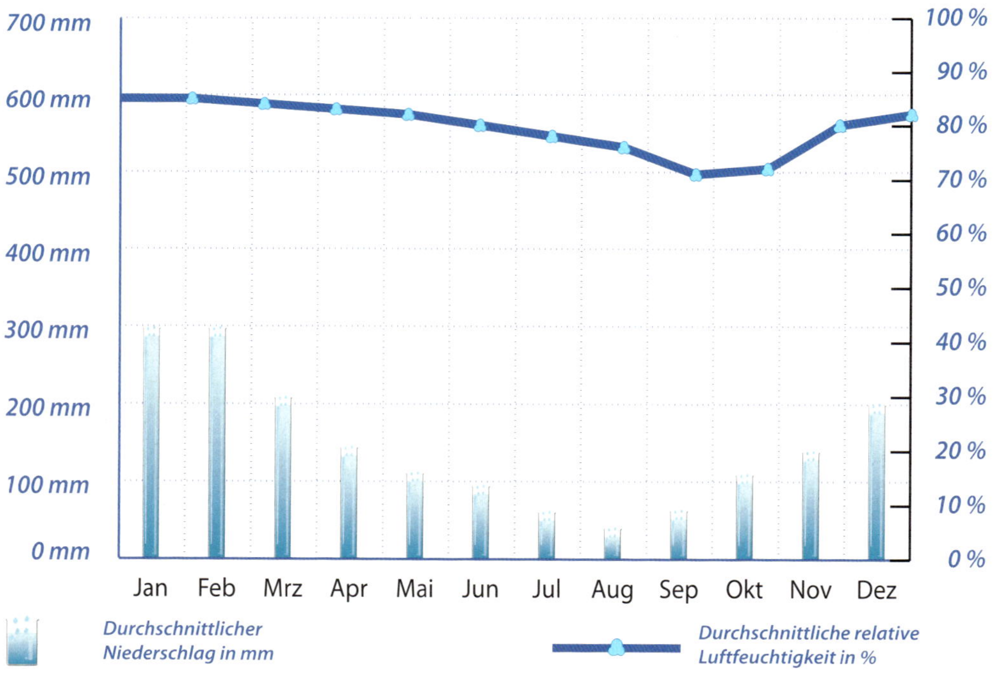

* Quelle: MÜLLER, M. (1996): Handbuch ausgewählter Klimastationen der Erde. Universität Trier, Forschungsstelle Bodenerosion.

Gonocephalus grandis
(Gray, 1845)

Große Winkelkopfagame

Verbreitung: Südthailand, Malaysia bis nord-indonesische Inseln.
Größe: Gesamtlänge 58 cm, Kopf-Rumpf-Länge 16 cm.
Beschreibung: Die Tiere haben einen dreieckigen Kopf, auf dem sich in wulstartigen Erhebungen die Augen befinden. Männliche Tiere tragen einen auffälligen Nackenkamm, der vom Rückenkamm abgesetzt ist. Die Grundfärbung der Männchen changiert im Rückenbereich stimmungsbedingt in verschiedenen Grüntönen, während die Flanken auch ein auffälliges Blau mit gelben Flecken aufweisen können. Den gelblich bis rötlich gefärbten Kehlsack zieren blaue Streifen. Die Weibchen hingegen sind überwiegend bräunlich gefärbt. Auf dem Rücken tragen die Tiere Querstreifen, die Gliedmaßen und der Schwanz sind quer gebändert.
Aktivitätszeit: Tagaktiv.
Lebensweise: Baumbewohnend.
Verhalten: In der Nähe von Gewässern lebend, haben sich die Tiere zu sehr guten Schwimmern und Tauchern entwickelt. Sie sind schreckhaft und zeigen ein ausgeprägtes Fluchtverhalten.
Soziale Zusammensetzung: 1,1.
Geschlechtsunterscheidung: Männchen sind etwas größer und zeichnen sich durch einen Rückenkamm und einen seitlich stärker abgeflachten Körper und Schwanz aus.
Nahrung: Die Art ernährt sich von Heuschrecken, Schaben, Grillen, Wachsmotten und deren Larven, Käfern sowie nestjungen Mäusen.
Terrarium: Das Regenwaldterrarium sollte über einen Wasserteil von 50 % mit 10-15 cm Wasserstand verfügen. Auf gute Wasserqualität ist zu achten. Setzen Sie Kletteräste und eine bekletterbare Rückwand ein, und bieten Sie Versteck- und Rückzugsmöglichkeiten. Die Terrariengröße sollte für die Haltung eines Paares auf die Kopf-Rumpf-Länge bezogen im Verhältnis (Länge x Tiefe x Höhe): 11 x 6 x 11 bemessen sein.
Temperatur: 20-25° C, nachts etwa 16-18° C, Sonneninseln 30-35° C.
Luftfeuchtigkeit: 85-100 %.
Beleuchtung: Zwölf Stunden. UV-Bestrahlung ist erforderlich.
Fortpflanzung: Das Weibchen vergräbt bis zu fünf Eier im feuchten Bodengrund. Bei 19-22° C schlüpfen die Jungen nach 75 bis 90 Tagen.
Bemerkung: Die Tiere verhalten sich auch gegenüber anderen Arten recht aggressiv und sollten nicht vergesellschaftet werden.
Eignung: Nur als Nachzucht zu empfehlen; dann mit Vorkenntnissen gut zu pflegen.

Gonocephalus-grandis-Weibchen sind überwiegend bräunlich gefärbt. Sie bleiben etwas kleiner, und ihr Körper ist seitlich nicht so abgeflacht.

Die Große Winkelkopfagame ist tagaktiv und baumbewohnend.

Gonocephalus-grandis-Männchen tragen einen auffälligen Nackenkamm.

Gonocephalus grandis ist recht aggressiv und kann nicht mit anderen Arten vergesellschaftet werden. Die Haltung in Paaren ist in Terrarien ab 180 cm Länge und Höhe möglich.

Klimastation Takingeun, Indonesien *

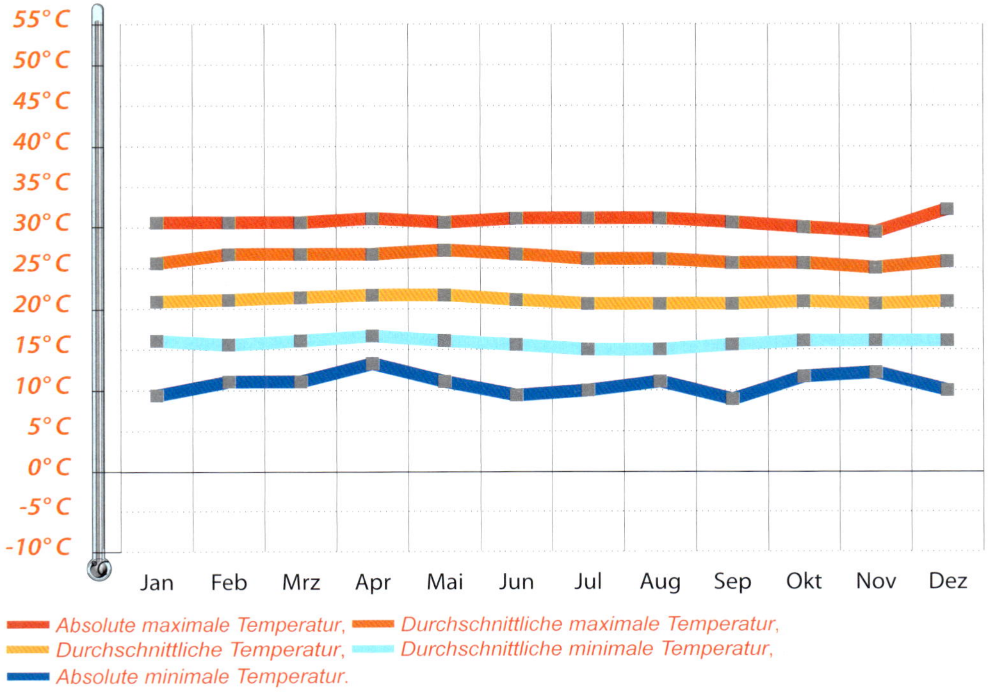

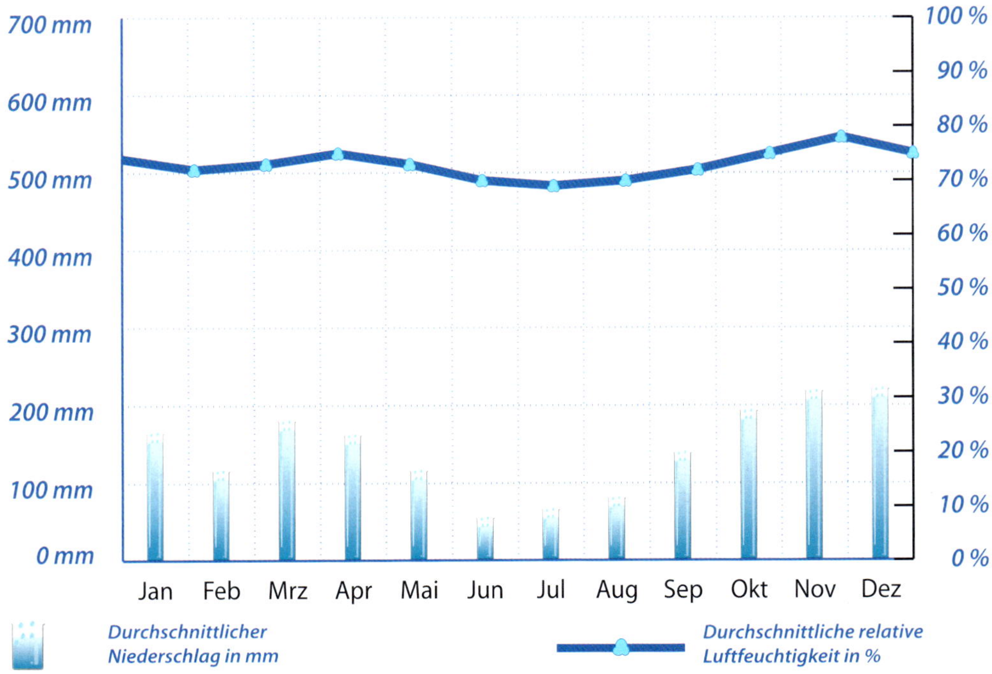

* Quelle: Müller, M. (1996): Handbuch ausgewählter Klimastationen der Erde. Universität Trier, Forschungsstelle Bodenerosion.

Hydrosaurus amboinensis
(SCHLOSSER, 1768)

Amboina Segelechse

Anderer Name: Soa Soa.
Verbreitung: Südostasiatische Inseln Celebes, Molukken und Neuguinea.
Größe: Gesamtlänge ca 100 cm, Kopf-Rumpf-Länge 34 cm.
Beschreibung: Die Amboina Segelechse hat einen kleinen Kopf mit kurzer Schnauze, auf deren Oberseite sich gekielte Schuppen befinden. Der Rückenkamm ist bei den Männchen im Nackenbereich etwa 2 cm hoch. Über 2/3 des seitlich abgeflachten Schwanzes verläuft ein hoher Hautkamm, dem sie da er von Wirbelfortsätzen gestützt wird, den Namen Segelechse verdankt. Beide Geschlechter sind mit einer netzartigen, schwarz-grün punktierten Zeichnung versehen. Die abgeflachten und verbreiterten Zehen sind der ans Wasser gebundenen Art sehr hilfreich.
Aktivitätszeit: Tagaktiv.
Lebensweise: Baumbewohnend.
Verhalten: Die Tiere zeigen ein ausgeprägtes Fluchtverhalten.
Soziale Zusammensetzung: 1,1 / 1,X.
Geschlechtsunterscheidung: Die etwas kleineren Weibchen sind am niedrigeren Rückenkamm und der schwächeren Zeichnung erkennbar.
Nahrung: Die pflanzenfressende Art wird mit Früchten, süßem Obst, Löwenzahn- und Kleeblüten, verschiedenen Salaten und Gemüse ernährt. Eingewöhnte Tiere nehmen auch tierische Kost in Form von Grillen, Heimchen, Heuschrecken, Schaben, Zophobas sowie nestjungen Mäusen, Fisch und Garnelen an.
Terrarium: Segelechsen benötigen ein geräumiges Feuchtterrarium mit einem Wasserteil, der ein Drittel bis die Hälfte der Grundfläche ausmacht. Die Wassertiefe sollte 30-60 cm betragen. Zahlreiche Kletteräste sowie Versteckmöglichkeiten dürfen nicht fehlen. Für die Bepflanzung kommen harte oder künstliche Pflanzen in Frage. Die Terrariengröße sollte für die Haltung eines Paares auf die Kopf-Rumpf-Länge bezogen im Verhältnis (Länge x Tiefe x Höhe): 5 x 3 x 4 bemessen sein. Pro weiterem Weibchen sollten 15 % mehr Grundfläche hinzugerechnet werden.
Temperatur: 26-28° C, nachts etwa 20-22° C, Sonneninseln 35° C.
Luftfeuchtigkeit: 70 %, nachts 90 %.
Beleuchtung: 12-14 Stunden. UV-Bestrahlung ist erforderlich.
Fortpflanzung: Das Weibchen legt nach der Paarung bis zu neun Eier im erdigen Substrat ab. Im Inkubator schlüpfen die Jungen bei 30° C nach etwa 60-75 Tagen.
Bemerkung: Ihr schreckhaftes, ungestümes Wesen berücksichtigend, sollte die Art in geräumigen Terrarien gehalten werden.
Eignung: Die Haltung ist dem erfahrenen Spezialisten vorbehalten.
Literaturtipp: WERNING, H. (2002): Wasseragamen und Segelechsen. Natur und Tier - Verlag, Münster (2. Auflage).

Hydrosaurus ambionensis hat einen kleinen Kopf mit kurzer Schnauze. Der Rückenkamm im Nackenbereich ist bei den Männchen nur etwa 2 cm hoch.

Beide Geschlechter der Amboina Segelechse sind mit einer netzartigen, schwarz-grün punktierten Zeichnung versehen.

Klimastation Ambon (Molukken), Indonesien *

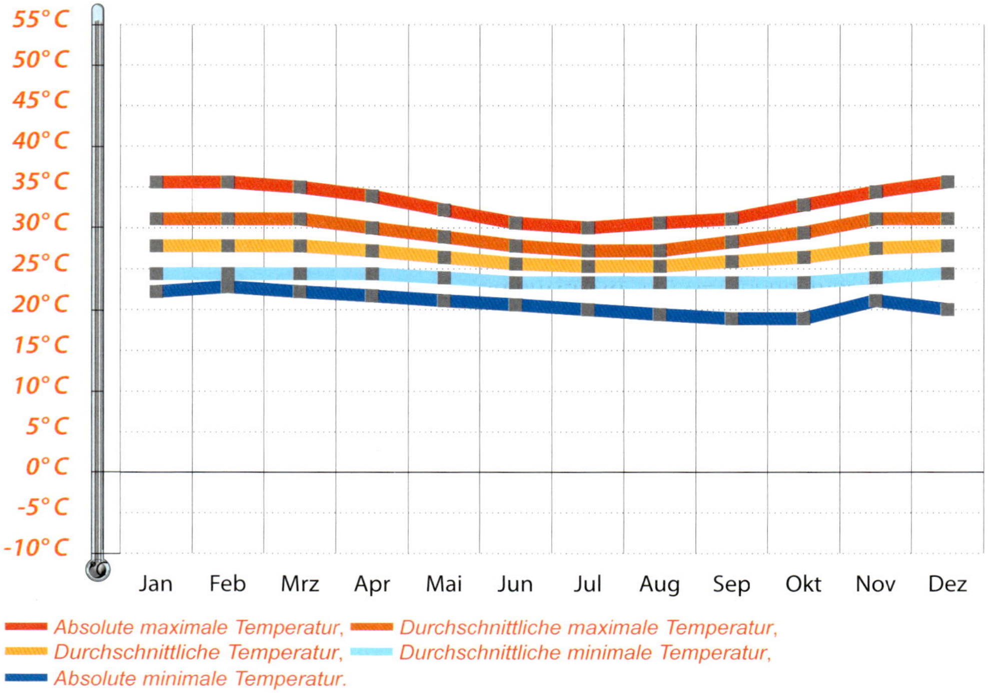

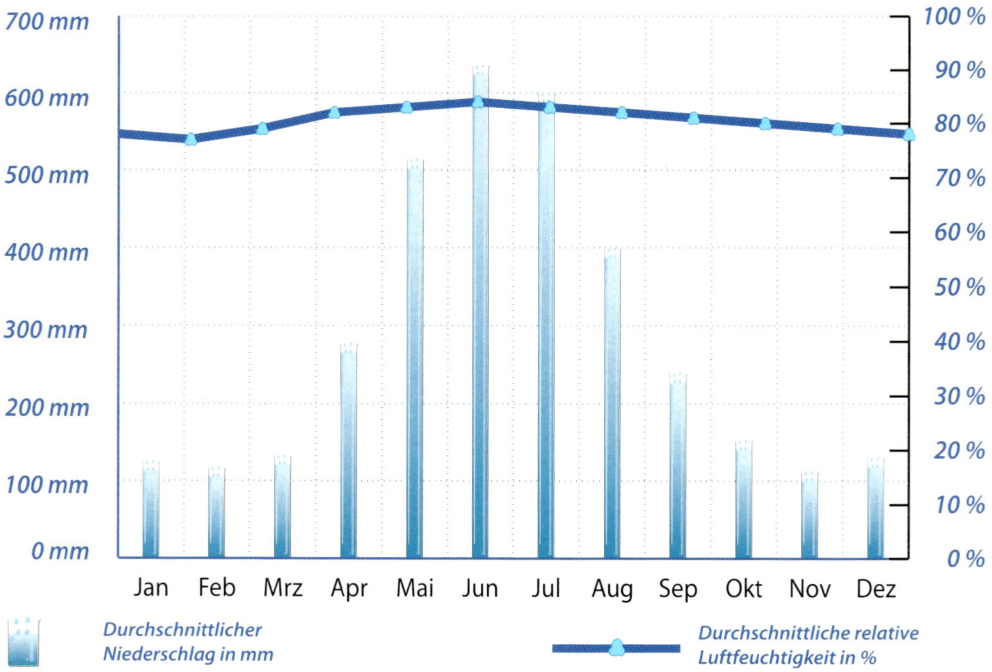

* Quelle: MÜLLER, M. (1996): Handbuch ausgewählter Klimastationen der Erde. Universität Trier, Forschungsstelle Bodenerosion.

Hydrosaurus weberi

Barbour, 1911

Grüne Segelechse

Anderer Name: Webers Segelechse, Molukken-Segelechse, Philippinische Segelechse.
Verbreitung: Philippinen, Indonesien bis Neuguinea.
Größe: Gesamtlänge 140 cm, Kopf-Rumpf-Länge 38 cm.
Beschreibung: Die Grüne Segelechse ähnelt stark der im gleichen Gebiet verbreiteten Art *Hydrosaurus amboinensis.* Von ihr unterscheidet sie sich optisch dadurch, dass Kopf- und Rückenkamm voneinander getrennt sind. Charakteristisch ist der hohe Kamm im vorderen Teil des Schwanzes.
Aktivitätszeit: Tagaktiv.
Lebensweise: Baumbewohnend.
Verhalten: Die Tiere zeigen ein ausgeprägtes Fluchtverhalten.
Soziale Zusammensetzung: 1,1 / 1,X.
Geschlechtsunterscheidung: Die etwas größeren Männchen sind an den höheren Kämmen und der dunkleren Zeichnung im Kopf- und Gliedmaßenbereich erkennbar.
Nahrung: Die Art wird mit Grillen, Heimchen, Heuschrecken, Schaben, Zophobas, Fisch und nestjungen Säugern ernährt. Auch Früchte, Blätter und Salat werden genommen.
Terrarium: Siehe Hydrosaurus *amboinensis*.
Temperatur: 25-32° C, nachts etwa 18-20° C, Sonneninseln 40-45° C.
Luftfeuchtigkeit bis **Beleuchtung:** Siehe *Hydrosaurus amboinensis*.
Fortpflanzung: Das Weibchen legt nach der Paarung ungefähr elf Eier im erdigen Substrat ab. Im Inkubator schlüpfen die Jungen bei 27-29° C nach etwa 65 Tagen.
Bemerkung: Wegen angeblicher Stressanfälligkeit und Fütterungsproblemen ist die Art, nach Ansicht einiger Halter zu Unrecht, in Verruf geraten.
Eignung bis Literaturtipp: Siehe *Hydrosaurus amboinensis*.

Hydrosaurus weberi wird in etwa 200 cm breiten Terrarien mit bis zu 60 cm tiefem Wasserteil gepflegt. Die Männchen sind vor allem an den höheren Kämmen zu erkennen.

Charakteristisch für die Grüne Segelechse ist der im vorderen Teil des Schwanzes höhere Kamm. Kopf- und Rückenkamm sind voneinander getrennt.

Klimastation Pontianak, Indonesien *

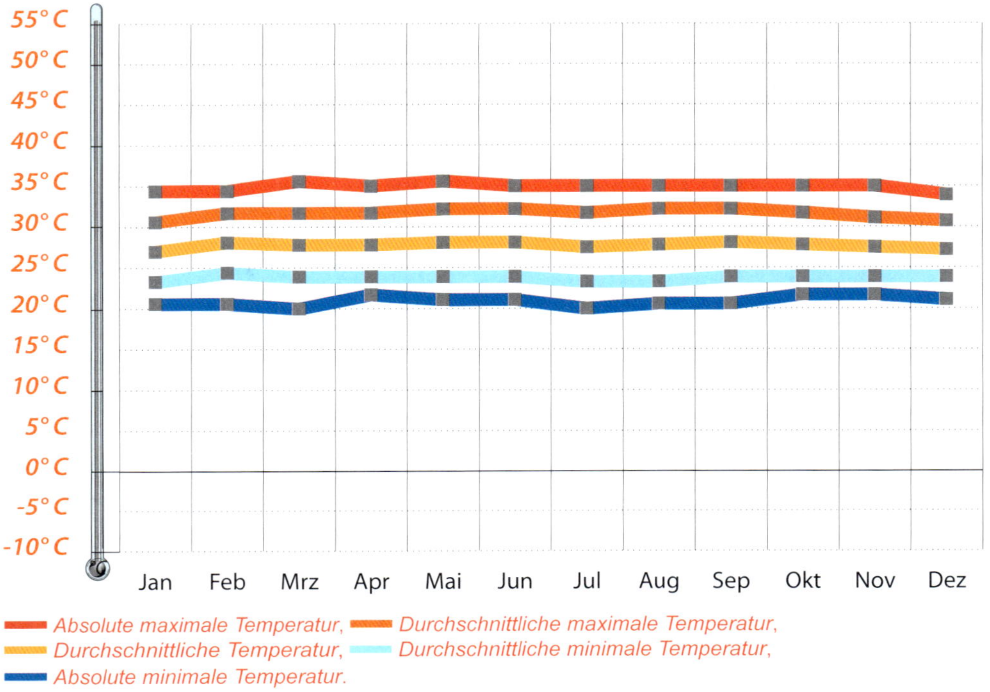

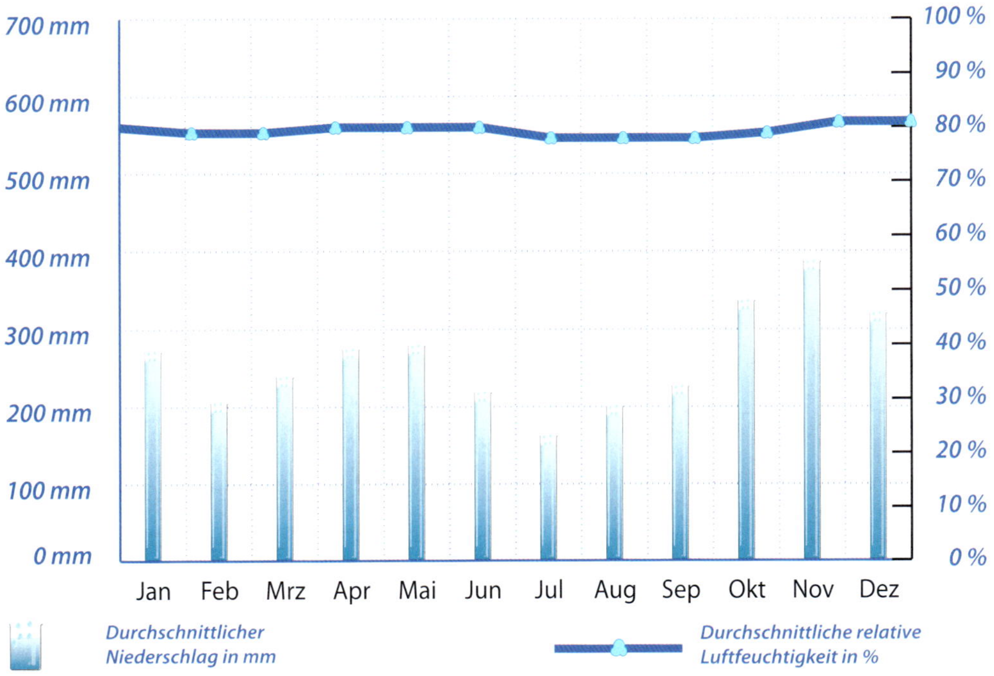

* Quelle: Müller, M. (1996): Handbuch ausgewählter Klimastationen der Erde. Universität Trier, Forschungsstelle Bodenerosion.

Japalura splendida

BARBOUR & DUNN, 1853

Chinesische Bergagame

Anderer Name: Grüne Bergagame, Drachenagame, Chinesischer Drache.
Verbreitung: Regionen Sichuan, Guizhou und Shanxi in Zentralchina sowie Salween Valley im Südosten Tibets.
Größe: Gesamtlänge 35 cm, Kopf-Rumpf-Länge 10 cm.
Beschreibung: Die Grundfärbung des Rückens besteht aus braunen, grünen beziehungsweise grauen Tönen. Diese erscheinen stimmungs- und temperaturabhängig farbintensiv oder aber stumpf. Zwei breite grüne Streifen ziehen sich vom Hinterkopf bis zum Schwanzansatz. Die Art hat einen niedrigen Nackenkamm. Der Rückenkamm ist nur angedeutet. Chinesische Bergagamen haben einen flachen Kopf mit gelb und grün gefärbten Schuppen und tragen einen kleinen Kehlsack. Von der Schnauzenspitze bis zum Mundwinkel verläuft oberhalb der Lippe ein weißer Strich. Ein Ring aus gelben und grünen Schuppen umrandet die Augen. Die Flanken sind dunkler bis ins Schwarze, der Bauch ist hell bis gelblich gefärbt. Die feingliedrigen Zehen sind mit Krallen besetzt und geben sicheren Halt auf Ästen und Felsen. Der heller gefärbte Schwanz ist gebändert.
Aktivitätszeit: Tagaktiv.
Lebensweise: Baum- und felsbewohnend.
Verhalten: Die Tiere leben in Laubwäldern in den Bergen bis in Höhen von 3000 m. Sie halten sich gerne länger in Rinnsalen und Bachläufen auf. Wildfänge sind scheuer als Nachzuchten. Chinesische Bergagamen zeigen je nach Wohlbefinden leuchtende Farben oder stumpfe braune Töne. Bei der Balz können sie sich schwarz einfärben, nur die Dorsolateralstreifen bleiben grün. Bei Stress und Bedrohung werden sie dunkel, blähen den Kehlsack auf und sperren das Maul auf.
Soziale Zusammensetzung: 1,1. Weibchen vertragen sich in der Regel nicht. Werden dennoch mehrere Weibchen zusammen gepflegt, versteckt sich das unterlegene Tier und bleibt kümmerlich. Vergräbt es selten einmal ein Gelege, ist dieses meistens nicht befruchtet.
Geschlechtsunterscheidung: Das auffälligste Merkmal der Bergagamen sind die grünen Dorsolateralstreifen, die geschlechtsspezifisch unterschiedlich sind. Beim Männchen sind die Streifen durchgehend gefärbt, wogegen sie beim Weibchen durch Unterbrechungen unregelmäßige Zacken bilden. Das Männchen hat eine kräftigere Kopfform mit einem Kragen aus Schuppenspitzen. Die Weibchen bleiben in der Gesamtlänge rund 5 cm kleiner, daher sehen sie nicht so schlank gestreckt aus wie die Männchen. Auch bei den Nachzuchten sind die Geschlechter nach einem Monat, nach drei bis vier Häutungen, bereits am Dorsolateralstreifen zu erkennen. Schon das heranwachsende Männchen hat eine deutlich kräftigere Kopfform und zeigt sehr zeitig mit aufgerissenem Maul seine Präsenz.
Nahrung: Gefüttert werden Grillen, Heimchen, kleine Heuschrecken und Schaben, Wachsmotten und deren Larven sowie Regenwürmer und Fliegen.
Terrarium: Das Waldterrarium sollte viele Kletteräste, Versteckmöglichkeiten in dichter Bepflanzung und eine verkleidete Rückwand aufweisen. Als grabfähiger Bodengrund, der gut die Feuchtigkeit speichert, eignet sich Kokos-Quellhumus, der mit etwas Sand gemischt wird. Er kann mit Buchen- oder Eichenlaub abgedeckt werden. Im Terrarium muss ein Wasserfall eingebaut werden. Die adulten Tiere brauchen fließendes Wasser zur Deckung ihres Flüssigkeitsbedarfes und feuchtes Laub für ihre Körperpflege. Frisch geschlüpfte Tiere halten sich tagelang im fließenden Wasser auf und brauchen allwöchentlich ihr Bad zur erfolgreichen Häutung. Genauso wichtig ist das morgendliche Besprühen der Pflanzen und Wände, denn jeden Morgen durchstreifen die Chinesischen Bergagamen ihre Pflanzen, als wollten sie jedes

einzelne Blatt berühren. Die Terrariengröße sollte für die Haltung eines Paares auf die Kopf-Rumpf-Länge bezogen mindestens im Verhältnis (Länge x Tiefe x Höhe): 8 x 6 x 10 bemessen sein.

Temperatur: 25-28° C, nachts etwa 12-17° C, Sonneninseln bis 40° C.

Luftfeuchtigkeit: 70-80 %, nachts 90 %.

Winterruhe: Die Art wird zehn bis zwölf Wochen bei 6-12° C gehalten.

Beleuchtung: 12-14 Stunden. UV-Bestrahlung ist erforderlich.

Fortpflanzung: Nach Esther Laue (schriftliche Mitteilung) ist die Zucht nur bei Haltung eines Männchens mit einem einzigen Weibchen erfolgreich. Das Weibchen legt nach der Paarung bis zu zwölf Eier in ein etwa 10 cm tief gegrabenes Erdloch. Dieses wird nicht nur zugescharrt; die Erde wird darüber zu einem Haufen aufgetürmt. Im Inkubator schlüpfen die Jungen in Heimchendosen mit zwei Dritteln Vermiculit und einem Drittel Wasser bei 27° C nach 45 bis 60 Tagen.

Bemerkung: Wie bei allen baumbewohnenden Arten ist die Höhe des Terrariums ausschlaggebend. Ist das Becken 60 cm hoch, bleiben die Tiere in Deckung. Bei 80 cm Höhe können sie oft schon beim Klettern beobachtet werden. Aber erst bei 100 cm Höhe entfalten sie ihre volle Agilität. Die optimale Breite sollte entsprechend 80-100 cm und die Tiefe 40-60 cm betragen. Des Weiteren ist auf gute Belüftung zu achten.

Eignung: Auch für wenig erfahrene Terrarianer geeignet.

Literaturtipp: Laue, E. (2005): Zur Haltung und Vermehrung der Chinesischen Bergagame *Japalura splendida*. elaphe, Heft 1/2005, S. 20-30; Laue, E. (2007): Die Chinesische Bergagame. VIVARIA Verlag, Meckenheim; Schradin, H. (2004): Haltung und Nachzucht der Chinesischen Bergagame (*Japalura splendida*). REPTILIA, Münster, 9 (5), S. 56-66.

Japalura-splendida-Weibchen erkennt man an den durch Unterbrechungen zackenartig wirkenden Dorsolateralstreifen. Sie bleiben etwas kleiner und wirken weniger gestreckt als die Männchen.

Männchen der Chinesischen Bergagame sind leicht am durchgehend grün gefärbten Dorsolateralstreifen zu erkennen. Schon früh zeigen sie durch Maulaufreißen ihre Dominanz.

Klimastation Guilin, China *

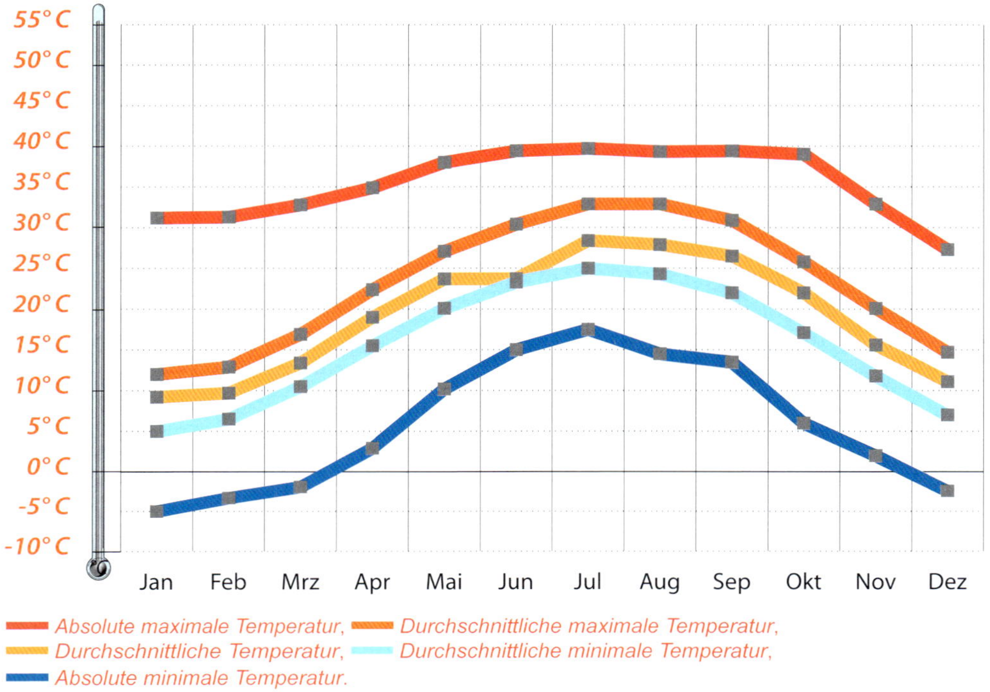

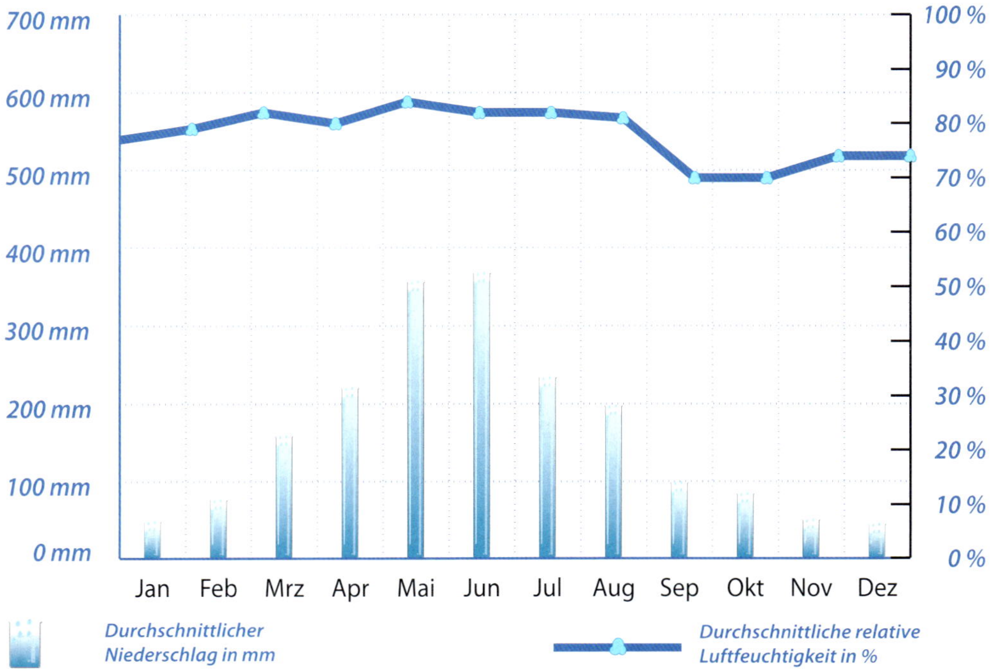

* Quelle: Müller, M. (1996): Handbuch ausgewählter Klimastationen der Erde. Universität Trier, Forschungsstelle Bodenerosion.

Laudakia stellio picea

(PARKER, 1935)

Hardun

Anderer Name: Schleuderschwanzagame.
Herkunft: Südwesten Syriens, Süden Libanons, Norden Israels und Nordwesten Jordaniens.
Größe: Gesamtlänge bis 25 cm, Kopf-Rumpf-Länge bis 13 cm.
Beschreibung: Die dunkelbraune bis schwarze Oberseite der Art ist mit gelben bis orangefarbenen Flecken und Punkten versehen. An den Flanken und Gliedmaßen finden sich unregelmäßig angeordnete Punkte und am Schwanz Bänder gleicher Färbung. Am Schwanz finden sich in Doppelreihen angeordnete Schuppenringe, die der Gattung *Laudakia* den deutschen Namen Wirtelschwanzagamen gegeben haben. Die Gliedmaßen sind lang und kräftig, die Zehen mit starken Krallen versehen.
Aktivitätszeit: Tagaktiv.
Lebensweise: Boden- und felsbewohnend.
Verhalten: Die Art besiedelt trockene, felsige Gebiete und findet sich auch an Mauern, Ruinen und Steinhaufen in der Nähe von Siedlungen. Bei Gefahr ziehen sie sich in Spalten oder unter Steine zurück. Als Drohverhalten wird die Kehle aufgebläht. Bei Bedrohung oder Aufregung schlagen die Tiere kräftig mit dem Schwanz hin und her, was den Namen Schleuderschwanzagame erklärt. In menschlicher Obhut können die Tiere ausgesprochen zahm werden.
Soziale Zusammensetzung: 1,1. 1,X.
Geschlechtsunterscheidung: Ober- und Bauchseite der Weibchen sind etwas heller gefärbt, der Rumpf etwas breiter, der Kopf etwas schmaler als bei den Männchen. Letztere lassen sich an der verdickten Schwanzwurzel gut erkennen. Zudem zeigen sie ab einer Größe von etwa 13 cm eine etwa 3 cm große, narbenförmige Wulst auf der Bauchseite (LIEKMEIER & TACHWALY, 2006).
Nahrung: Die Art weist eine omnivore Ernährungsgewohnheit mit einerseits tierischem, aber auch pflanzlichem Nahrungsanteil wie Blättern, Blüten und Samen auf. Bevorzugt wird Kost in Form von Heimchen, Grillen, Heuschrecken, Schaben, Zophobas und Wachsmotten. Täglich sollten Löwenzahn, Klee und Salat wie auch Früchte wie Erdbeeren angeboten werden.
Terrarium: Die sehr agile Art sollte in einem großzügig bemessenen Felsterrarium gehalten werden. Der Lebendigkeit der Tiere entsprechend, würde bei Haltung eines Paares eine Mindestgröße auf die Kopf-Rumpf-Länge bezogen im Verhältnis (Länge x Tiefe x Höhe): 5 x 3 x 4 kaum gerecht bemessen sein. Besser eignen sich Standardterrarien von 100 bis 120 cm Länge. Als Substrat dient ein lehmhaltiges Gemisch aus Sand und Erde, das an einer Stelle leicht feucht gehalten wird. Die felsige Landschaft des Herkunftsgebietes wird mit Unterschlupfmöglichkeiten unter Steinen und kleinen Felsaufbauten sowie Klettermöglichkeiten auf Wurzeln und Ästen nachempfunden. Ein flache Wasserschale darf nicht fehlen.
Temperatur: 22-30 °C, nachts 18-20 °C, Sonneninseln bis 40 °C.
Luftfeuchtigkeit: 40-50%.
Beleuchtung: 12-14 Stunden Beleuchtung mit hoher Lichtintensität. UV-Bestrahlung ist erforderlich.
Winterruhe: Zwei Wochen vor und nach der Winterruhe von November bis Januar sollte die Beleuchtung schrittweise auf 8 Stunden reduziert werden. Während der dreimonatigen Winterruhe bei 18-20° C reichen sechs Stunden täglicher Beleuchtung. Auf die Fütterung wird verzichtet; der Boden wird wöchentlich besprüht, aber nicht genässt.
Fortpflanzung: Kurze Zeit nach der Winterruhe beginnen die Tiere mit der Balz. Nach dreiwöchiger Trächtigkeit vergräbt das Weibchen bis zu 8 etwa 22 mm große Eier. Bei 26-30° C erfolgt der Schlupf der Jungtiere nach etwa 50-60 Tagen.
Bemerkung: Von den fünf bekannten ist *Laudakia stellio picea* die am häufigsten in der Terraristik verbreitete Unterart.
Eignung: Mit Vorkenntnissen gut zu pflegen.

Am Schwanz finden sich in Doppelreihen angeordnete Schuppenringe, die der Gattung *Laudakia* den deutschen Namen Wirtelschwanzagamen gegeben haben.

Von den fünf bekannten ist *Laudakia stellio picea*, die am häufigsten in der Terraristik verbreiteste Unterart. Die Geschlechter lassen sich gut unterscheiden.

Bei Bedrohung oder Aufregung schlagen die Tiere kräftig mit dem Schwanz hin und her, was den deutschen Namen Schleuderschwanzagame der Art erklärt.

Klimastation Hefa, Israel *

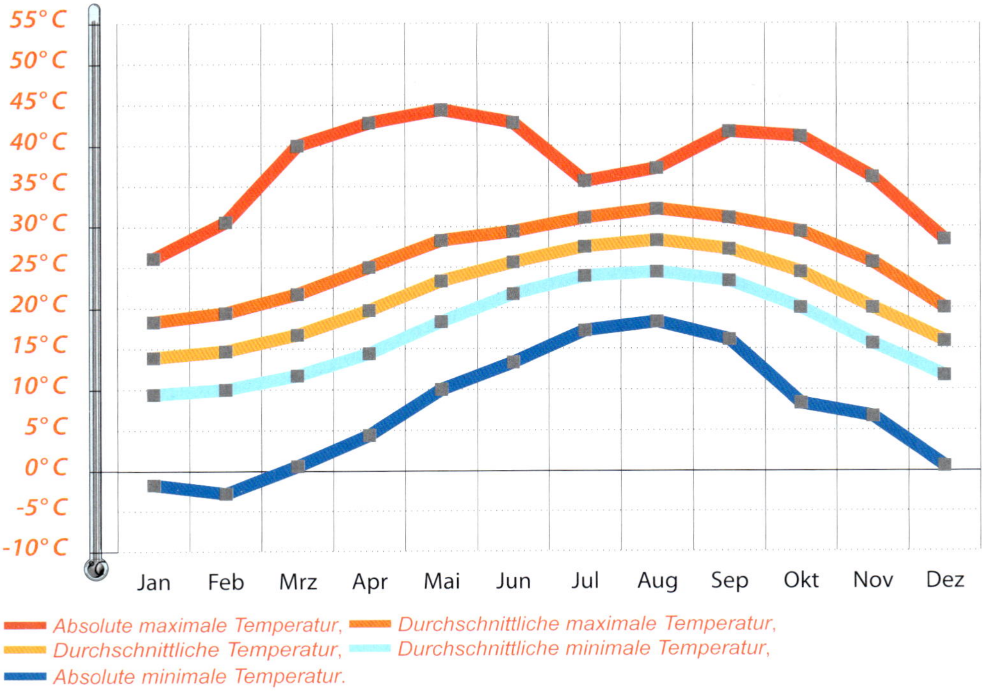

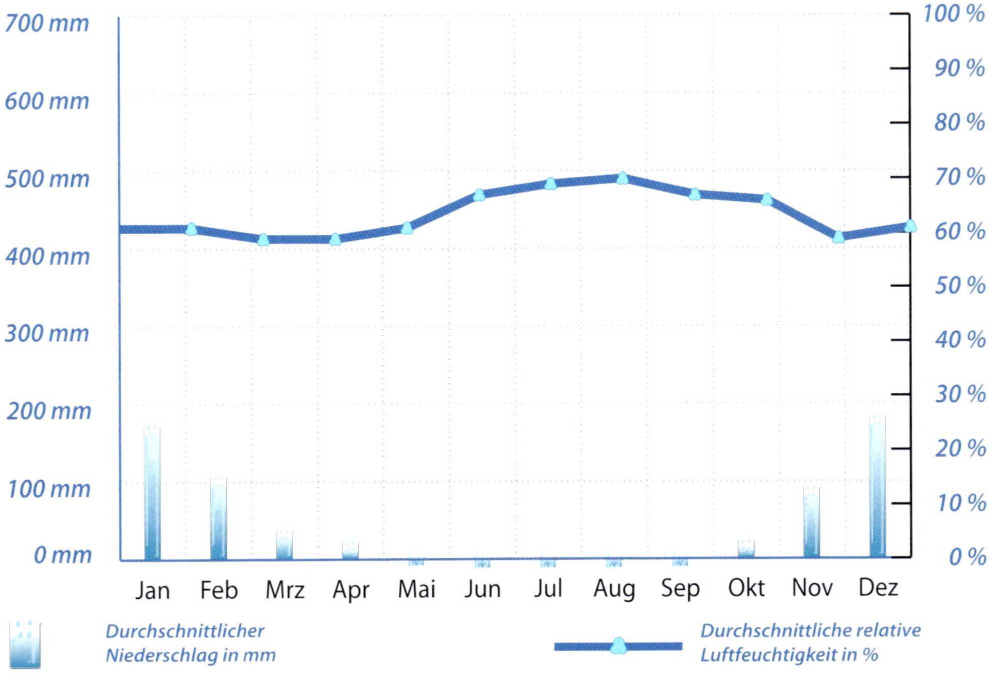

* Quelle: Müller, M. (1996): Handbuch ausgewählter Klimastationen der Erde. Universität Trier, Forschungsstelle Bodenerosion.

Leiolepis belliana

GRAY, 1827

Schöne Schmetterlingsagame

Herkunft: Nordöstliches Küstengebiet Thailands zwischen Menam- und Menkon-Delta, Halbinsel Thailand/Malaysia sowie Inseln Penang, Sumatra, Lankawi und Bangka.
Größe: Gesamtlänge bis 45 cm, Kopf-Rumpf-Länge bis 15 cm.
Beschreibung: Auf sandfarbener Grundfarbe finden sich bei der Nominatform 3 dunkel eingefasste, gelbe Rückenstreifen. Zwischen schmalen Dorsalstreifen trägt die Art ein unregelmäßiges Muster rundlicher Ocellen (Augenflecken), die bei Jungtieren noch als Streifen zu erkennen sind. Bei adulten Tieren sieht man auf den dunklen Flanken 7 bis 9 orangerote Querbinden. Die langköpfige Agame trägt weder Kehlsack noch Kämme, jedoch fallen längs Hautfalten auf, die mit den Rippen ausgedehnt werden können. Auch die Oberseite des rundlichen Schwanzes und die langgliedrigen Extremitäten sind mit gelben Flecken übersät. Wie bei allen Arten dieser Gattung finden sich an der Basis der dritten Zehe vier bis fünf vergrößerte, zugespitzte Grabschuppen.
Aktivitätszeit: Tagaktiv.
Lebensweise: Bodenbewohnend.
Verhalten: Die Art gräbt eigene Höhlen von über einem Meter Länge, die nur zum Jagen oder bei hohen Temperaturen zum Sonnen verlassen werden. Beim Sonnenbad kann der Körper mit Hilfe verlängerter und beweglicher Rippen stark abgeflacht werden. Das Spreizen der Rippen zeigen Männchen auch beim Imponieren, Drohen oder Kämpfen, wodurch ihre leuchtenden Flanken besonders auffallen. Leiolepis können bei der Flucht sehr schnell laufen und Gleitsprünge ausführen. In ihren Höhlen können sie sich druch Aufblähen des Körpers verkeilen.
Soziale Zusammensetzung: 1,1. 1,X. Nach ROGNER (2005) verteidigen Männchen im Herkunftsgebiet Territorien, die zusammen mit mehreren Weibchen bewohnt werden.
Geschlechtsunterscheidung: Die Weibchen bleiben kleiner und sind weniger massig.
Nahrung: Entsprechend der omnivoren Ernährungsgewohnheit mit einerseits tierischer, aber auch pflanzlicher Nahrung wie Blättern, Blüten und Samen, gilt die Art auch in menschlicher Obhut als Allesfresser. Bevorzugt wird Kost in Form von Heimchen, Grillen, Heuschrecken, Wachsmotten, aber auch Garnelen und kleinen Krabben. Ebenso werden Löwenzahn, Klee und Salat wie auch Früchte wie Äpfel und Bananen angenommen.
Terrarium: Die sehr agile Art sollte in einem großzügig bemessenen Terrarium gehalten werden. Die Terrariengröße sollte für die Haltung eines Paares (Länge x Tiefe x Höhe): 150 x 60 x 60 cm betragen. Als Substrat dient ein lehmhaltiges Gemisch aus Sand und Erde, das an einer Stelle leicht feucht gehalten wird. Die spärliche Vegetation und die offenen Pinienwälder des Herkunftsgebietes werden mit Unterschlupfmöglichkeiten unter Steinen und kleinen Felsaufbauten sowie Klettermöglichkeiten auf Wurzeln und Ästen nachempfunden. Ein flache Wasserschale darf nicht fehlen.
Temperatur: 25-32 °C, nachts 20-23 °C, Sonneninseln bis 45 °C.
Luftfeuchtigkeit: 60-80%.
Beleuchtung: 12-14 Stunden Beleuchtung mit hoher Lichtintensität. UV-Bestrahlung ist erforderlich.
Fortpflanzung: Nach HENKEL & SCHMIDT (1997) legen die Weibchen die Eier in ihrer Wohnhöhle. Frisch geschlüpfte Jungtiere zeigen einen leuchtend roten Schwanz. Die Jungen halten sich unbehelligt von beiden Elternteilen nahe der Wohnhöhle auf, kehren bei Gefahr zurück und entfernen sich erst mit zunehmendem Alter immer mehr.
Bemerkung: Neben der Nominatform *Leiolepis belliana belliana* ist die Unterart *Leiolepis belliana ocellata* bekannt.
Eignung: Mit Vorkenntnissen gut zu pflegen.

Die langköpfige Schöne Schmetterlingsagame trägt weder Kehlsack noch Kämme. Der Körper kann beim Sonnenbaden mit Hilfe verlängerter und beweglicher Rippen stark abgeflacht werden.

Klimastation Nakhon Ratchasima, Vietnam *

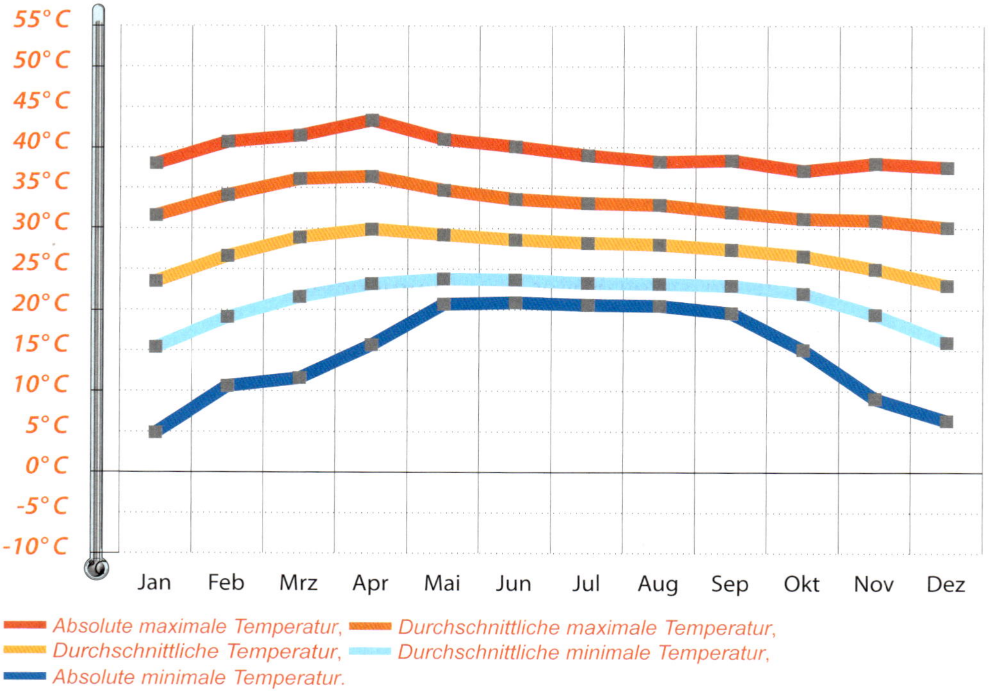

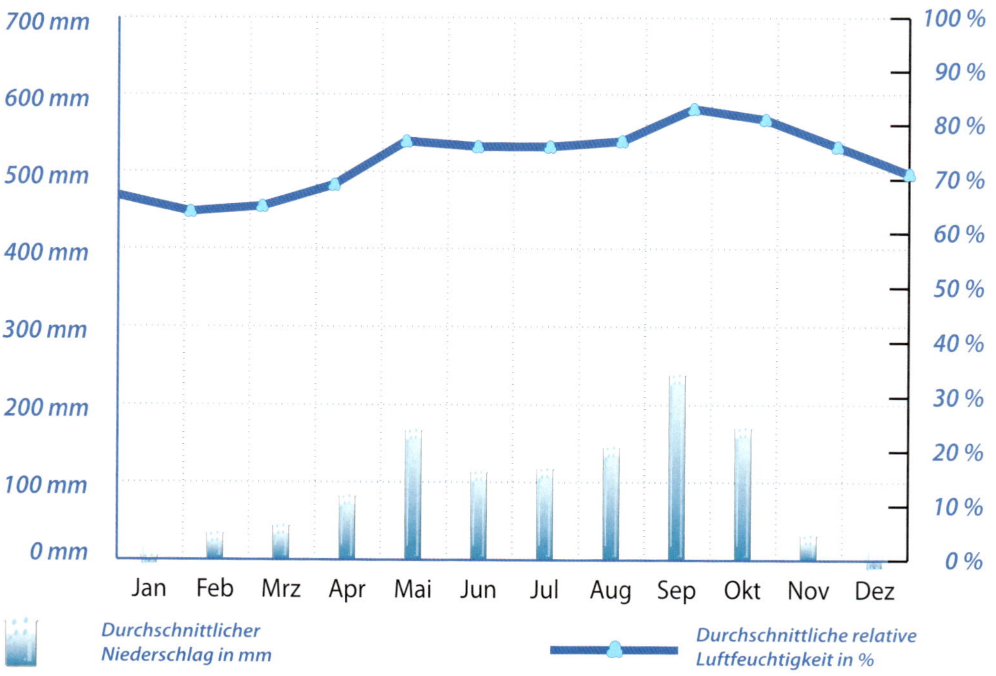

* Quelle: MÜLLER, M. (1996): Handbuch ausgewählter Klimastationen der Erde. Universität Trier, Forschungsstelle Bodenerosion.

Leiolepis guttata

Cuvier, 1829

Vietnamesische Schmetterlingsagame

Herkunft: Küstengebiet nördlich der Mekongmündung bis Annam, im Binnenland in der Region von Saigon und Dalat.

Größe: Gesamtlänge bis 50 cm, Kopf-Rumpf-Länge bis 16 cm, selten größer.

Beschreibung: Die Grundfarbe des fein geschuppten und gestreckt wirkenden Körpers besteht aus graugrünen Tönen. Auf der Rückenmitte, den Oberseiten der langen Hintergliedmaßen und dem Schwanz findet sich ein dichtes Muster hellgelber Flecken. Seitlich der Supraziliarstreifen, die in Schulterhöhe enden, finden sich auf den Flanken zahlreiche, unregelmäßig angeordnete Querstreifen. Wie bei allen Arten dieser Gattung, finden sich an der Basis der dritten Zehe vier bis fünf vergrößerte, zugespitzte Grabschuppen.

Aktivitätszeit: Tagaktiv.

Lebensweise: Bodenbewohnend.

Verhalten: Siehe *Leiolepis belliana*.

Soziale Zusammensetzung: 1,1. Männchen sind untereinander streitsüchtig, Pärchen entwickeln nach Schlüter (2003) in individuenreichen Gruppen eine starke Paarbindung.

Geschlechtsunterscheidung: Optisch zeigen Weibchen eine unauffälligere Grundfärbung und weisen eine ungezeichnete, schmutzig weiße Unterseite auf. Männchen zeigen eine gelbliche Kopfunterseite und ein wellenförmiges, dunkles Zeichnungsmuster auf der Brust. Während der Paarungszeit sind bei ihnen Teile des Nackens sowie der Schulter und Schenkel himbeer- bis kirschrot gefärbt. Exakt lassen sich nach Peters (1971) Weibchen mit 61-85 von Männchen mit 73-91 Schwanzschuppen pro Wirtel eindeutig unterscheiden.

Nahrung bis Terrarium: Siehe *Leiolepis belliana*.

Temperatur: 26-28 °C, nachts 20-23 °C, Sonneninseln bis 45 °C.

Luftfeuchtigkeit: 60-80%.

Beleuchtung: 12-14 Stunden Beleuchtung mit hoher Lichtintensität. UV-Bestrahlung ist erforderlich.

Fortpflanzung: Nach Peters (1971) werden bei der Fortpflanzungszeit im Februar bis zu 6 Eier von bis zu 30 mm Länge vergraben. Die Inkubationstemperatur sollte etwa 28 °C betragen. Der Schlupf der Jungtiere erfolgt zwischen März und April.

Bemerkung: *Leiolepis guttata* wird inzwischen häufiger im Handel angeboten als die „klassische" Art *Leiolepis belliana*.

Eignung: Mit Vorkenntnissen gut zu pflegen.

Während der Paarungszeit sind bei den Männchen der Vietnamesischen Schmetterlingsagame Teile des Nackens sowie der Schulter und Schenkel himbeer- bis kirschrot gefärbt.

Optisch zeigen *Leiolepis guttata* Weibchen eine unauffälligere Grundfärbung und weisen eine ungezeichnet, schmutzig-weiße Unterseite auf.

Klimastation Saigon, Vietnam *

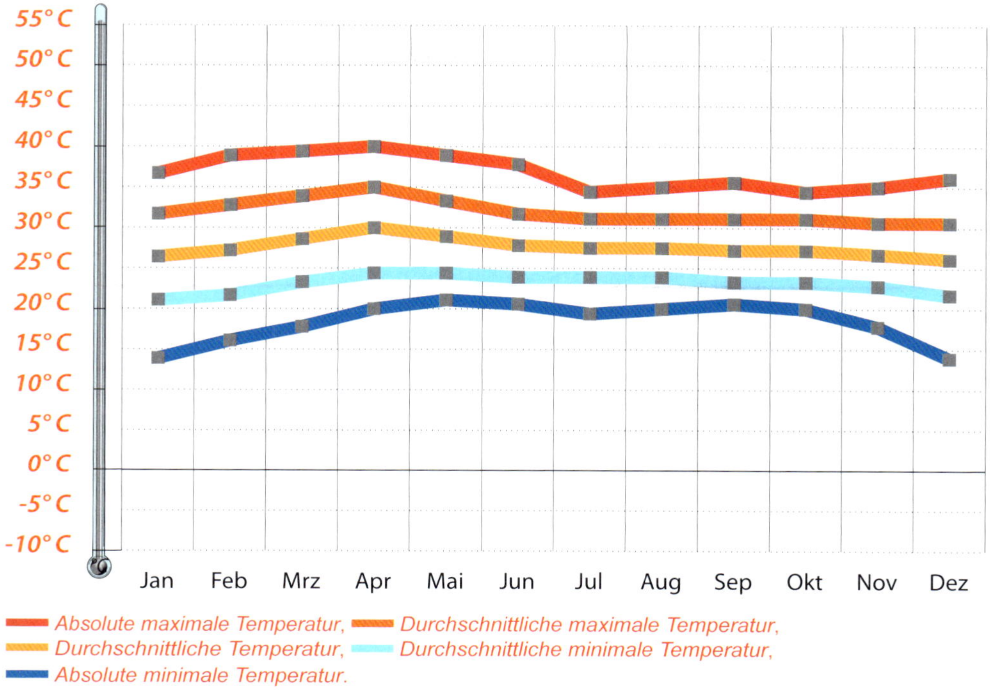

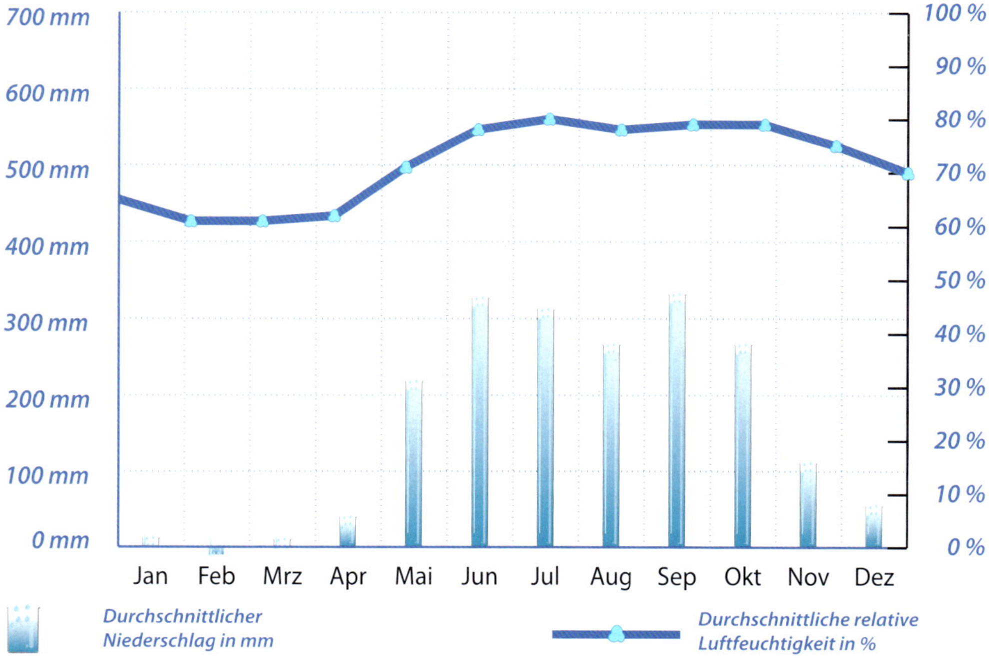

* Quelle: Müller, M. (1996): Handbuch ausgewählter Klimastationen der Erde. Universität Trier, Forschungsstelle Bodenerosion.

Leiolepis reevesii
(Gray, 1935)

Schmetterlingsagame

Herkunft: Südchina, Laos, Vietnam, Insel Hainan.
Größe: Gesamtlänge bis 45 cm, Kopf-Rumpf-Länge bis 15 cm.
Beschreibung: Anatomisch gleicht die Art *Leiolepis belliana*. Männchen sind über den gesamten Körper mit gelben bis rötlichen Ocellen übersät. Die Tiere zeigen eine orangerote Flankenzeichnung mit dunkelbraunen bis schwarzen Querstreifen. Auf den Hinterbeinen findet man ein gelbes Punktmuster.
Aktivitätszeit: Tagaktiv.
Lebensweise: Bodenbewohnend.
Verhalten: Siehe *Leiolepis belliana*.
Soziale Zusammensetzung: 1,1.
Geschlechtsunterscheidung: Die Weibchen zeigen auf einfarbig brauner Grundfärbung nur eine angedeutete Fleckenzeichnung.
Nahrung *bis* **Terrarium:** Siehe *Leiolepis belliana*.
Temperatur: 26-28 °C, nachts 20-23 °C, Sonneninseln bis 45 °C.
Luftfeuchtigkeit: 60-80%.
Beleuchtung: 12-14 Stunden Beleuchtung mit hoher Lichtintensität. UV-Bestrahlung ist erforderlich.
Winterruhe: Nach Henkel & Schmidt (1997) legt die Art von Oktober bis Januar eine Ruhephase ein, in der sie verborgen unter einem Stein in einer kühleren Terrarienecke nur äußerst selten zur Nahrungsaufnahme hervorkommen.
Fortpflanzung: Die Weibchen vergraben acht Wochen nach der Ruhephase etwa 7 Eier unter Einrichtungsgegenständen, die bei 28 °C inkubiert werden sollten (Henkel & Schmidt, 1997).
Bemerkung: Neben der Nominatform *Leiolepis reevesii reevesii* ist die Unterart *Leiolepis belliana reevesii rubritae* bekannt.
Eignung: Mit Vorkenntnissen gut zu pflegen.

Männchen der Schmetterlingsagame sind über den gesamten Körper mit gelben bis rötlichen Ocellen übersät. Weibchen zeigen auf einfarbig brauner Grundfärbung nur eine angedeutete Fleckenzeichnung.

Klimastation Vientiane, Laos *

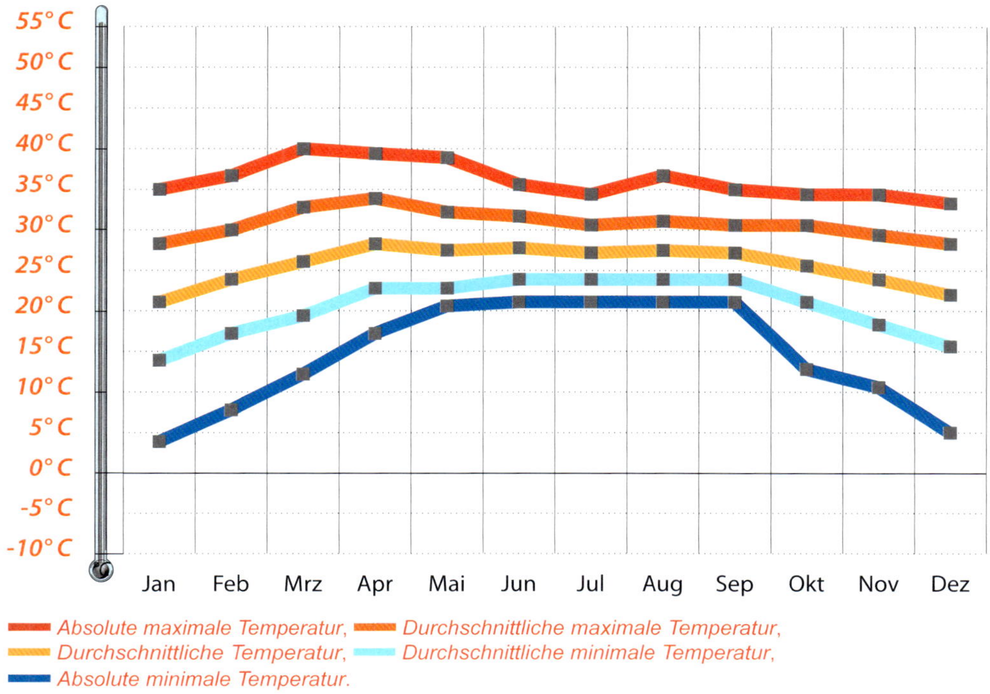

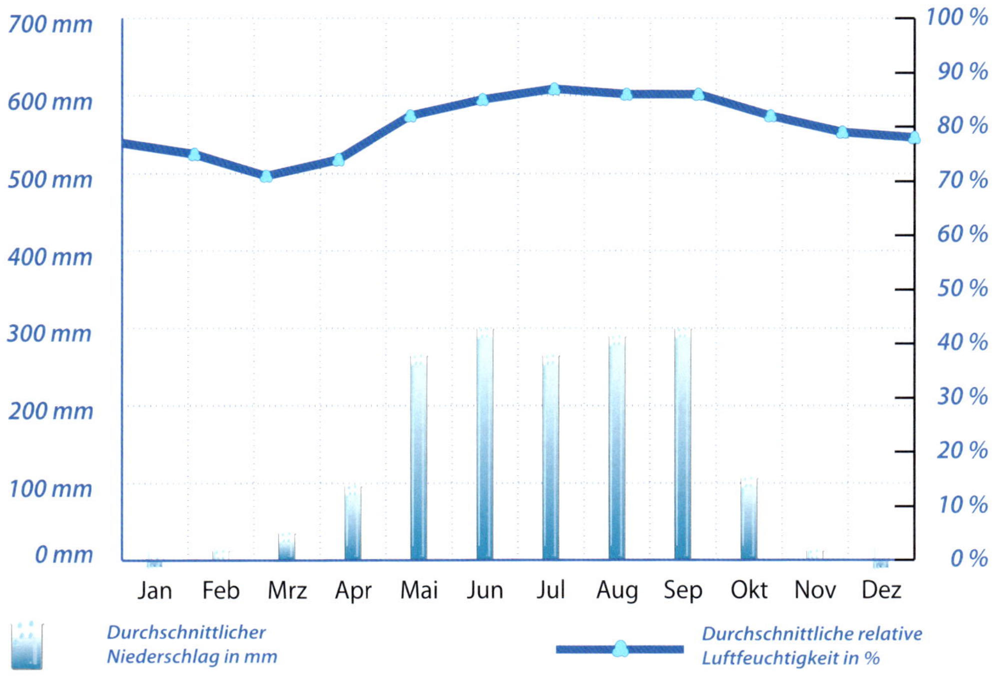

* Quelle: Müller, M. (1996): Handbuch ausgewählter Klimastationen der Erde. Universität Trier, Forschungsstelle Bodenerosion.

Lophognathus temporalis

(GÜNTHER, 1867)

Streifenwasseragame

Herkunft: Nordspitze von Cape York im äußersten Norden Australiens, Neuguinea und umliegende Inseln.
Größe: Kopf-Rumpf-Länge etwa 15 cm, Gesamtlänge je nach Verbreitungsgebiet durch unterschiedlich lange Schwänze bis 45 cm.
Beschreibung: Auf grau- bis rotbrauner Grundfärbung zeigen die Tiere auf dem Rücken eine schwache Querbänderung aus dunklen Flecken. Auf dem Hinterkopf befindet sich ein niedriger Nackenkamm. Von der Schnauzenspitze bis zum Nacken verläuft ein weißer Streifen, der in einen dunkleren Dorsolateralstreifen übergeht. Gliedmaßen und Schwanz sind mit Querstreifen überzogen. Die Zehen sind sehr feingliedrig, die vierte und fünfte Zehe der hinteren Gliedmaßen sind sehr lang ausgeprägt und geben beim Klettern sicheren Halt.
Aktivitätszeit: Tagaktiv.
Lebensweise: Baumbewohnend.
Verhalten: In ihrem subtropischen Verbreitungsgebiet mit hohen Niederschlägen und jährlich fast konstanten Temperaturen, flüchten die Agamen bei Gefahr entweder über Land oder springen ins Wasser, wo sie mehrere Minuten abtauchen können.
Soziale Zusammensetzung: Nur 1,1, auch Weibchen untereinander verhalten sich sehr bissig.
Geschlechtsunterscheidung: Die Grundfärbung der Weibchen ist eher gelblich, die Dorsolateralstreifen sind schwächer und der Nackenkamm niedriger ausgeprägt.
Nahrung: Die Art wird mit Insekten wie Heimchen, Grillen, Heuschrecken, Zophobas, Mehlwürmern und Wachsraupen sowie nackten Kleinsäugern gefüttert.
Terrarium: Die Terrarienhöhe sollte nicht unter 1 Meter liegen und die -größe ein Volumen von 1 m³ nicht unterschreiten. Beispielsweise eignet sich ein Terrarium mit den Abmessungen (Länge x Tiefe x Höhe): 90 x 90 x 120 cm. Die Einrichtung besteht aus schräg und waagerecht stehenden Ästen, Pflanzen können zur Dekoration eingesetzt werden. Das Substrat aus Terrarienerde, Quellhumus oder sehr feiner Pinienrinde sollte zur Eiablage an einer Stelle etwa 15 cm hoch angehäuft werden.
Temperatur: 25-28° C, nachts etwa 20° C, Sonneninseln 35° C.
Luftfeuchtigkeit: 70 %.
Beleuchtung: 12-14 Stunden. UV-Bestrahlung ist erforderlich.
Fortpflanzung: Weibchen verhalten sich kurz vor der Eiablage aggressiv gegenüber den Männchen. Die im feuchten Substrat abgelegten Eier werden bei 26-27 °C inkubiert. Die unterander sehr aggressiven Jungtiere können nur einzeln aufgezogen werden.
Bemerkung: Da die Tiere nur in der Nähe von Gewässern zu finden sind, ausgezeichnet schwimmen und tauchen können, werden sie auch als Wasseragamen bezeichnet.
Eignung: Mit Vorkenntnissen gut zu pflegen.

Die Zehen der baumbewohnenden Agame sind sehr feingliedrig, die vierte und fünfte Zehe der hinteren Gliedmaßen sind sehr lang ausgeprägt und geben beim Klettern sicheren Halt.

Streifenwasseragamen weisen einen weißen, von der Schnauzenspitze bis zum Nacken verlaufenden, Streifen auf, der in einen dunkleren Dorsolateralstreifen übergeht.

Klimastation Thursday Island, Australien *

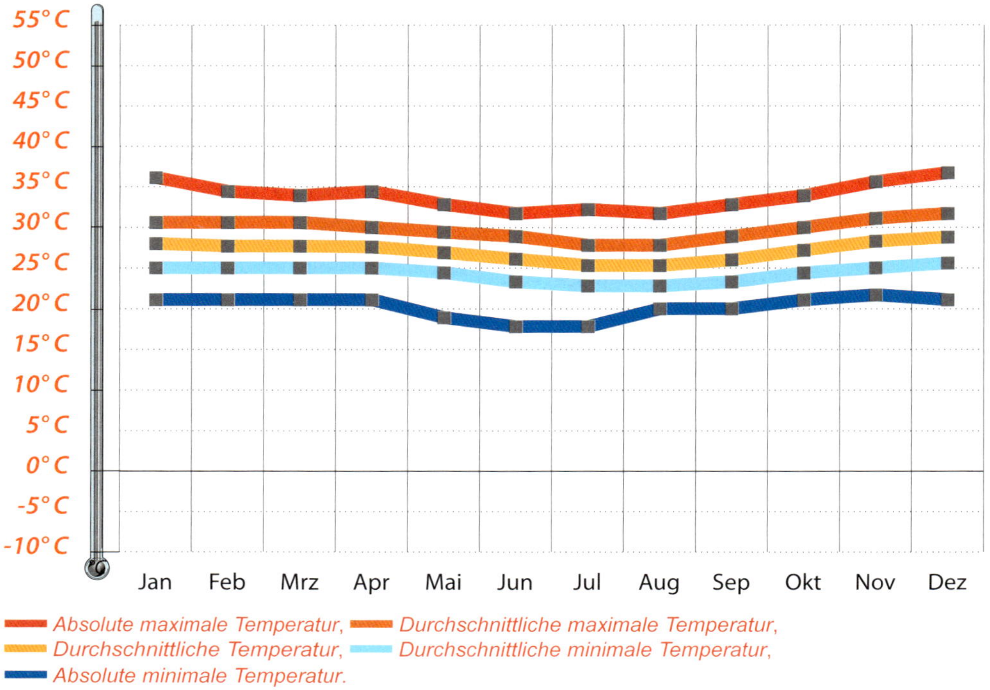

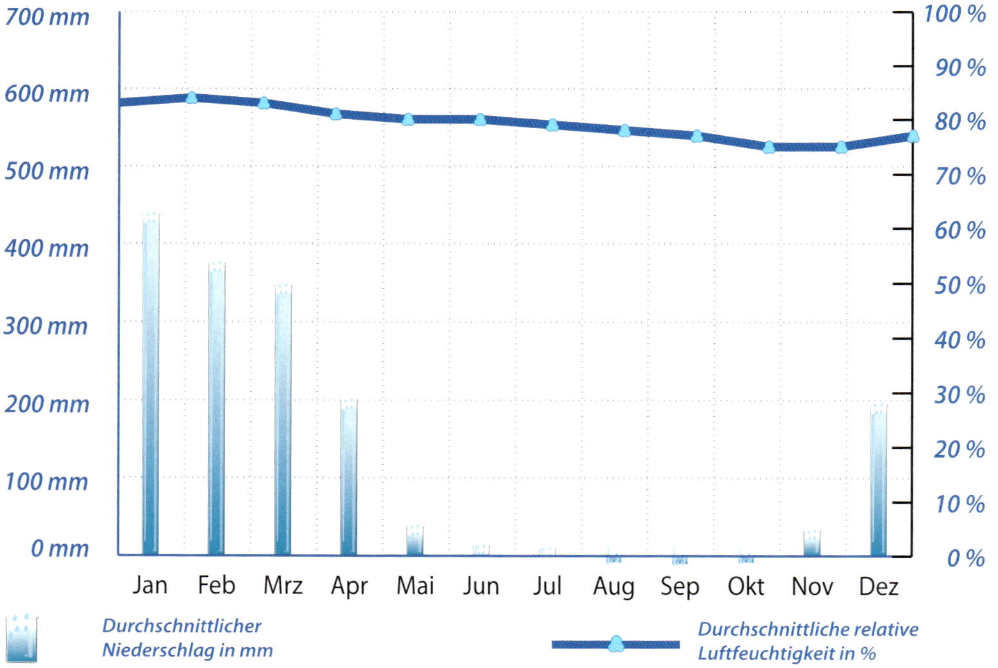

* Quelle: MÜLLER, M. (1996): Handbuch ausgewählter Klimastationen der Erde. Universität Trier, Forschungsstelle Bodenerosion.

Physignathus cocincinus

Cuvier, 1829

Grüne Wasseragame

Herkunft: Tropische Gebiete in Myanmar, Laos, Kambodscha, Vietnam, Thailand bis Südchina.
Größe: Gesamtlänge 80-100 cm, Kopf-Rumpf-Länge 20-25 cm.
Beschreibung: Körper und Schwanz sind seitlich sehr abgeflacht. Die Körperfarbe ist Hell- bis Dunkelgrün. In der Regel finden sich drei bis fünf helle Querstreifen auf dem Körper. Die Unterseite ist meistens heller. Über den Rücken verläuft ein Kamm bis zum kräftigen Ruderschwanz. Dieser ist am Ende mit breiten dunklen Querbändern versehen. Die feine Beschuppung des Körpers fühlt sich wie glatter Stoff an.
Aktivitätszeit: Tagaktiv.
Lebensweise: Baumbewohnend.
Verhalten: Grüne Wasseragamen sind gute Schwimmer, die auf der Flucht ins Wasser abtauchen, wo sie über eine Stunde unter Wasser bleiben können. Abgegrenzte Reviere verteidigen Wasseragamen gegenüber Artgenossen zunächst durch Drohgebärden, indem sie den Kehlsack aufblasen, heftig mit dem Kopf nicken und die Vorderbeine kreisend auf und ab bewegen.
Soziale Zusammensetzung: 1,1 / 1,X. Die Art kann zusammen mit Grünen Leguanen, Segelechsen, Helm- und Stirnlappenbasilisken gehalten werden.
Geschlechtsunterscheidung: Die Männchen haben schon nach sechs Monaten einen breiteren Kopf, größeren Kehlsack, kräftigeren Körper und größeren Kamm auf Rücken und Schwanz. Ihre Femoralporen sind größer ausgebildet. Ausgewachsene Weibchen sind blasser gefärbt, kleiner und haben einen niedrigeren Kamm.
Nahrung: Jeden zweiten Tag werden Insekten, Würmer, Fische und Kleinsäuger gefüttert. Auch Fruchtstückchen werden von der Grünen Wasseragame angenommen.
Terrarium: Aquaterrarium mit beheiztem Wasserbecken von 20-25 cm Tiefe, das die Hälfte des Terrariums ausmacht. Da die Tiere dieses Wasser sowohl trinken als auch darin koten, sind entsprechend häufiger Wasserwechsel und eine gute Filterung nötig. Die Dekoration mit Treppen oder ins Wasser hängenden Wurzeln erleichtert dem Tier das Verlassen des Wassers. Die Hälfte der Kletteräste sollte dicker sein als der Körper. Das Substrat aus Lauberde sollte leicht feucht gehalten werden. Die Terrariengröße sollte für die Haltung eines Paares auf die Kopf-Rumpf-Länge bezogen im Verhältnis (Länge x Tiefe x Höhe): 8 x 4 x 8 bemessen sein. Bei Haltung von mehr als einem Weibchen werden pro zusätzliches Tier 15 % der Grundfläche hinzugerechnet.
Temperatur: 25-30° C, nachts etwa 20-25° C, Sonneninseln bis 35° C, Wasser etwa 25° C.
Luftfeuchtigkeit: 80-90 %, ausreichende Luftfeuchtigkeit durch tägliches Besprühen.
Beleuchtung: 12-14 Stunden. UV-Bestrahlung ist erforderlich.
Fortpflanzung: Das Weibchen legt nach der Paarung sechs bis 18 Eier in eine Erdröhre, die es in der Ufervegetation gegraben hat. Im Inkubator schlüpfen bei 24-30° C nach 65 bis 100 Tagen die Jungen.
Bemerkung: Die Tiere sind sehr ungestüm im Fluchtverhalten (vor allem Wildfänge, die nicht so schnell zahm werden wie Nachzuchttiere) und verletzen sich bei Sprüngen gegen die Scheiben leicht am Maul, was nach einer Infektion tödlich enden kann. Ihre Terrarien dürfen daher keinesfalls zu knapp bemessen sein. Im Vergleich zu Grünen Leguanen sind Grüne Wasseragamen besser zur Haltung geeignet, da sie nur halb so groß werden.
Eignung: Mit Vorkenntnissen gut zu pflegen.
Literaturtipp: Werning, H. (2002): Wasseragamen und Segelechsen. Natur und Tier - Verlag, Münster (2. Auflage); Werning, H. (2004): Die Grüne Wasseragame. Natur und Tier - Verlag, Münster (2. Auflage)

Physignathus cocincinus hat einen kräftigen Ruderschwanz, der am Ende mit breiten Querbändern versehen ist. Bei der Pflege benötigt die Art einen Wasserteil mit 20-25 cm Tiefe.

Im Vergleich zu Grünen Leguanen sind Grüne Wasseragamen besser für die Haltung geeignet, da sie nur halb so groß werden.

Grüne Wasseragamen brauchen ausreichend große Terrarien. Haben sie genügend Platz, fällt ihr stark ausgeprägtes Fluchtverhalten weniger ungestüm aus.

Männliche *Physignathus-cocincinus*-Jungtiere sind schon nach sechs Monaten am breiteren Kopf, größeren Kehlsack, kräftigeren Körper und größeren Kamm auf Rücken und Schwanz erkennbar.

Klimastation Hanoi, Vietnam *

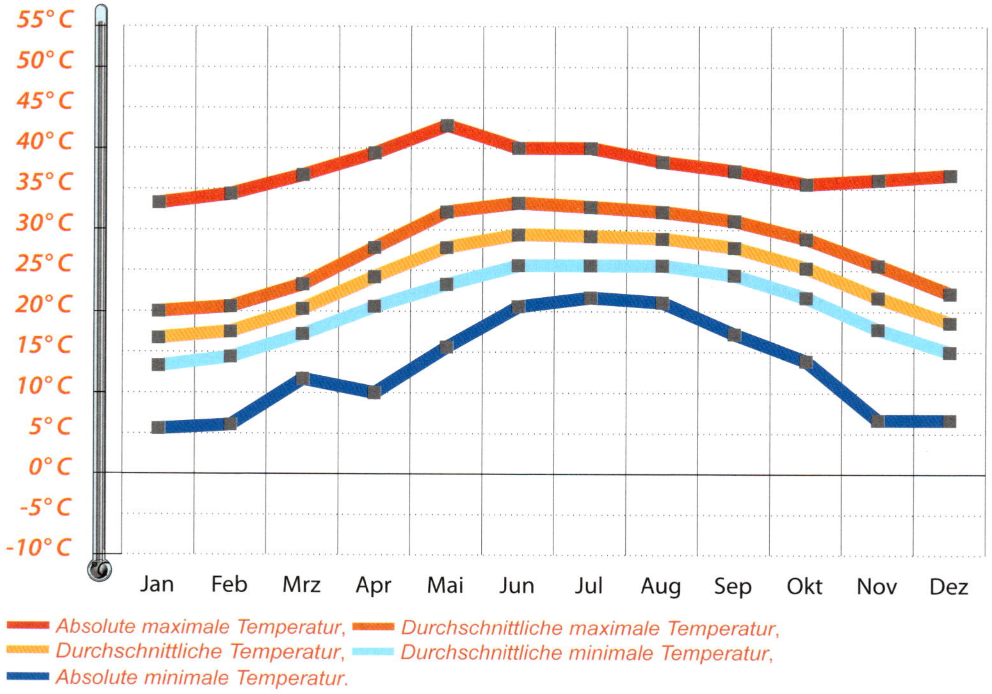

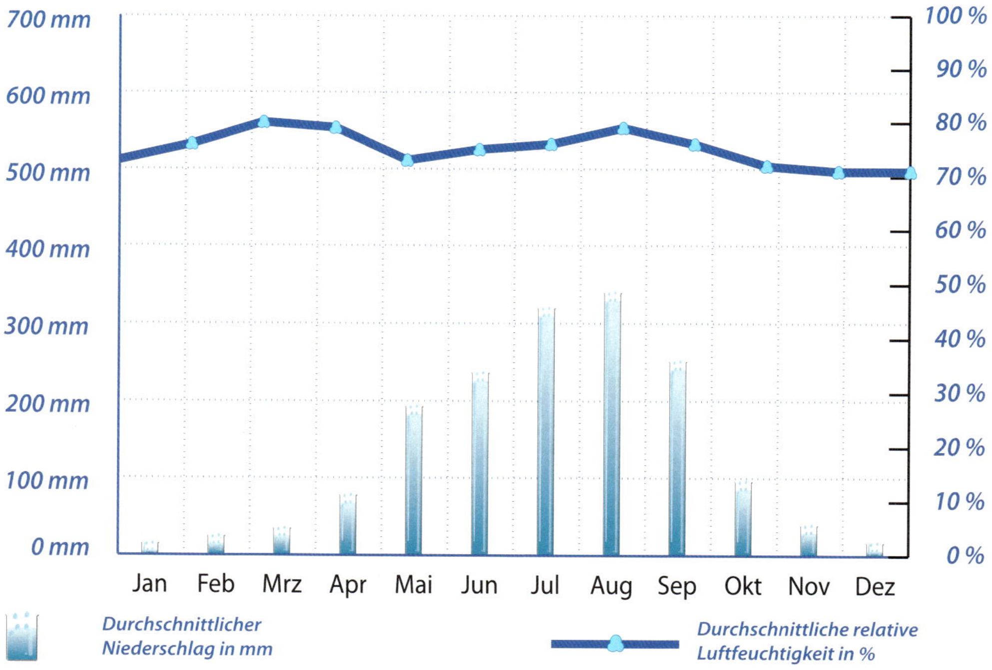

* Quelle: MÜLLER, M. (1996): Handbuch ausgewählter Klimastationen der Erde. Universität Trier, Forschungsstelle Bodenerosion.

Physignathus lesueurii

(Gray, 1831)

Australische Wasseragame

Anderer Name: Gewöhnliche Wasseragame.
Herkunft: Neuguinea, Ostküste Australiens.
Größe: Gesamtlänge 100 cm, Kopf-Rumpf-Länge 35 cm.
Beschreibung: Die Art ist *Physignathus cocincinus* sehr ähnlich, der Rückenkamm ist jedoch kürzer. Auf heller bis dunkler, grauer bis brauner Grundfarbe finden sich dunkle Querbänder. Vom Auge bis zum Nacken trägt die Art ein schwarzes Band. Ihre Unterseite ist gelblich, beige oder rötlich gefärbt. Die Gliedmaßen sind dunkler und ohne Querbänderung. Dabei sind die vorderen weniger kräftig als die hinteren, auf denen die Australische Wasseragame aufrecht die Flucht antritt. An allen Gliedmaßen befinden sich kräftig entwickelte Zehen und Krallen.
Aktivitätszeit bis **Soziale Zusammensetzung:** Siehe *Physignathus cocincinus.*
Geschlechtsunterscheidung: Die Männchen sind größer und kräftiger. Ausgewachsene Weibchen sind kleiner, schwächer gemustert und haben einen niedrigeren Kamm.
Nahrung bis **Terrarium:** Siehe *Physignathus cocincinus.*
Temperatur: 25-28° C, nachts etwa 20-22° C, Sonneninseln bis 35° C, Wasser etwa 25° C.
Luftfeuchtigkeit: 80-90 %, ausreichende Luftfeuchtigkeit durch tägliches Besprühen.
Beleuchtung: 12-14 Stunden. UV-Bestrahlung ist erforderlich.
Winterruhe: Tiere aus dem Lebensraum südlich von Sydney halten eine mehrmonatige Winterruhe. Im Terrarium scheint sich eine mehrwöchige Winterruhe bei Tagestemperaturen von zirka 20° C mit 5-8° C Nachtabsenkung positiv auf die Fortpflanzung auszuwirken.
Fortpflanzung: Das Weibchen legt nach der Paarung bis zu 20 Eier in eine etwa 20 cm tiefe Grube. Im Inkubator schlüpfen die Jungen bei 28-30° C nach 90 bis 100 Tagen. Die Aufzucht der Jungen erfolgt einzeln, um Verletzungen durch gegenseitiges Schnappen zu vermeiden.
Bemerkung: Südlich des Verbreitungsgebietes der Nominatform *Physignathus lesueurii lesueurii* findet man die weitere Unterart *Physignathus lesueurii howitti.*
Eignung bis **Literaturtipp:** Siehe *Physignathus cocincinus*

Die Australische Wasseragame trägt auf graubrauner Grundfarbe dunkle Querbänder. Die kräftigeren Männchen sind stärker gemustert und besitzen einen höheren Kamm.

Physignathus lesueurii ist *Physignathus cocincinus* sehr ähnlich, aber deutlich am schwarzen Band zu erkennen, das die Art von den Augen bis zum Nacken ziert.

Klimastation Townsville, Australien *

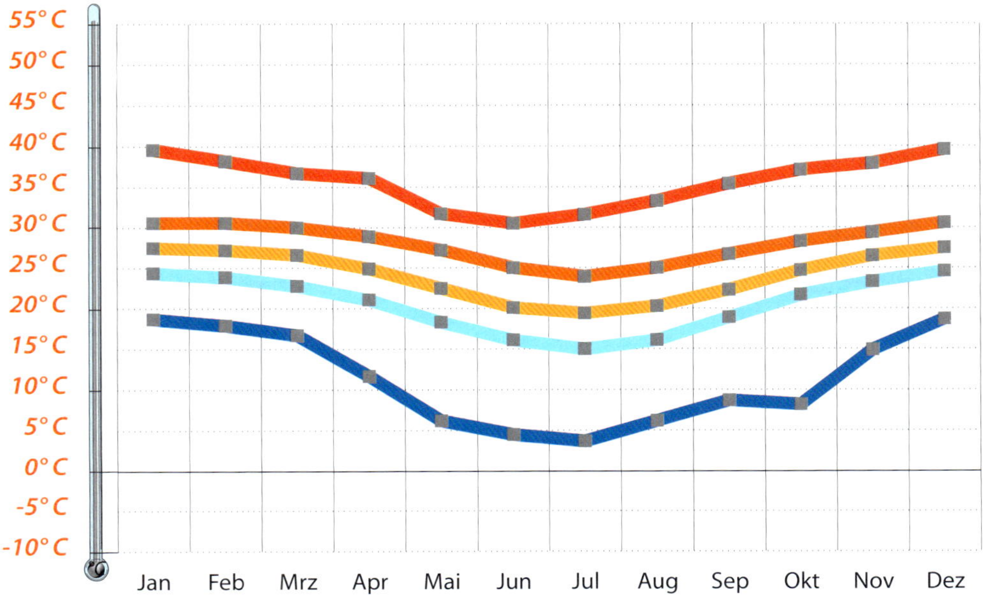

Absolute maximale Temperatur, Durchschnittliche maximale Temperatur, Durchschnittliche Temperatur, Durchschnittliche minimale Temperatur, Absolute minimale Temperatur.

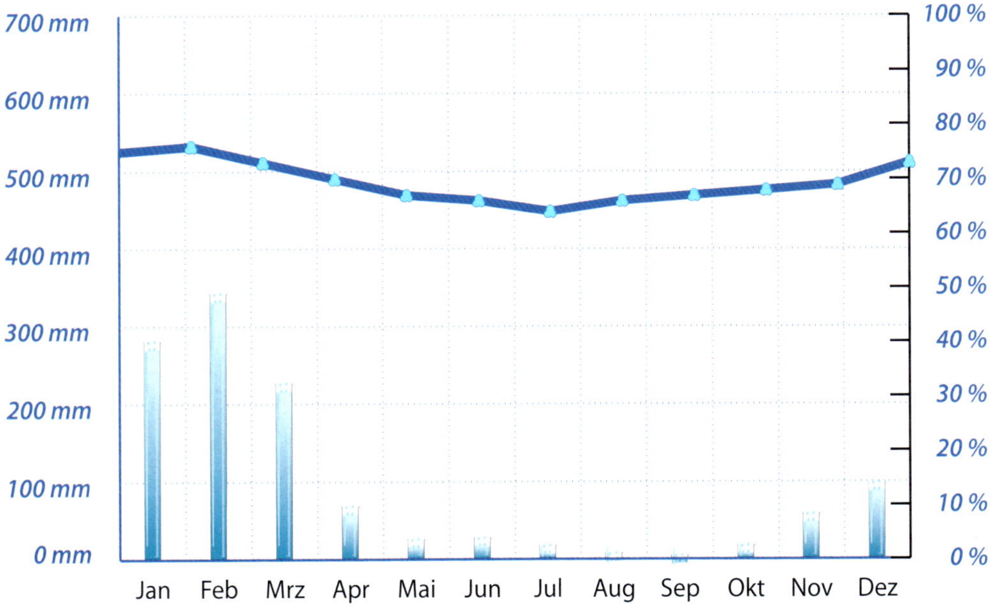

Durchschnittlicher Niederschlag in mm

Durchschnittliche relative Luftfeuchtigkeit in %

* Quelle: Verändert nach Müller, M. (1996): Handbuch ausgewählter Klimastationen der Erde. Universität Trier, Forschungsstelle Bodenerosion.

Pogona henrylawsoni
WELLS & WELLINGTON, 1985

Zwerg-Bartagame

Anderer Name: Lawsons Bartagame, Schwarzerde-Bartagame.
Herkunft: Zentrales bis westliches Queensland, Australien.
Größe: Gesamtlänge bis 30 cm, Kopf-Rumpf-Länge bis 13 cm.
Beschreibung: Bartagamen verdanken ihren Namen dem aufblähbaren, stachelbesetzten Kehlhautsack, mit dem den Weibchen imponiert und den Männchen gedroht wird. Bei der Zwergbartagame ist der Bart weniger ausgeprägt als bei den anderen Arten, ihr Kopf ist rundlicher, der Körper kompakter geformt. Die Grundfarbe reicht von Hellgrau bis ins Rotorange mit unterschiedlichen Rückenzeichnungen. Durch eine Stachelreihe entlang der Körperseite ist der hellere Bauch abgegrenzt. Die kurzen Gliedmaßen sind kräftig entwickelt. Wie bei den anderen Arten ist der Schwanz länger als die Kopf-Rumpf-Länge.
Aktivitätszeit: Tagaktiv.
Lebensweise: Bodenbewohnend.
Verhalten: Bartagamen sind Pfleglinge, die durch ihren zutraulichen Charakter begeistern. Die Männchen können untereinander und bisweilen auch gegenüber anderen Echsenarten aggressiv reagieren. Ein anhaltend paarungswilliges Männchen kann das Weibchen derart stressen, dass die beiden Tiere getrennt werden müssen.
Soziale Zusammensetzung: 1,1 / 1,X. Bartagamen sollten nicht mit zu kleinen Echsen vergesellschaftet werden, da sie sehr gefräßig sind, und nur mit dickschwänzigen Arten, da sie Schwanzbeißer sind.
Geschlechtsunterscheidung: Schwarz gefärbte Bärte bei Männchen sind kein Unterscheidungsmerkmal, da auch Weibchen diese zeigen können. Bei Männchen sind aber während der Paarungsstimmung die Femoral- und Präanalporen vergrößert.
Nahrung: An vier bis fünf Tagen pro Woche werden Grillen, Heimchen und Schaben gefüttert. Daneben werden auch Grünpflanzen, Salate, Apfel- und Birnenstückchen sowie Beeren angenommen. Der Anteil der vegetarischen Kost sollte bei ungefähr 25 % liegen. Allerdings muss den Tieren von klein auf pflanzliche Nahrung angeboten werden, da sie diese als Erwachsene sonst verschmähen. Täglich sollte das Wasser erneuert werden.
Terrarium: Bartagamen werden im Wüstenterrarium gepflegt. Als Bodensubstrat eignet sich eine 10 cm hohe Schicht aus gewaschenem Flusssand. Eine Bepflanzung mit robusten Pflanzen und Gräsern ist möglich. Das Terrarium sollte mit Höhlen, Aufbauten und Klettermöglichkeiten dekoriert werden. Zum Sonnenbaden wird ein Stein direkt unter einen Spotstrahler gestellt. Die Wärme kann mit einem Wärmestrahler verstärkt werden. Die Terrariengröße sollte auf die Kopf-Rumpf-Länge bezogen im Verhältnis (Länge x Tiefe x Höhe): 6 x 4 x 3 bemessen sein. Bei Haltung von mehr als einem Weibchen sollten pro zusätzliches Tier 15 % der Grundfläche hinzugerechnet werden.
Temperatur: 28-30° C, nachts 18-20° C, Sonneninseln 40-45° C, Schattenplätze 20-25° C.
Luftfeuchtigkeit: 50-60 %.
Beleuchtung: 12-14 Stunden. UV-Bestrahlung ist erforderlich. Zur Schaffung der benötigten Sonneninsel sollte mindestens ein Spotstrahler eingesetzt werden.
Winterruhe: Zwischen Dezember und Januar sollte eine sechs- bis achtwöchige Winterruhe bei Zimmertemperatur sowie ausgeschalteter Beleuchtung eingehalten werden.
Fortpflanzung: Nach der Winterruhe beginnen die Tiere mit der Paarung. Etwa einen Monat danach legt das Weibchen bis zu 20 Eier. Die Jungen schlüpfen bei 27-30° C nach 50 bis 70 Tagen.
Bemerkung: Bartagamen verdauen schnell, koten häufig und verbreiten einen starken Geruch, so dass regelmäßiges Entfernen

des Kotes und halbjährliches Wechseln des Bodengrundes geboten sind. In Bezug auf Nachzuchten berichten einige Züchter von Missbildungen durch Genschäden sowie hohen Sterblichkeitsraten bei Jungtieren.

Eignung: Auch für wenig erfahrene Terrarianer geeignet. Auf Grund des geringen Platzbedarfs sehr beliebt.

Literaturtipp: Dieckmann, M. (2007): Die Zwergbartagame. Natur- und Tier - Verlag, Münster; Freynik, C. (2007): Die Zwergbartagame. VIVARIA Verlag, Meckenheim.

Pogona henrylawsoni hat im Vergleich zu den anderen Bartagamen-Arten einen kompakteren, rundlicheren Kopf und einen schwächer ausgeprägten Bart.

Zwergbartagamen sind mit ihren etwa 30 cm Gesamtlänge eine gute Alternative zu den viel mehr Platz beanspruchenden *Pogona vitticeps*.

Zwergbartagamen, hier abgebildet ein trächtiges Weibchen, sollten nicht unter Geschwistern verpaart werden. Vermutlich stammen alle Tiere von nur sehr wenigen eingeführten Exemplaren ab.

Pogona henrylawsoni kann wie auch andere Bartagamen paarweise oder als Gruppe mit einem Männchen im Terrarium gehalten werden.

Klimastation Cloncurry, Australien *

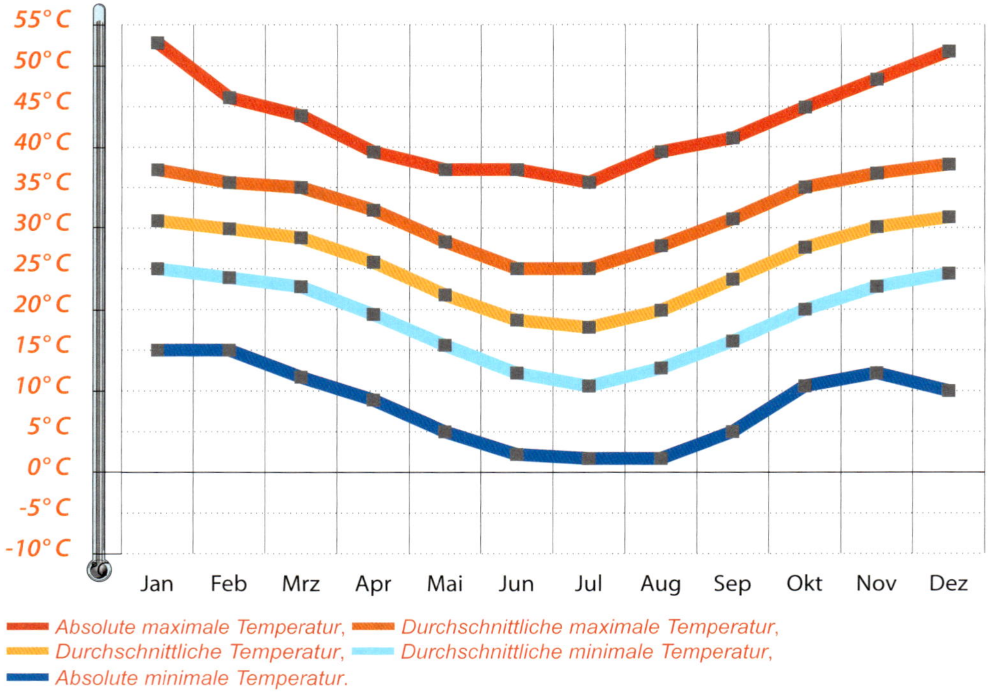

* Quelle: Müller, M. (1996): Handbuch ausgewählter Klimastationen der Erde. Universität Trier, Forschungsstelle Bodenerosion.

Pogona minor

(Sternfeld, 1919)

Westliche Bartagame

Anderer Name: Kleinbärtige Agame.
Herkunft: Bundesstaat Westaustralien, Süden des Nordterritoriums und Südwesten Südaustraliens.
Größe: Gesamtlänge bis 40 cm, Kopf-Rumpf-Länge bis 14 cm.
Beschreibung: Die Art ähnelt *Pogona henrylawsoni*, wird aber etwas größer. Die Oberseite ist je nach Region hellgrau bis beige und färbt sich nach dem Sonnenbad gelblich. Da die Kehlschuppen nicht sehr ausgeprägt sind, kann *Pogona minor* nicht wie andere Arten den Bart spreizen. Vom Auge bis zur dreieckigen Ohröffnung verläuft ein dunkler Streifen. Oberhalb des Schultergelenks findet sich ein schwarzer Fleck.

Aktivitätszeit: Tagaktiv.
Lebensweise: Boden- und niedrigvegetationbewohnend.
Verhalten: Die Art klettert mehr als ihre Verwandten und findet sich im Herkunftsgebiet mitunter in bis zu 2 m hohem Geäst.
Soziale Zusammensetzung: 1,1 / 1,X.
Geschlechtsunterscheidung: Während der Paarungszeit ist der Bauch der Männchen schwarz gefärbt.
Nahrung: Siehe *Pogona henrylawsoni*, jedoch gehört weniger Grünfutter zum natürlichen Nahrungsspektrum.
Terrarium: Siehe *Pogona henrylawsoni*. Da die Art gerne klettert, sollte das Terrarium höher als tief sein. Die Größe sollte auf die Kopf-Rumpf-Länge bezogen im Verhältnis (Länge x Tiefe x Höhe): 6 x 3 x 4 bemessen werden.
Temperatur bis **Winterruhe:** Siehe *Pogona henrylawsoni.*
Fortpflanzung: *Pogona minor* legt zwischen sechs und zwölf Eier, aus denen die Jungtiere bei 26-28° C nach etwa 60 bis 80 Tagen schlüpfen.
Bemerkung: Fälschlicherweise wird *Pogona minor* zum Teil als *Pogona minima* bezeichnet und verkauft. Nach Hauschild und Bosch ist es jedoch höchst unwahrscheinlich, dass derzeit überhaupt jemand echte *Pogona-minima*-Exemplare besitzt. Das Herkunftsgebiet der Art beschränkt sich ausschließlich auf die der Westküste Australiens vorgelagerte Inselgruppe Houtman Abrolhos. Von *Pogona minor* unterscheidet sie sich vor allem durch längere Gliedmaßen und die eher rundliche Ohröffnung.
Eignung: Auch für wenig erfahrene Terrarianer geeignet.

Die Oberseite ist bei *Pogona minor*, hier eine Biotopaufnahme aus City Beach in der Nähe von Perth, gräulich bis beige gefärbt.

Die Westliche ähnelt der Östlichen Bartagame, bleibt aber kleiner und schlanker. Der Schwanz ist im Verhältnis zum Körper länger als bei der Östlichen Bartagame.

Klimastation Yalgoo, Australien *

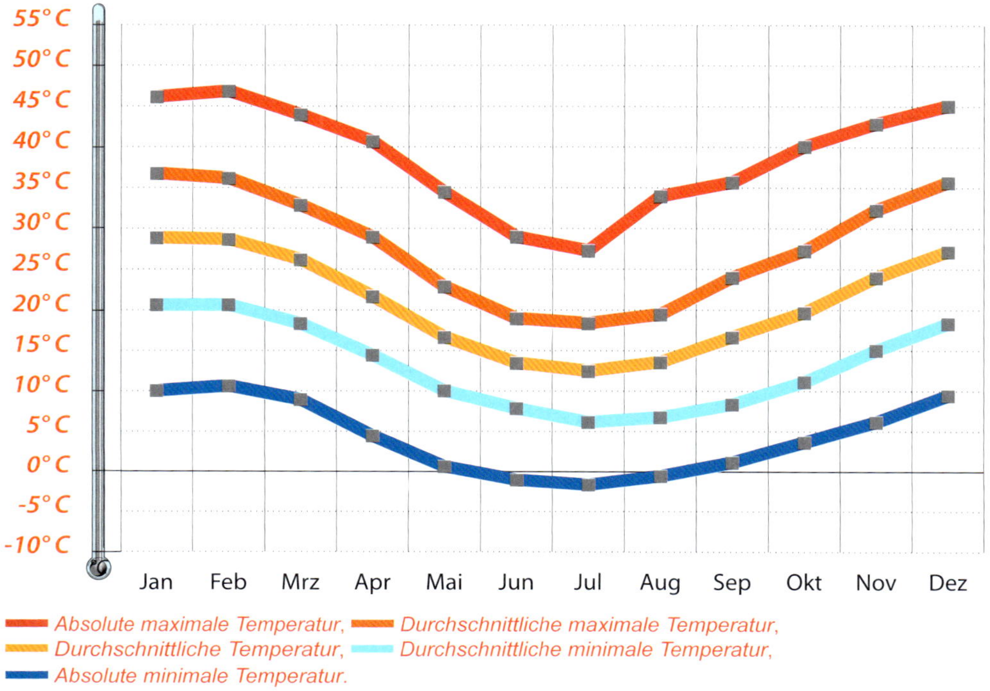

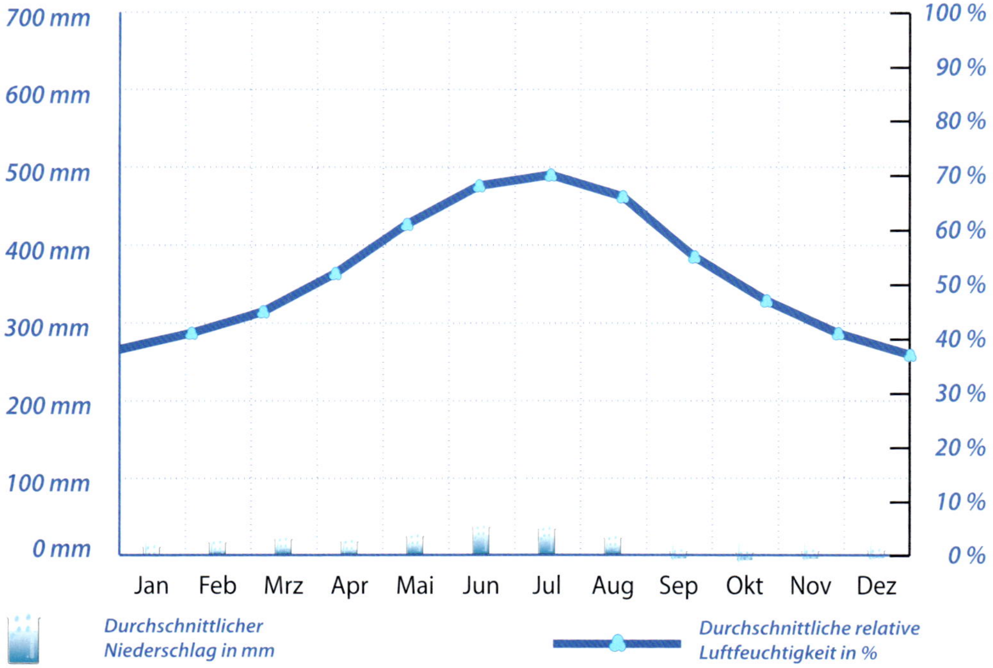

* Quelle: Verändert nach Müller, M. (1996): Handbuch ausgewählter Klimastationen der Erde. Universität Trier, Forschungsstelle Bodenerosion.

Pogona vitticeps

(AHL, 1926)

Streifenköpfige Bartagame

Herkunft: Östliche Küsten- bis Trockengebiete Australiens.

Größe: Gesamtlänge bis 55 cm, Kopf-Rumpf-Länge bis 30 cm.

Beschreibung: *Pogona vitticeps* gehört zusammen mit den kaum in Terrarien anzutreffenden *Pogona barbata* zu den großen Vertretern der acht bisher bekannten Arten der Gattung. Ihr Kopf ist aber eher langgestreckt, und die Stacheln sind nur leicht V-förmig im hinteren Teil des Kopfes angeordnet. Die Grundfarbe ist Graubraun; manchmal geht sie bis ins Rötliche. Abhängig von Temperatur und Erregungszustand kann sich die Färbung partiell in Gelborange verändern. Auf Rücken und Seiten der Streifenköpfigen Bartagame befinden sich verwaschen wirkende Flecken.

Aktivitätszeit bis Winterruhe: Siehe *Pogona henrylawsoni.*

Fortpflanzung: Nach der Winterruhe beginnen die Tiere mit der Paarung. Etwa einen Monat danach legt das Weibchen bis zu 35 Eier. Die Jungen schlüpfen bei 27-29° C nach 60 bis 85 Tagen.

Bemerkung: Siehe *Pogona henrylawsoni.*

Literaturtipp: HAUSCHILD, A. (2004): Die Bartagame. Pogona vitticeps. Natur und Tier - Verlag, Münster.

Bartagamen zählen zu den beliebtesten Terrarientieren und können auch von wenig erfahrenen Terrarianern leicht gehalten werden.

Pogona vitticeps kann paarweise oder in Gruppen mit einem Männchen gehalten werden. Für diese Art eignen sich Terrarien ab 180 cm Länge.

Bartagamen-Männchen. Ihren Namen verdankt die Art dem aufblähbaren, stachelbesetzten Kehlsack, mit dem den Weibchen imponiert und anderen Männchen gedroht wird.

Bartagamen-Weibchen können wie die Männchen schwarze Bärte tragen. Beste Unterscheidungsmöglichkeit sind die beim Männchen während der Paarungszeit vergrößerten Femoralporen.

Eigene Nachzuchten sind die Krönung der Echsenhaltung und bereiten ihrem Züchter trotz der zusätzlichen Arbeit sehr viel Freude.

Klimastation Windorah, Australien *

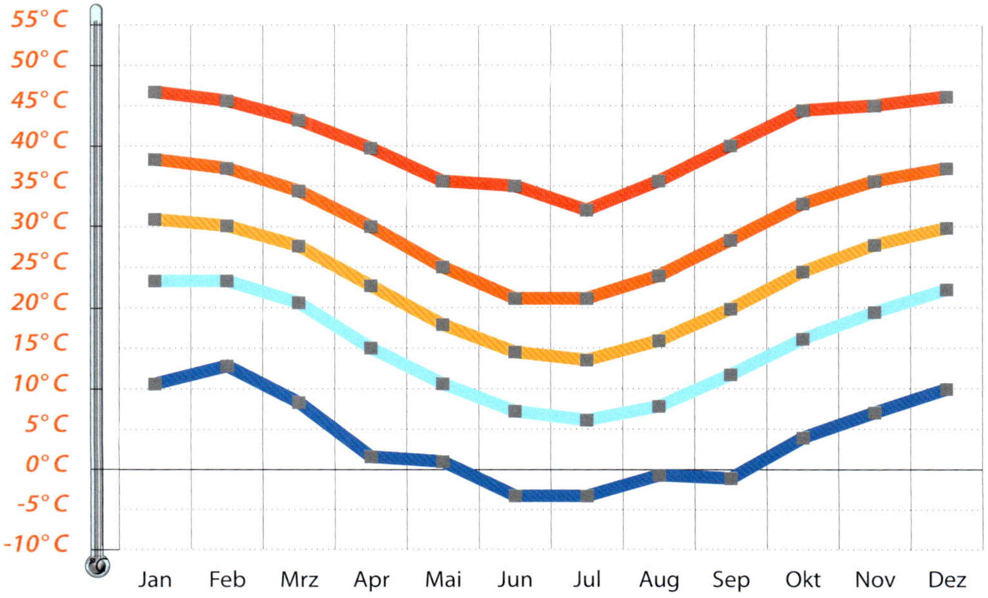

Absolute maximale Temperatur, Durchschnittliche maximale Temperatur, Durchschnittliche Temperatur, Durchschnittliche minimale Temperatur, Absolute minimale Temperatur.

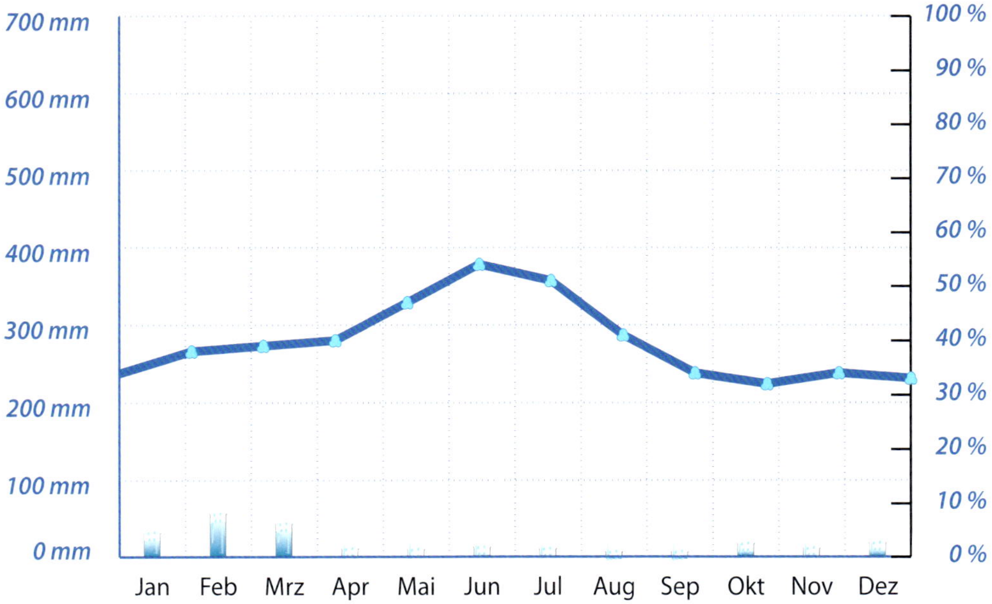

Durchschnittlicher Niederschlag in mm

Durchschnittliche relative Luftfeuchtigkeit in %

* Quelle: Müller, M. (1996): Handbuch ausgewählter Klimastationen der Erde. Universität Trier, Forschungsstelle Bodenerosion.

Tympanocryptis tetraporophora

LUCAS & FROST, 1895

Australische Taubagame

Herkunft: Östliches bis südliches Australien in den Staaten New South Wales, Northern Territory, Queensland, South Australia und Victoria.

Größe: Gesamtlänge bis 14 cm, Kopf-Rumpf-Länge bis 6 cm.

Beschreibung: Der Körper der Art ist rötlich braun gefärbt, der Rumpf wirkt gedrungen, über den Rücken laufen in Querbändern angeordnete graubraune Flecken. Bei einzelnen Exemplaren finden sich längs über den Rücken drei feine weiße, unterbrochene Linien. Die Extremitäten sind feingliedrig, der Schwanz setzt sich deutlich vom Körper ab und ist grau bis hell bräunlich gebändert. Der stumpfschnäuzige Kopf weist kleine Augen auf, Nacken- und Rückenkämme sind nicht vorhanden. Die Bauchunterseite ist cremefarben bis weißlich. Der wissenschaftliche Name *Tympanocryptis* bedeutet nach dem griechischen Ursprung „verborgenes Trommelfell“ und spielt darauf an, dass die Gattung keine sichtbare Ohröffnung aufweist.

Aktivitätszeit: Tagaktiv.

Lebensweise: Bodenbewohnend.

Verhalten: Die recht friedfertigen Echsen halten sich gern auf Aussichts- oder Wärmeplätzen auf, können aber auch sehr flink durchs Terrarium sprinten. Bei steigenden Temperaturen minimieren die Tiere die Kontaktfläche zum heißen Untergrund durch Aufrichten auf die Zehen- und Fersenspitzen und Anheben des Schwanzes. Taubagamen sind wenig wasserscheu, beim Überbrausen des Terrariums robben sie gern im feuchten Sand, auch ein Bad in der Wasserschale ist eine willkommene Abwechslung. In ihrem gesamten Verhalten wirken sie sehr drollig.

Soziale Zusammensetzung: 1,1, 1,X. Männchen entwickeln ein ausgeprägtes Revierverhalten. Unter Beobachtung können mehrere Männchen außerhalb der Paarungszeit in angemessen großen Terrarien mit ausreichend Versteckmöglichkeiten gemeinsam gehalten werden. Weibchen verhalten sich untereinander friedlich, reagieren nur kurz vor und nach der Eiablage aggresiv auf Artgenossen.

Geschlechtsunterscheidung: Die Männchen sind durch die vorgewölbten Hemipenistaschen an der verdickten Schwanzwurzel zu erkennen. Bei den Weibchen färben sich während der Trächtigkeit Hinterkopf und Kopfseiten markant grau.

Nahrung: An vier bis fünf Tagen pro Woche wird die Art mit kleinen Insekten wie Fliegen, Getreideschimmelkäfern und deren Larven, Wachsmotten und deren Raupen sowie Heimchen, Grillen und Schaben gefüttert. Bei mindestens jeder zweiten Fütterung sollten die Futtertiere mit Mineral- und Vitaminpräparaten bestäubt werden. In Abhängigkeit der Verfügbarkeit von Wasser wird bei Gewöhnung bis über ein Drittel pflanzliche Nahrung angenommen. Hier stellen mundgerecht portionierte Pflanzen wie Löwenzahn, Klee, Vogelmiere oder Salat die bevorzugte Kost dar.

Terrarium: Taubagamen werden im Trockenterrarium gepflegt. Der Lebendigkeit der Tiere entsprechend, würde bei Haltung eines Paares eine Mindestgröße auf die Kopf-Rumpf-Länge bezogen im Verhältnis (Länge x Tiefe x Höhe): 6 x 4 x 3 kaum gerecht bemessen sein. ACKERMANN & FRITZ (2006) weisen darauf hin, dass eine Haltung unter 0,5 m^2 Grundfläche möglich ist, das volle Verhaltensrepertoire aber erst bei knapp 1 m^2 Bewegungsfläche gezeigt wird. Das Bodensubstrat aus Sand oder lehmigem Sand sollte an mehreren Stellen mindestens 15-20 cm hoch und in den untersten Schichten leicht feucht sein. Zur Lokalisierung von Beute und Artgenossen dienen einzelne Steinaufbauten und Wurzeln. Da Taubagamen Pflanzen anknabbern, werden bevorzugt künstliche oder robuste, nicht giftige Pflanzen eingesetzt. Eine flache Wasserschale darf nicht fehlen.

Temperatur: 28-30° C, nachts 18-22° C, Sonneninseln bis über 45° C

Luftfeuchtigkeit: 40-60%

Beleuchtung: 12-14 Stunden. UV-Bestrahlung ist erforderlich. Zur Schaffung der benötigten Sonneninseln werden Spotstrahler eingesetzt.

Winterruhe: Der Art sollte eine achtwöchige Ruhephase mit um 4 Stunden gekürzter Beleuchtungszeit gegönnt werden. Müller (1998) gibt eine Temperatur von 13-17° C an. Manche Tiere stellen in der Zeit das Fressen ein und ziehen sich inaktiv zurück.

Fortpflanzung: Nach der Paarung sollte man das dem Weibchen nachstellende Männchen separieren. Die Trächtigkeit dauert bis zu sechs Wochen, schon ab der vierten Woche beginnt das Weibchen mit Probegrabungen. Aus den vier bis zwölf bis zu 17 mm großen Eiern, die in bis zu 30 cm langen Gängen gelegt werden, schlüpfen bei etwa 29° C nach 45-48 Tagen die Jungen. Die Aufzucht erfolgt in Kleingruppen von bis zu fünf Tieren.

Bemerkung: Leider werden die „kleinen Brüder der Bartagame“ selten im Terrarium gepflegt, stellen aber durch Größe, Lebendigkeit und wenig scheues Wesen ideale Pfleglinge auch für kleine Trockenterrarien dar.

Eignung: Weder Haltung noch Zucht sind schwierig. Auch für wenig erfahrene Terrarianer geeignet.

Literaturtipp: Ackermann, T. (2006): Nutzung eines Wintergartens als Terrarienstandort für ein Wüstenterrarium. Teil 2: Die Bewohner: *Tympanocryptis tetraporophora*. Reptilia, Heft 60, Jahrgang 11 (4); Ackermann, T. & P. Fritz (2006): Australische Taubagamen *Tympanocryptis tetraporophora*. Iguana, Heft 1/2006, S. 17-28; Müller, H. D. (1998): Die australische Agame *Tympanocryptis tetraporophora* im Terrarium. elaphe, Heft 4/1998, S. 2-6

Adultes *Tympanocryptis tetraporophora*-Männchen.

Wie bei diesem adulten Weibchen zu sehen, ist das Tympanum (Trommelfell) verdeckt, wodurch auch der deutsche Name „Taubagame“ zustande kommt.

Ein Geschlechtsdimorphismus ist gering ausgeprägt, trächtige Weibchen sind aber an der markanten Graufärbung von Hinterkopf und Kopfseiten zu erkennen.

Tympanocryptis tetraporophora, Männchen rechts, sind relativ territorial und sollten bevorzugt paarweise oder in Gruppen mit einem Männchen gepflegt werden.

Jungtiere, hier ein etwa 5 Wochen altes Exemplar, messen beim Schlupf knapp über 50 mm. Die Färbung ist grauer und dunkler als die der sonst gleich gezeichneten adulten Tiere.

Klimastation Charleville, Australien *

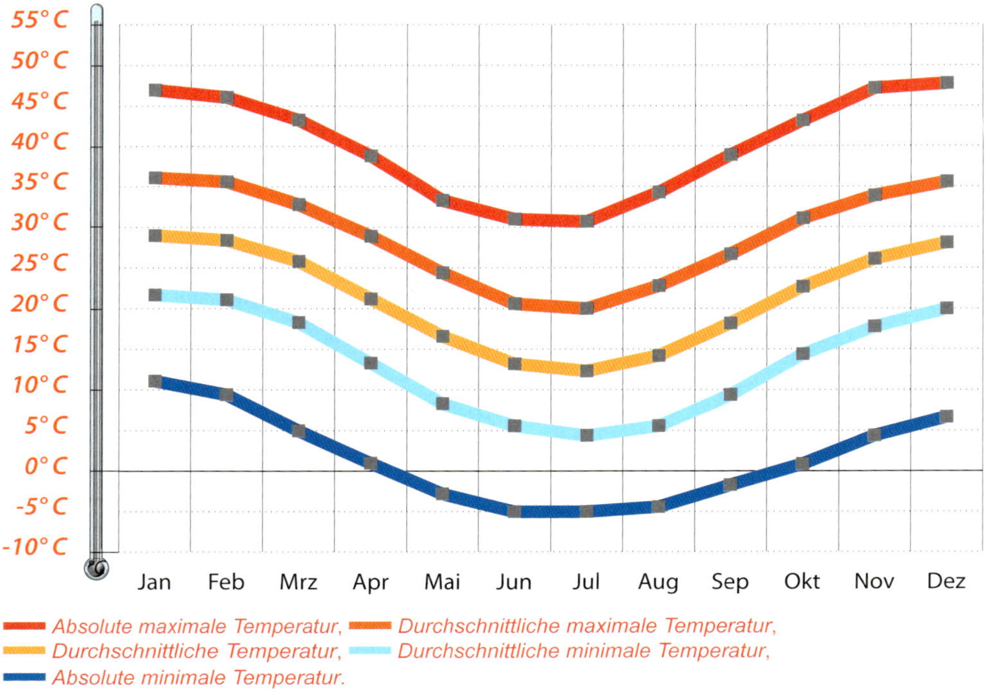

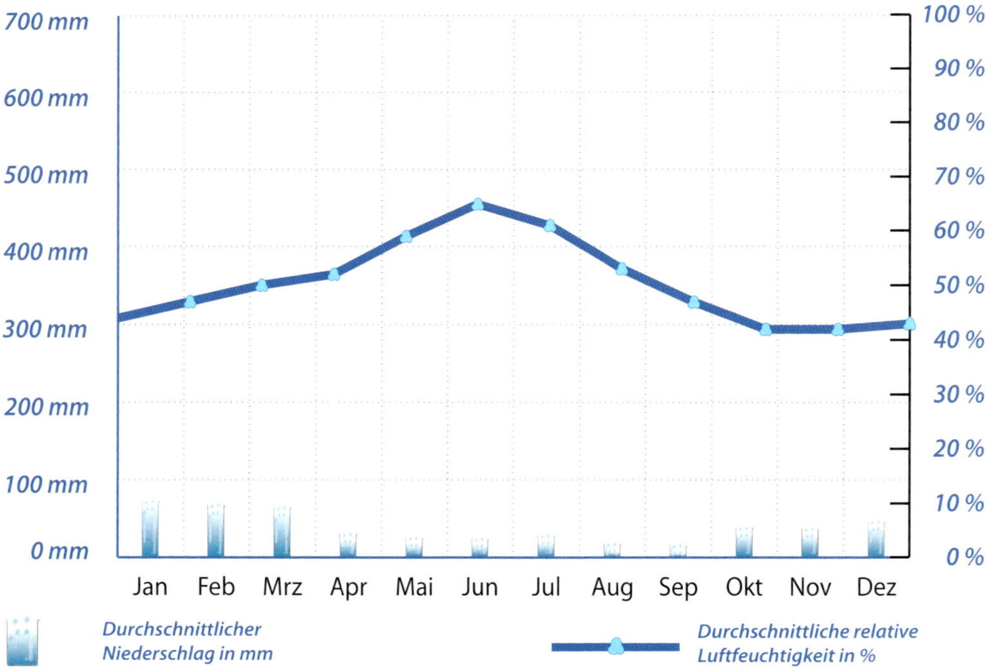

* Quelle: MÜLLER, M. (1996): Handbuch ausgewählter Klimastationen der Erde. Universität Trier, Forschungsstelle Bodenerosion.

Uromastyx acanthinura
Merrem, 1820

Afrikanische Dornschwanzagame

Anderer Name: Afrikanischer Dornschwanz, Veränderlicher Dornschwanz.
Verbreitung: Trockengebiete Nordwestafrikas.
Größe: Gesamtlänge bis 41 cm, Kopf-Rumpf-Länge 25 cm.
Beschreibung: Man unterscheidet die beiden Unterarten *U. a. acanthinura* und *U. a. nigriventris*. Der Körper beider Unterarten ist stämmig gebaut. Die Grundfarbe schwankt zwischen Grau und Braun mit dunkler Marmorierung und unterscheidet sich je nach Herkunftsgebiet. Mit steigender Temperatur werden im Tagesverlauf bei *U. a. nigriventris* gelbe, grüne und rote Sprenkel deutlich. Die Unterseite ist hell und bei einigen Exemplaren gefleckt. Bei älteren *U. a. nigriventris*-Männchen ist sie dunkel. Die Grundfarbe kann sich stimmungsabhängig verändern. Die Beschuppung auf dem Rücken ähnelt kleinen, dicht aneinander liegenden Körnchen (lateinisch granum). Diese Art der Beschuppung bezeichnet man daher als Granulärschuppen. Am kleinen, stark vom Körper abgesetzten Kopf befindet sich eine deutlich sichtbare Ohrspalte. Die Gliedmaßen sind kurz, aber kräftig. Ein relativ kurzer, breiter und mit Stacheln bewehrter Schwanz dient dem Tier zur Verteidigung.
Aktivitätszeit: Tagaktiv.
Lebensweise: Bodenbewohnend.
Verhalten: Auch die Weibchen können territorial sein. Vor der Hitze suchen die Tiere Schutz in Höhlen oder zwischen Steinen. Sie setzen die Möglichkeit des Farbwechsels zur Körpertemperaturregulierung ein: Das heißt, bei größerem Wärmebedarf sind die Tiere dunkler und absorbieren die Sonnenstrahlen, bei geringerem Wärmebedarf werden sie heller und reflektieren die Sonnenstrahlen. Den Winter verbringen die Tiere in tiefen Gängen oder Spalten. Wasser kann über die Haut aufgenommen werden, und überschüssiges Salz wird über Drüsen ausgeschieden, was zum Beispiel als weißliche Kruste auf der Nase sichtbar wird.
Soziale Zusammensetzung: 1,1. Weibchen sind untereinander territorial, so dass mehrere Weibchen mit einem Männchen dauerhaft nur in riesigen Terrarien gehalten werden können.
Geschlechtsunterscheidung: Die beiden Geschlechter sind äußerlich sehr schwer voneinander zu unterscheiden. Im Allgemeinen werden Männchen größer und haben deutlichere Femoralporen.
Nahrung: Die Art wird täglich vegetarisch gefüttert. Bevorzugte Nahrung sind Grünpflanzen und Samen wie Sonnenblumenkerne, Getreidekörner, Mais, Reis, Hirse sowie Linsen und Erbsen. Bei adulten Tieren wird selten tierische Nahrung in Form von Heuschrecken und Schaben hinzugegeben, bei jungen Tieren wegen des größeren Proteinbedarfs öfter. Hülsenfrüchte sollten eingeweicht werden, damit sie die notwendige Feuchtigkeit enthalten, und sollten nicht zu mehr als 10 % verfüttert werden. Gemäß den Bedingungen in ihrem Herkunftsgebiet sollte nach dem Frühjahr der Anteil an frischem Grün eingeschränkt werden. Man füttert getrocknete Grünpflanzen, trockene Grassamen wie Weizen sowie Heupellets, falls diese angenommen werden. Bietet man dennoch gelegentlich frisches Grün an, empfehlen sich auf Grund des hohen Ballastgehaltes besonders Wein- und Wegerichblätter. Insgesamt sollte mäßig gefüttert werden, denn die Tiere neigen zur Verfettung, was zur Erkrankung innerer Organe führen kann.
Terrarium: Ihren Bedürfnissen entsprechend werden Dornschwanzagamen im Wüstenterrarium gepflegt. Man wählt grabfähiges Substrat wie zum Beispiel ein Gemisch aus Sand mit etwas Kies und Lehm. Die Höhe sollte mindestens 15, besser 30 cm betragen, da die Tiere gerne graben. Zur Beheizung ist der Einsatz

eines Heizkabels innerhalb des Terrariums aus diesem Grund nicht geeignet. Man legt daher das Heizkabel von außen auf eine Schaumstoffunterlage unter das Terrarium. Auch eine Heizmatte sollte nicht innerhalb des Terrariums verwendet werden, da sie durch die Krallen der Tiere beim Graben beschädigt werden kann. Abkühlung finden die Tiere in Höhlen aus Steinplatten. Diese müssen aber miteinander verklebt werden, damit sie beim Graben nicht einstürzen. Außer während einer zweimonatigen Pause im Sommer wird das Terrarium zwei- bis dreimal pro Woche lauwarm so besprüht, dass die Tiere Wasser zwar aufnehmen können, es aber schnell verdunstet. Manche Tiere lernen auch, aus dem Trinkgefäß Flüssigkeit aufzunehmen. Die Terrariengröße sollte für die Haltung eines Einzeltieres oder Paares auf die Kopf-Rumpf-Länge bezogen im Verhältnis (Länge x Tiefe x Höhe): 5 x 4 x 3 bemessen sein. Bei Haltung eines zweiten Weibchens sollte die Grundfläche verdoppelt werden, und es sollte mehrere Versteck- und Sonnenplätze geben. Dennoch vertragen sich in den meisten Fällen zwei Weibchen nicht auf Dauer.

Temperatur: 27-30° C, nachts 15-20° C, Sonneninseln 40-45° C.

Luftfeuchtigkeit: 50-60 %.

Beleuchtung: Bis zu 14 Stunden. UV-Bestrahlung ist erforderlich.

Winterruhe: Zwei Wochen vor und nach der Winterruhe sollte die Beleuchtung nur acht Stunden betragen. Während der viermonatigen Winterruhe bei 12–18° C reichen sechs Stunden täglicher Beleuchtung. Auf die Fütterung wird verzichtet; der Boden wird wöchentlich besprüht, aber nicht genässt.

Fortpflanzung: Das Weibchen legt einen Monat nach der Paarung bis zu 28 Eier. Der Schlupf der Jungen erfolgt bei 28-34° C nach 70 bis 120 Tagen, bei 34° C nach etwa 70 bis 80 Tagen.

Bemerkung: Dornschwanzagamen werden schnell zahm. Für eine funktionierende Verdauung sind hohe Temperaturen notwendig.

Eignung: Mit Vorkenntnissen gut zu pflegen. Die Tiere sind recht anspruchsvoll in Bezug auf die Haltungsbedingungen.

Adulte Afrikanische Dornschwanzagame im Terrarium. Die Rückenschuppen ähneln kleinen, dicht aneinander liegenden Körnchen und werden als Granulärschuppen bezeichnet.

Die Geschlechter sind äußerlich schwer zu unterscheiden. Männchen, hier ein Exemplar der Unterart *Uromastyx acanthinura nigriventris,* werden in der Regel aber etwas größer als die Weibchen.

Die Grundfärbung der Tiere schwankt je nach Herkunftsgebiet sowie Unterart und kann sich stimmungsbedingt verändern.

Afrikanische Dornschwanzagamen nehmen Wasser über die Haut auf und scheiden überschüssiges Salz über Drüsen wieder aus. Hier sichtbar als weißliche Kruste an der Nasenöffnung.

Klimastation Ghudamis, Libyen *

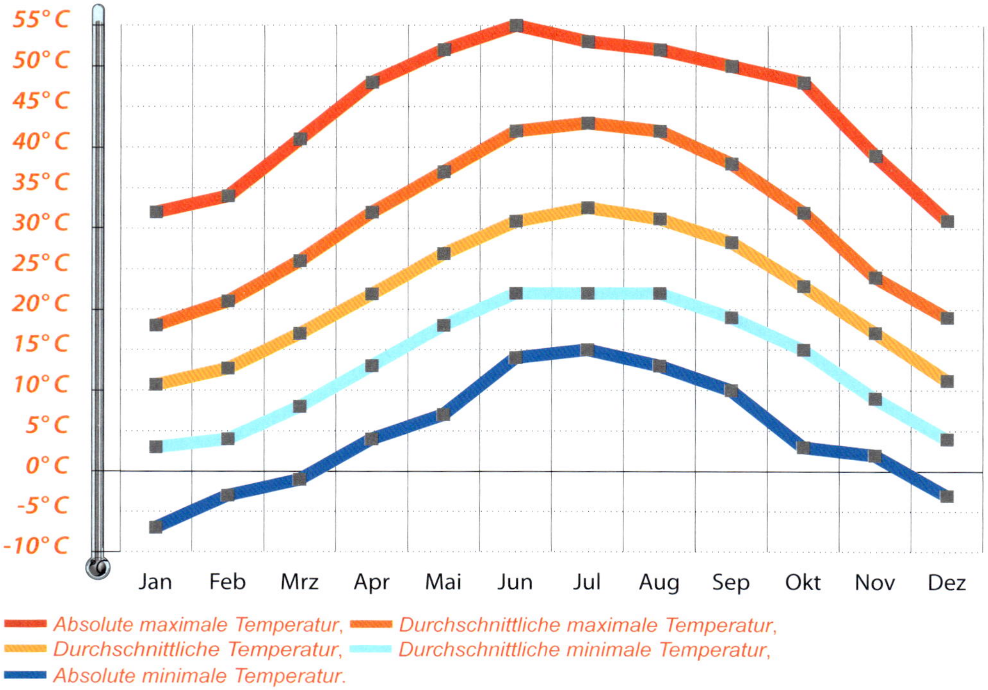

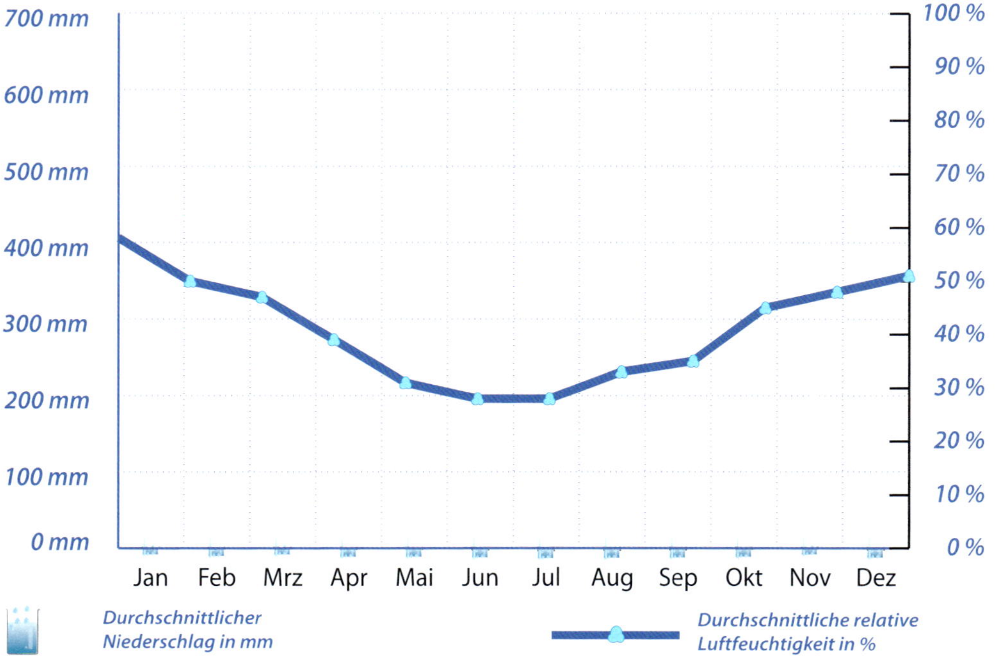

* Quelle: Müller, M. (1996): Handbuch ausgewählter Klimastationen der Erde. Universität Trier, Forschungsstelle Bodenerosion.

Uromastyx aegyptia microlepsis

(FORSKÅL, 1775)

Ägyptische Dornschwanzagame

Verbreitung: Syrien, Jordanien, Arabische Halbinsel bis Irak.
Größe: Gesamtlänge bis 75 cm, Kopf-Rumpf-Länge 45-50 cm.
Beschreibung: Der Körperbau ist dornschwanzagamentypisch und gleicht dem der beschriebenen Art *Uromastyx acanthinura*. Nach WILMS (2007) unterscheidet sich *Uromastyx aegyptia microlepsis* durch kleinere Beschuppung und Fehlen der Kegelschuppen im Flankenbereich von der Nominatform. Temperaturabhänging sind die Tiere unterschiedlich gefärbt. Bei niedrigen Temperaturen ist die Färbung dunkelgrau bis fast schwarz, bei hohen Temperaturen hellgrau bis hellbraun mit schwarzer Kehle und kleinen schwarzen Flecken im Nackenbereich. Jungtiere zeigen fünf bis sechs in Querbändern angeordnete gelbe Fleckenreihen.
Aktivitätszeit: Tagaktiv.
Lebensweise: Boden- und felsbewohnend.
Verhalten: Die Tiere graben in den Halbwüsten und Wüsten ihres Verbreitungsgebietes bis zu 10 Meter lange Gänge.
Soziale Zusammensetzung: 1,1.
Geschlechtsunterscheidung bis Terrarium: Siehe *Uromastyx acanthinura.*
Temperatur: 28-32° C, nachts 16-20° C, Sonneninseln 40-45° C.
Luftfeuchtigkeit: 40-45 %
Beleuchtung: Bis zu 14 Stunden. UV-Bestrahlung ist erforderlich.
Winterruhe: Siehe *Uromastyx acanthinura*. Dauer von November bis Februar mit Tageshöchsttemperaturen von 20° C.
Fortpflanzung: Etwa zwei Wochen vor Ablage der Eier von April bis Juni beginnen die Weibchen zu graben. Die Gelege bestehen maximal aus bis zu über 40 Eiern. Der Schlupf der Jungen erfolgt bei 28-31° C nach etwa 90, bei 35° C nach etwa 60 Tagen.
Bemerkung: Die Unterart *Uromastyx aegyptia microlepsis* wird häufiger importiert (HOCH, schriftliche Mitteilung) als die rund einhundert Jahre früher entdeckte Nominatform *Uromastyx aegyptia aegyptia*, die im nördlichen Ägypten östlich des Nils, auf der Sinai-Halbinsel und in Israel verbreitet ist.
Eignung: Siehe *Uromastyx acanthinura*.

Uromastyx aegyptia microlepsis, hier eine Naturaufnahme aus Mahzad as-Sayd, Saudi Arabien, werden häufiger importiert als die einhundert Jahre früher entdeckte Nominatform.

Ägyptische Dornschwanzagamen, ebenso fotografiert in Mahzad as-Sayd, Saudi Arabien, graben in den Halbwüsten und Wüsten ihres Verbreitungsgebietes bis zu 10 m lange Gänge.

Klimastation Er-Riad, Saudi-Arabien *

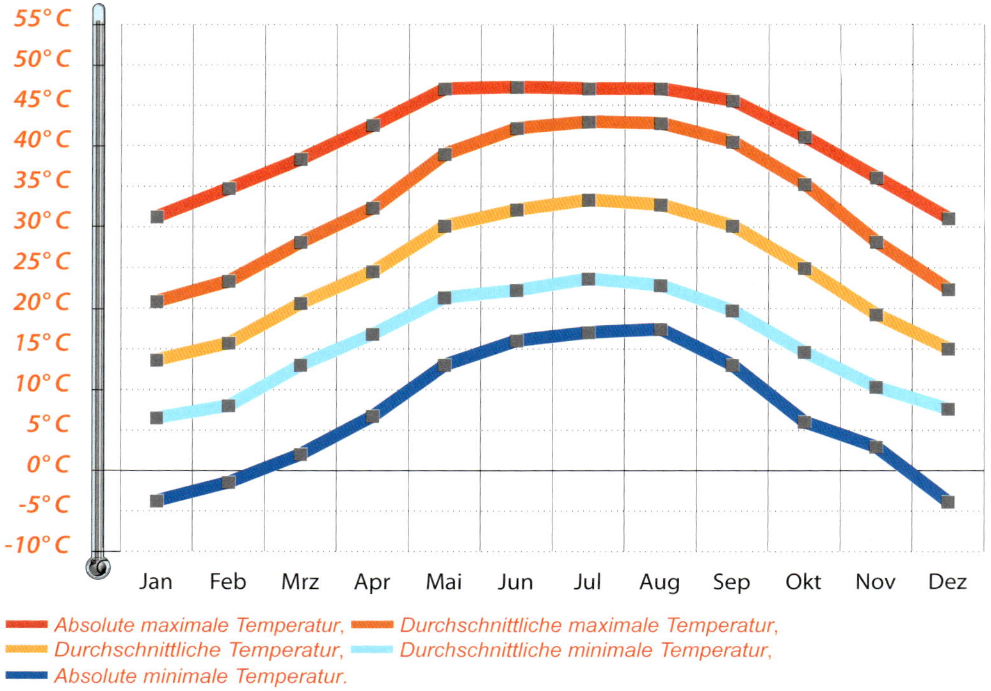

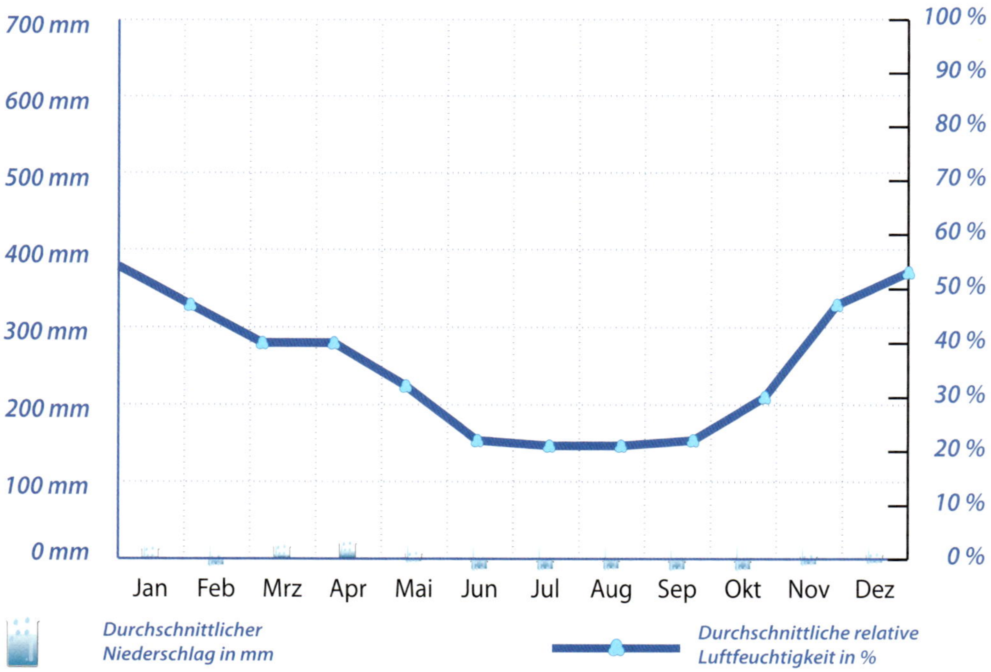

* Quelle: MÜLLER, M. (1996): Handbuch ausgewählter Klimastationen der Erde. Universität Trier, Forschungsstelle Bodenerosion.

Uromastyx geyri

MÜLLER, 1922

Geyrs Dornschwanzagame

Anderer Name: Sahara-Dornschwanzagame, Niger-Dornschwanzagame.
Verbreitung: Südalgerien bis Nordmali.
Größe: Gesamtlänge bis 38 cm, Kopf-Rumpf-Länge 21 cm.
Beschreibung: Der Körperbau ist dornschwanzagamentypisch. Die Färbung von *Uromastyx geyri* ist entweder ein kräftiges Zinnoberrot oder leuchtendes Gelb. Die noch im Jugendkleid erkennbaren Querbänder mit Punktmuster lösen sich bei adulten Tieren zu einer unregelmäßigen Fleckenstruktur auf.
Aktivitätszeit: Tagaktiv.
Lebensweise: Boden- und felsbewohnend.
Verhalten: Die Tiere graben gerne. Sie wechseln wie alle *Uromastyx*-Arten die Farbe zur Regulierung der Körpertemperatur.
Soziale Zusammensetzung: 1,1.
Geschlechtsunterscheidung: Die Männchen erkennt man an den gelblichen stecknadelkopfgroßen Femoralporen.
Nahrung bis **Terrarium:** Siehe *Uromastyx acanthinura.*
Temperatur: 28-32° C, nachts 16-20° C, Sonneninseln 40-45° C.
Luftfeuchtigkeit: 40-60 %.
Beleuchtung: Bis zu 14 Stunden. UV-Bestrahlung ist erforderlich.
Winterruhe: Siehe *Uromastyx acanthinura*.
Fortpflanzung: Die Gelege bestehen aus bis zu 14 Eiern. Der Schlupf der Jungen erfolgt bei 29-31° C nach 107, bei 32° C nach 84 Tagen.
Bemerkung und **Eignung:** Siehe *Uromastyx acanthinura*.
Literaturtipp: LÖHR, B. (2004): Geyrs Dornschwanzagame. *Uromastyx geyri*. Natur und Tier - Verlag, Münster.

7 Monate alte *U. geyri*-Nachzucht.

Uromastyx geyri, hier die gelbe Farbvariante, ist eine fels- und bodenbewohnende Art aus dem Norden Afrikas. Die Tiere graben und sonnen sich sehr gerne.

Geyrs Dornschwanzagame, abgebildet die rote Farbvariante, wird paarweise in Wüstenterrarien ab 120 cm Länge auf sandigem Substrat gehalten.

Bei adulten Tieren wird selten tierische Nahrung in Form von Heuschrecken und Schaben hinzugegeben, bei jungen Tieren wegen des größeren Proteinbedarfs öfter.

Trächtige *Uromastyx geyri*-Weibchen, wie hier abgebildet, legen einen Monat nach der Paarung etwa 14 Eier. Der Schlupf der Jungen erfolgt bei 29-31° C nach 107, bei 32° C nach 84 Tagen.

Klimastation Tamanrasset, Algerien *

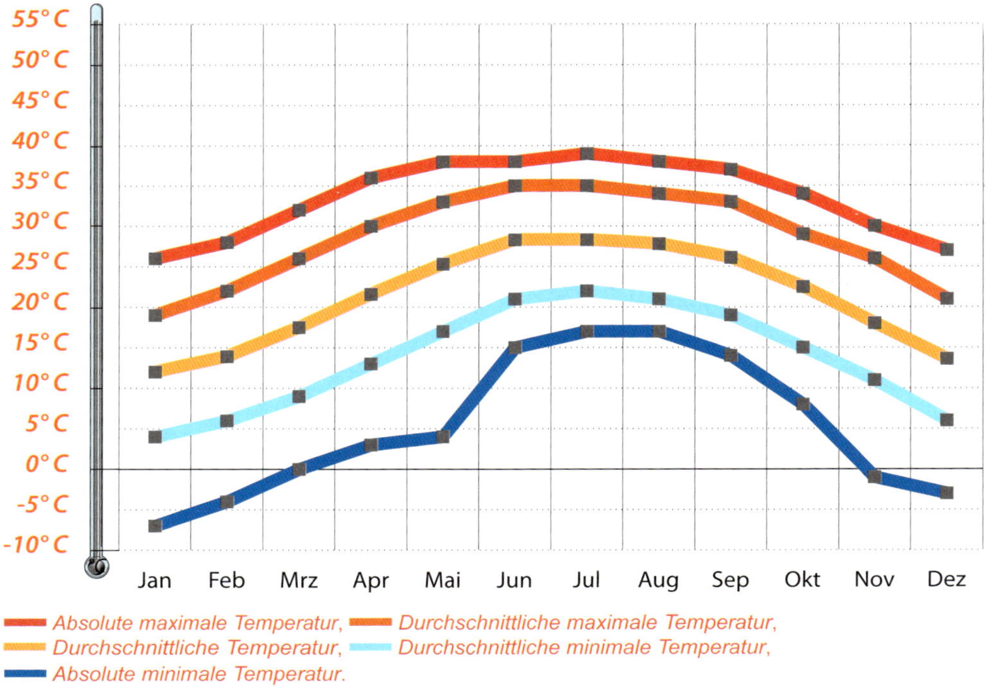

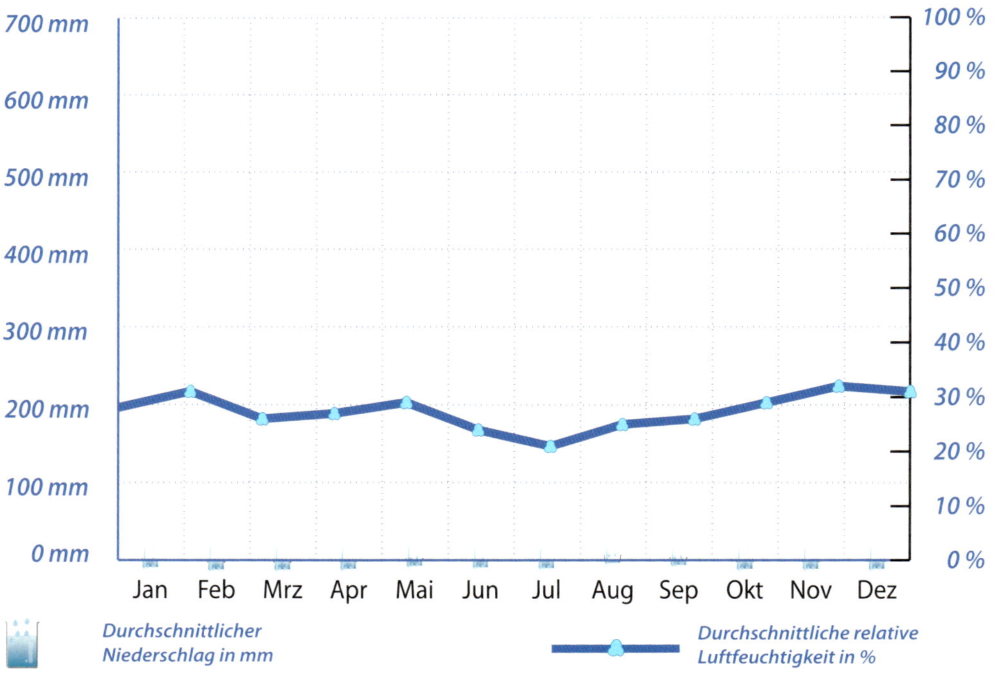

* Quelle: MÜLLER, M. (1996): Handbuch ausgewählter Klimastationen der Erde. Universität Trier, Forschungsstelle Bodenerosion.

Uromastyx ocellata

Lichtenstein, 1823

Geschmückte Dornschwanzagame

Verbreitung: Ägypten bis Arabische Halbinsel, Sudan, Somalia und Eritrea.
Größe: Gesamtlänge bis 28 cm, Kopf-Rumpf-Länge 15 cm.
Beschreibung: Verglichen mit dem stämmig gebauten Körper, wirkt der Kopf der *Uromastyx*-Arten sehr klein. Bei *Uromastyx-ocellata*-Männchen ist der Kopf entweder kräftig rot mit grünen bis schwarzen Flecken oder olivgrün mit roten Flecken. Hals, Flanken und Schwanz sind grün, Kehle und Brust grünlich bis bläulich und die Unterseite gelblich gefärbt. Auf dem Rücken finden sich bis zu acht beige bis rötliche Bänder mit gelblichen, schwarz umrandeten runden Flecken. Die Weibchen sind mit ähnlichem Muster unscheinbarer gezeichnet.
Aktivitätszeit: Tagaktiv.
Lebensweise: Bodenbewohnend.
Verhalten: Die Tiere graben gerne und klettern gut. Sie verteidigen sich mit Schlägen des Schwanzes und scheiden wie alle *Uromastyx*-Arten überflüssige Salze über die Nasaldrüsen aus.
Soziale Zusammensetzung: 1,1.
Geschlechtsunterscheidung: Die Männchen sind farbenprächtiger und haben deutlichere Femoralporen.
Nahrung bis **Terrarium:** Siehe *Uromastyx acanthinura.*
Temperatur: 28–35° C, nachts 17–20° C, Sonneninseln 40–45° C.
Luftfeuchtigkeit: 50–60 %.
Beleuchtung: Bis zu 14 Stunden. UV-Bestrahlung ist erforderlich.
Winterruhe: Halten Sie die Art im Winter drei Monate tagsüber bei 18–28° C und nachts bei 15–17° C.
Fortpflanzung: Das Weibchen legt einen Monat nach der Paarung bis zu 16 Eier. Der Schlupf der Jungen erfolgt bei 31–34° C nach 70 bis 90 Tagen.
Bemerkung: *Uromastyx ocellata* ist derzeit die einzige Art der Gattung, die noch regelmäßig in die EU importiert werden kann (Wilms, 2007).
Eignung: Siehe *Uromastyx acanthinura*.
Literaturtipp: Frahm, S (2006): Die Geschmückte Dornschwanzagame. Natur und Tier - Verlag, Münster

Knapp zweijähriges *Uromastyx ocellata*-Jungtier.

Uromastyx-Weibchen sind unscheinbarer gefärbt als die Männchen. Sie sind ebenso territorial, so dass mehrere Weibchen mit einem Männchen auf Dauer nur in riesigen Terrarien gehalten werden können.

Dornschwanzagamen werden paarweise gehalten. Selbst bei Verdopplung der Grundfläche und mehreren Versteck- und Sonnenplätzen vertragen sich Weibchen meist nicht auf Dauer.

Ausgewachsene Geschmückte Dornschwanzagamen werden im Wüstenterrarium gepflegt. Für diese grabende Art sind 15 cm Bodengrund Minimum, 30 cm sind optimal.

Nachzuchten, abgebildet einjährige Jungtiere in der Häutungsphase, müssen in der gemeinsamen Aufzucht auf Verträglichkeit überwacht und bei plötzlichen Aggressionen getrennt werden.

Klimastation Būr Sūdān, Sudan *

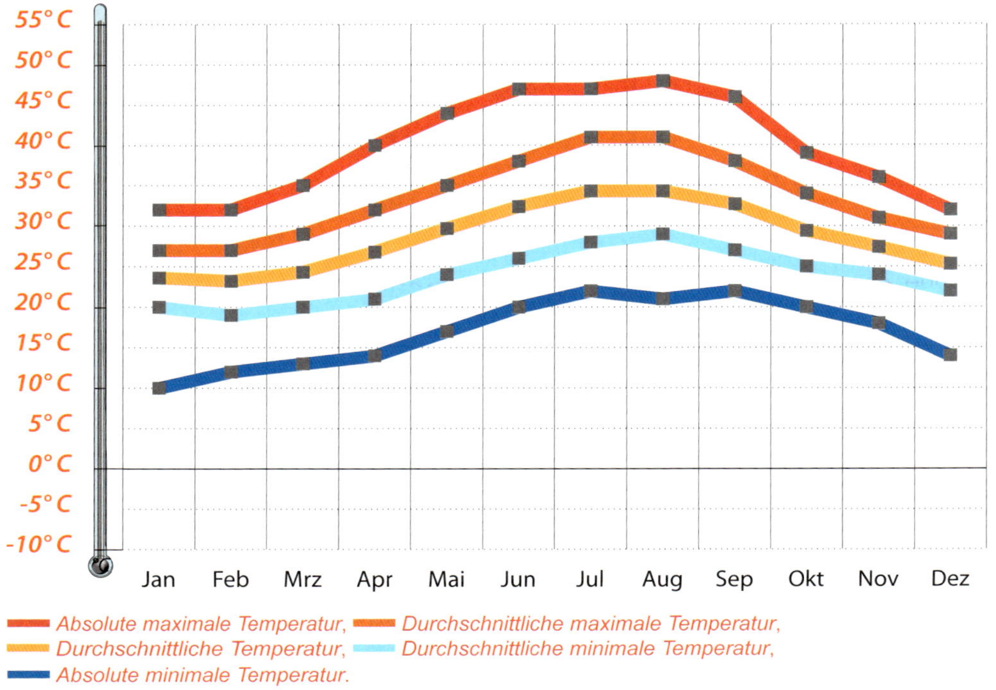

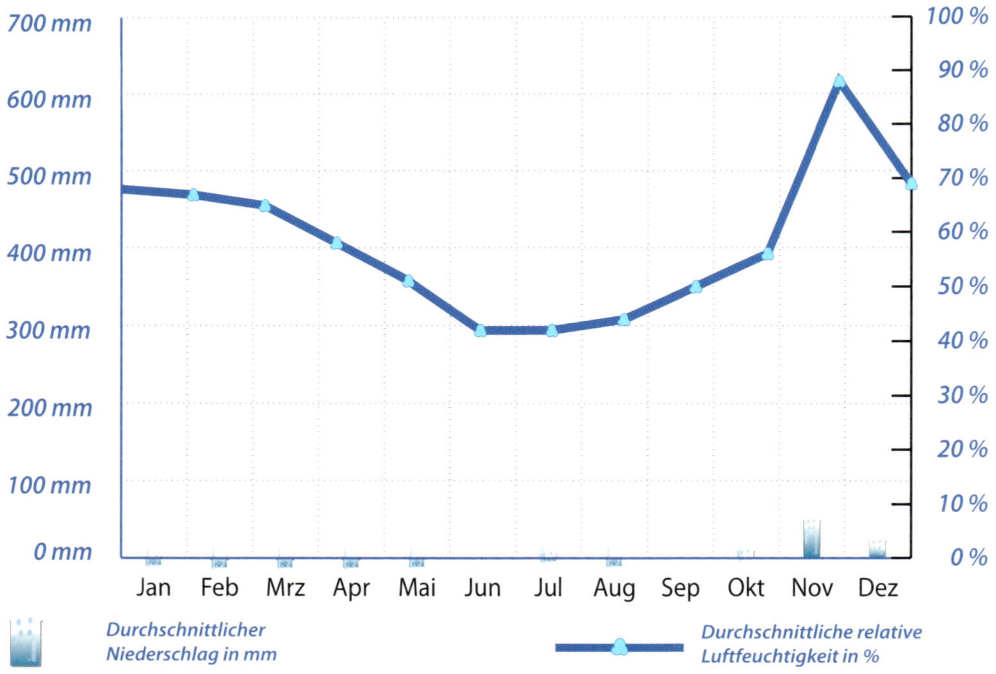

* Quelle: Müller, M. (1996): Handbuch ausgewählter Klimastationen der Erde. Universität Trier, Forschungsstelle Bodenerosion.

Uromastyx ornata

Heyden, 1827

Bunte Dornschwanzagame

Verbreitung: Sinai-Halbinsel des östlichen Ägyptens, Süd-Israel, Westen Saudi Arabiens von Jabal as Sinfa im Norden bis Hejaz im Süden.
Größe: Gesamtlänge bis 37 cm, Kopf-Rumpf-Länge 20 cm.
Beschreibung: Die Bunte Dornschwanzagame ist besonders attraktiv gefärbt, wobei Färbung und Zeichnungsmuster sehr variabel sind. Männliche Tiere zeigen auf grüner, blauer oder rötlicher Grundfärbung unregelmäßige gelbliche Flecken, die bei einzelnen Exemplaren zu mehreren Querbändern verschmelzen. Die Bauchseite ist kontrastreich gefleckt.
Aktivitätszeit: Tagaktiv.
Lebensweise: Boden- und felsbewohnend.
Verhalten: Siehe *Uromastyx ocellata.*
Soziale Zusammensetzung: 1,1.
Geschlechtsunterscheidung: Die Männchen sind farbenprächtiger, ihre Präanofemoralporen sind stärker entwickelt und die Hemipenestaschen deutlich ausgeprägt. Die Rückenzeichnung der Weibchen besteht aus dunkelbraunen Sprenkeln auf beiger Grundfärbung, die Bauchseite ist im Unterschied zu den Männchen nahezu zeichnungslos.
Nahrung bis **Terrarium:** Siehe *Uromastyx acanthinura.*
Temperatur bis **Winterruhe:** Siehe *Uromastyx ocellata.*
Fortpflanzung: Das Weibchen legt einen Monat nach der von April bis Mai stattfindenden Paarung bis zu 19 Eier. Der Schlupf der Jungen erfolgt bei 33-32° C nach etwa 70-80 Tagen.
Bemerkung: Die Unterart *U. o. philbyi* unterscheidet sich von der Nominatform vor allem durch den kürzeren, breiteren Schwanz (Wilms, 2004a).
Eignung: Siehe *Uromastyx acanthinura.*
Literaturtipp: Evers, M (2007): Die Bunte Dornschwanzagame. Natur und Tier - Verlag, Münster

9 Monate altes *Uromastyx ornata*-Jungtier in der Häutung.

Bunte Dornschwanzagamen sind besonders attraktiv gefärbt. Abgebildet die Naturaufnahme eines Männchens der Sinai-Halbinsel in Ägypten.

Bunte Dornschwanzagamen werden im Winter drei Monate lang tagsüber bei 18-28° C und nachts bei 15-17° C gehalten.

Dornschwanzagamen, abgebildet ein *Uromastyx ornata*-Männchen im Terrarium, werden schnell zahm. Bei der Haltung müssen für eine funktionierende Verdauung hohe Temperaturen sichergestellt werden.

Jungtiere sind beim Schlupf etwa 8 bis 9 cm groß und wiegen bis etwa 10 g. Abgebildet die Nachzucht im typischen Jugendkleid im Terrarium.

Klimastation Elat, Israel *

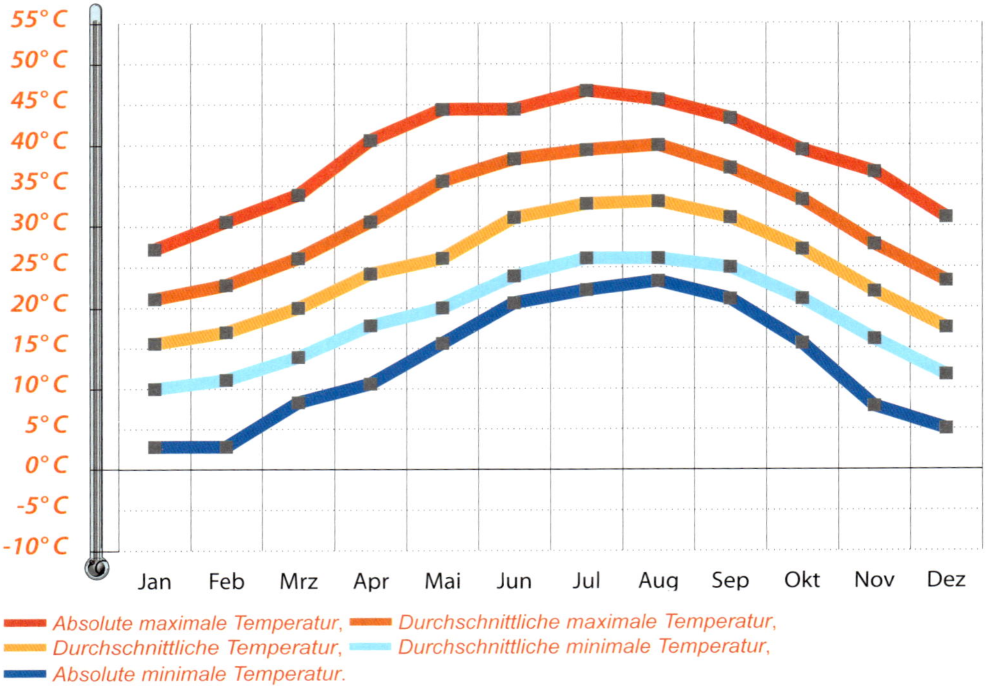

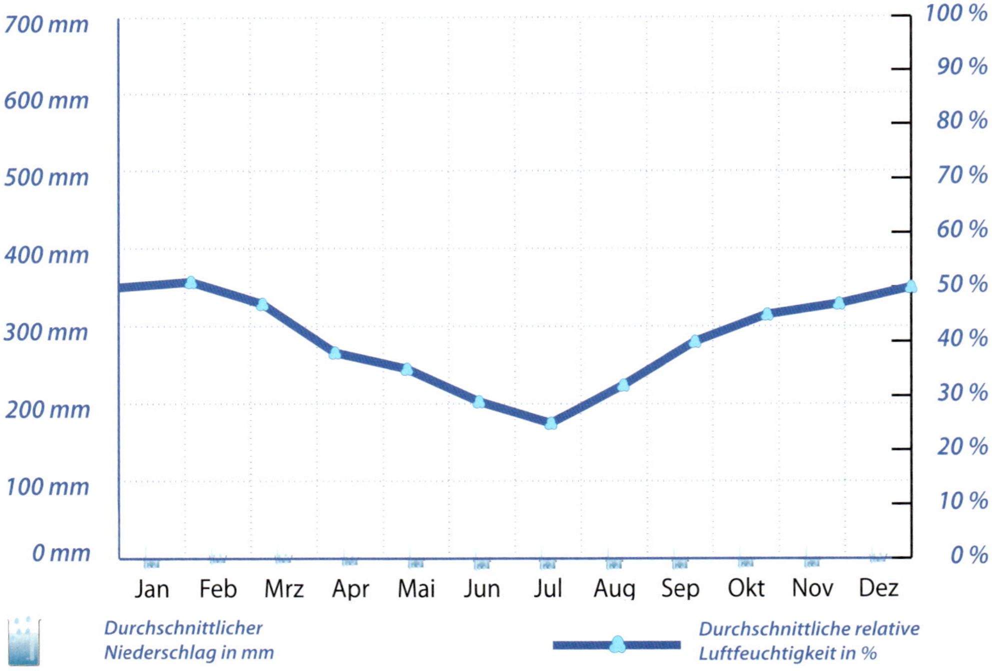

* Quelle: MÜLLER, M. (1996): Handbuch ausgewählter Klimastationen der Erde. Universität Trier, Forschungsstelle Bodenerosion.

Xenagama taylori

(Parker, 1935)

Taylors Biberschwanzagame

Anderer Name: Taylors Stachelschwanzagame.

Herkunft: Das kleine Verbreitungsgebiet liegt an der Grenze zwischen Somalia und Äthiopien unterhalb des zehnten nördlichen Breitengrades.

Größe: Gesamtlänge bei Weibchen bis 14 cm, Kopf-Rumpf-Länge bis 8-9 cm.

Beschreibung: Die Färbung der Art besteht aus rötlich- bis gräulichstichigen Brauntönen. Auf Rücken und Kopf finden sich verwaschen anmutende, dunkle Zeichnungsmuster. Unterseite und Flanken der Männchen sind gelblich, die Präanalregion ist rötlich gefärbt. Die Unterseite der Weibchen ist unscheinbar cremefarben. Die feine Körperbeschuppung ist dorsal teilweise gekielt. Kennzeichnend ist der runde, scheibenartige, stachelige Schwanz mit einem unbestachelten, etwa 2,5 cm langen Fortsatz. Der Schwanz ist mit wirtelförmig angeordneten Stachelschuppen besetzt und wird zum Verschließen des Höhleneingangs gegen Fressfeinde eingesetzt.

Aktivitätszeit: Tagaktiv.

Lebensweise: Überwiegend bodenbewohnend.

Verhalten: Wie in der Natur gräbt *Xenagama taylori* im Terrarium Höhlen, die als Versteck- und Nachtquartier dienen. Die Länge der Höhlen im natürlichen Habitat gibt Edwards (2000) mit 20 cm, Roos (2002) mit bis zu 120 cm an. Die Nähe zur Wohnhöhle spielt bei der Nahrungsaufnahme bis zum Sonnen, womit die Agame einen Großteil des Tages verbringt, eine große Rolle.

Soziale Zusammensetzung: 1,1 / 1,X. Die Art zeigt starke Territorialansprüche. Bei unbeantworteten Drohgebärden gehen die Männchen nach Müller (2006) schnell zum Angriff über.

Geschlechtsunterscheidung: Die Männchen bleiben etwa 1 1/2 cm kleiner und sind nicht ganz so kräftig wie die Weibchen gebaut. Männchen lassen sich gut an den 2-3 Reihen gelb gefärbter, deutlich sichtbarer Präanalporen erkennen. Während der Balz zieht sich ein leuchtendes Türkisblau von der Schnauzenspitze über Hals und Brust bis zur Unterseite der Vorderbeine. Über die Mundwinkel verläuft ein Streifen bis zum Auge, ein Streifen bis über das Ohr. Bei den Weibchen sind nur kleine Partien des Kopfes ansatzweise bläulich gefärbt.

Nahrung: Ernährt wird die Art mit Heimchen, Grillen, Heuschrecken, die regelmäßig mit Vitamin- und Mineralpulver bestäubt werden, und Wachsmottenlarven. Barts (2001, 2004) gibt übliche Grünpflanzen als geeignet an, Roos (2002) nennt Taubnesseln, Vogelmiere, Sauerampfer, Gänseblümchen, Mauerpfeffer sowie Löwenzahn, Spitz- und Breitwegerich.

Terrarium: Das starke Territorialverhalten der Tiere berücksichtigend, würde bei Haltung eines Paares eine Mindestgröße auf die Kopf-Rumpf-Länge bezogen im Verhältnis (Länge x Tiefe x Höhe) 6 x 4 x 3 kaum gerecht bemessen sein, Müller beziffert die Grundfläche seines Artterrariums mit 0,7 m^2. Das Substrat aus grabfähigem Sand oder Lehm-Sand-Gemisch wird 10 cm hoch im Terrarium eingefüllt und täglich morgens kräftig besprüht. Als Dekoration dienen kleine Wurzeln und Äste sowie eine kleine Korkröhre, die gegenseitig nicht einsehbare Bereiche einteilen. Eine kleine Trinkschale darf nicht fehlen.

Temperatur: 28-35° C, nachts 18-22° C, Sonneninseln bis 45° C.

Luftfeuchtigkeit: 40-60%.

Beleuchtung: Bis zu 14 Stunden. UV-Bestrahlung ist erforderlich. Zur Schaffung der benötigten Sonneninseln werden Spotstrahler eingesetzt.

Winterruhe: Der Art sollte eine zwei- bis dreimonatige Ruhephase gegönnt werden. Die Temperatur wird tagsüber auf 22-30° C, Sonneninseln bis 35° C, und nachts auf 18°C reduziert, die Beleuchtung um 4 Stunden gekürzt.

Fortpflanzung: Bei Dedlmar (2002) begann das Weibchen eine Woche vor Eiablage mit Probegrabungen. Die bis zu 17,5 mm großen Eier wurden bei 28,5° C 46 Tage bis zum Schlupf der etwa 43 mm großen Jungen inkubiert. Nach vier Wochen in ausreichend großen Terrarien müssen die Jungtiere wegen der beginnenden innerartlichen Aggression in kleinen Gruppen oder einzeln aufgezogen werden.

Bemerkung: Die Äthiopische Biberschwanzagame *Xenagama batillifera* (Vaillant, 1882) wird ähnlich gehalten.

Eignung: Bei ausreichend großem Terrarium mit guter Strukturierung auch für wenig erfahrene Terrarianer geeignet.

Literaturtipp: Müller, P. M. (2006): Haltung, Pflege und Nachzucht von Taylors Biberschwanzagame *Xenagama taylori* (Parker, 1935). Reptilia 10(6): 56-61; Barts, M. (2004): Erfahrungen bei der Haltung und Vermehrung von *Xenagama batillifera* (Vaillant, 1882) mit Anmerkungen zum Verhalten von *Xenagama taylori* (Parker, 1935). Reptilia 9(3): 72-77; Dedlmar, A. (2002): Über Haltung und erste Nachzuchterfolge bei *Xenagama taylori* (Parker, 1935). elaphe 10(2): 52-55; Roos, A. (2002): Auf der Suche nach Biberschwanzagamen (*Xenagama*): Eine Reise nach Somaliland. Reptilia 7(2): 43-49; Edwards, E. (2000): *Xenagama*. A new species to the hobby. Reptilian 6(5): 26-29.

Unterseite eines *Xenagama taylori* Weibchens.

Männchen der Taylors Biberschwanzagame zeigen während der Balz ein leuchtendes Türkisblau von der Schnauzenspitze über Hals und Brust bis zur Unterseite der Vorderbeine.

Xenagama taylori, hier abgebildet ein trächtiges Weibchen, setzen ihren mit wirtelförmig angeordneten Stachelschuppen besetzten Schwanz zum Verschließen des Höhleneingangs gegen Fressfeinde ein.

Kennzeichnend für die Biberschwanzagame ist der scheibenartige, mit wirtelförmig angeordneten Stachelschuppen besetzte Schwanz, mit dem der Höhleneingangs gegen Fressfeinde verschlossen wird.

Die Äthiopische Biberschwanzagame *Xenagama batillifera* bleibt rund 1 cm kleiner und ihr Schwanz ist bei weitem nicht so stark verbreitert wie die hier porträtierte Art *Xenagama taylori*.

Klimastation Harar, Äthiopien *

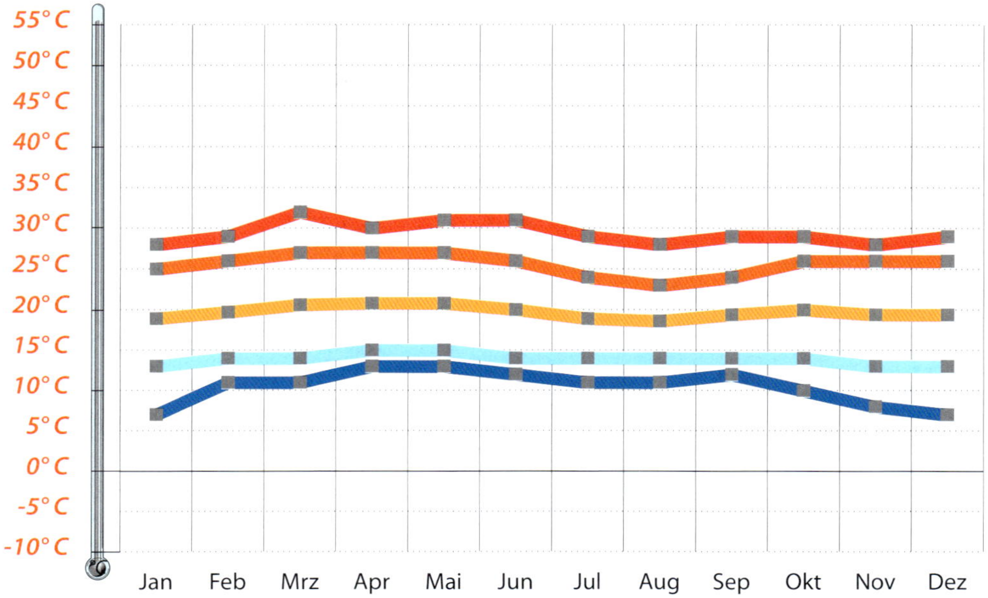

Absolute maximale Temperatur, Durchschnittliche maximale Temperatur, Durchschnittliche Temperatur, Durchschnittliche minimale Temperatur, Absolute minimale Temperatur.

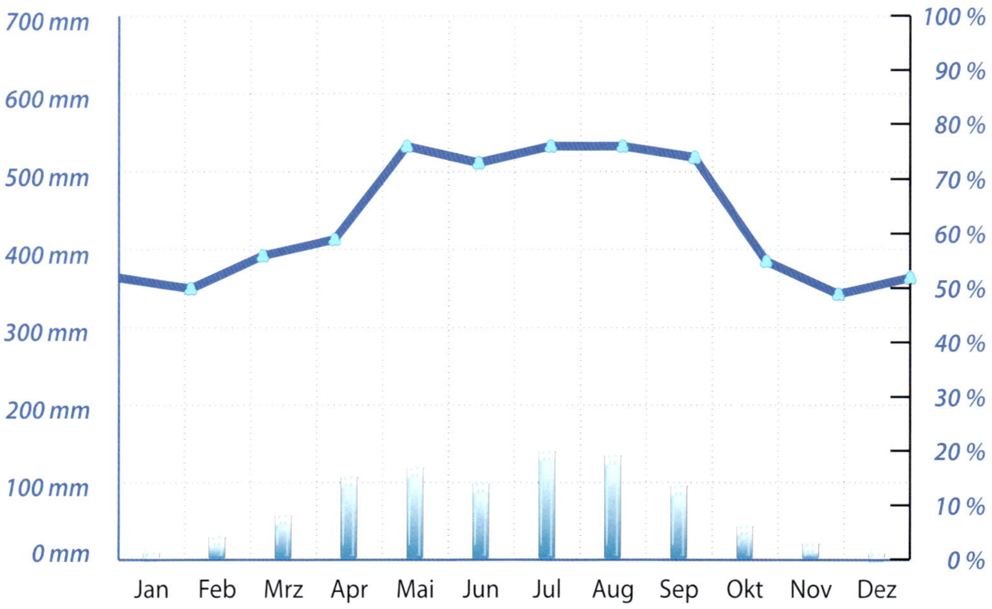

Durchschnittlicher Niederschlag in mm

Durchschnittliche relative Luftfeuchtigkeit in %

* Quelle: Müller, M. (1996): Handbuch ausgewählter Klimastationen der Erde. Universität Trier, Forschungsstelle Bodenerosion.

III. HALTUNG VON AGAMEN

Grundlagen Ernährung

Wer frisst was?

Die Art des Futters ist wie bei allen Echsen von ihrem Nährstoffbedarf und ihrer Größe abhängig. Über die Ernährung von Nahrungsspezialisten sollte man sich ausführlich informieren. Ebenso sollte auf die Relation von Futtertieren zu Terrarientieren stets geachtet werden. Bei Fleisch fressenden Arten ist lebendes Futter stets vorzuziehen.
Junge und kleine Agamen können mit Gold-, Schmeiß- oder Stubenfliegen, haarlosen Raupen und weichschaligen Käfern gefüttert werden. Auch Larven von Grillen, Schaben und Heuschrecken sind gut geeignet. Mittelgroße Agamen nehmen gerne Grillen, Heuschrecken, Heimchen und Schaben. Große Agamen können auch mit größeren Süßwasserfischen und Kleinsäugern gefüttert werden. Pflanzen fressende Agamen werden möglichst abwechslungsreich mit heimischen Wildkräutern sowie Obst und Gemüse gefüttert, wie nachfolgend unter Grünfutter beschrieben.

Wasserbedarf

Der Wasserbedarf von Terrarientieren ist so unterschiedlich wie die Art der Wasseraufnahme. Während die einen aus größeren Wasseransammlungen in kräftigen Zügen trinken, lecken die anderen Tautropfen (Sprühwasser) von Blättern oder Steinen. Für den Terrarianer bedeutet das, dass er nicht in jedem Terrarium ein Trinkgefäß benötigt. Ist ein Wasserteil im Terrarium vorhanden, ist ein Trinkgefäß ebenso überflüssig wie bei Tieren, die Wassertropfen auflecken. Diese müssen natürlich täglich, am sinnvollsten morgens, Tau in ihrer Umgebung finden. Auch in einem Trockenterrarium ist er notwendig, jedoch in einer Menge, die aus der Wüste kein Regenwaldklima werden lässt. Bei der Einrichtung eines Terrariums für alle Tiere aus trockenen Zonen ist darauf zu achten, dass eine immer feuchte, mit Sand, Erde oder Moos gefüllte Höhle integriert wird. Futterinsekten sollte ein feuchter Naturschwamm oder der gelförmige Wasserspeicher Aqua Gel aus dem Zoofachhandel in ein Schälchen gegeben werden.

Zwangsfütterung

Über welchen Zeitraum Nahrungsverweigerungen von Echsen noch zu vertreten sind, ist je nach Alter, Art und Herkunft sehr unterschiedlich. Klima, Jahreszeit, Fortpflanzungszeiten und Erkrankungen sind normale Auslöser einer Verweigerung. Fragen Sie am besten andere Terrarianer mit Erfahrungen in der Pflege der gleichen Art, bevor Sie eine Zwangsfütterung in Betracht ziehen. Generell bedeutet Zwangsfütterung für die Tiere großen Stress und sollte am besten nicht vom Anfänger selbst durchgeführt werden. Zunächst sollte die Haltung als Ursache der Nahrungsverweigerung überprüft werden. Ist diese artgerecht, kann man anschließend versuchen, dem Tier anderes Futter anzubieten. Lehnt es auch dieses ab, helfen unter Umständen flüssige appetitanregende Vitamin-B-Präparate, die sich direkt ins Maul tröpfeln lassen.

Tipp: Ist die Agame krank, kann die Ursache auch durch die zwanghafte Verabreichung von Futter nicht beseitigt werden. Lassen Sie das Tier beim Tierarzt untersuchen, und nehmen Sie – falls vorhanden – Kotproben zur Untersuchung mit.

Trockenfutter

Pelletiertes Trockenfutter gibt es seit einigen Jahren auf dem deutschen Markt. Nach ersten Importen zumeist von Firmen aus den USA, in denen Terrarientiere als Haustiere wesentlich verbreiteter sind als bei uns, stellen inzwischen auch deutsche Firmen unterschiedliche Trockenfuttersorten her.
Trockenfutter gibt es größengerecht für junge und adulte Tiere. Vor der Verfütterung sollte es leicht angefeuchtet werden. So beugt es einem möglichen Flüssigkeitsentzug im Magen der Tiere vor und entfaltet einen appetitanregenden Duft. Ein weiterer Grund, Trockenfutter erst aufquellen zu lassen, ist, eine eventuelle Magenüberdehnung bei allzu gefräßigen Tieren zu vermeiden. Mit etwas mehr Flüssigkeit angesetzt, lässt sich Trockenfutter zu einem Brei verarbeiten, wie er bei der Zwangsfütterung notwendig sein kann.
Ideal ist Trockenfutter als abwechslungsreiche Ergänzung. Für karnivore Tiere ist Trockenfutter eine gute Alternative bei Engpässen von Lebendinsekten. Sehr praktisch ist Trockenfutter während der Urlaubszeit, da manche Urlaubsvertretungen nicht so gern krabbelndes Lebendfutter geben. Allerdings sollten Ihre Tiere zuvor an dieses Futter gewöhnt werden, damit es nicht zu unerwarteter Nahrungsverweigerung kommt. Am besten ist es jedoch immer, wenn die Urlaubsvertretung überhaupt nicht füttern muss; viele Arten kommen gut einige Tage lang gänzlich ohne Futter aus.
Manche Terrarientiere lassen sich jedoch gar nicht an Trockenfutter gewöhnen und fressen ausschließlich lebende Nahrung. Unter verhaltensbiologischen Gesichtspunkten ist das Jagen nach Beute und die damit verbundene Bewegungsaktivität im Terrarium ein weiterer Punkt, der für Lebendfutter spricht.

Pelletiertes Trockenfutter wird inzwischen für verschiedene Tiere angeboten.

Grünfutter

Für Pflanzen fressende (herbivore) Agamen steht eine große Anzahl verschiedener Gemüse-, Kräuter- und Fruchtsorten zur Verfügung. Achten Sie beim Kauf immer auf ungespritzte Sorten. Zwar können Sie gespritzte Sorten auch schälen, aber wertvolle Vitamine sitzen meistens unter der Schale. Selbst gezogenes und naturreif geerntetes Obst und Gemüse ist immer vorzuziehen, da importiertes unreif geerntet wird und weniger Nährwert aufweist. Waschen Sie Obst und Gemüse gründlich mit warmem Wasser, und schneiden Sie es in kleine Stücke. Für Jungtiere raspeln Sie es am besten.
Gräser und Kräuter sind die wertvollste Nahrung und können inklusive der Blüten verfüttert werden. Grob strukturiertes Futter wie Gras oder Löwenzahn reinigt zudem den Magen- und Darmtrakt. Pflücken Sie Futterpflanzen wegen der Schadstoffbelastung nicht in der Nähe viel befahrener Straßen oder frisch gedüngter landwirtschaftlicher Nutzflächen. Vor der Verfütterung können Sie alle Futterpflanzen mit Vitaminspray-Präparaten noch einmal aufwerten. Viel natürliches Vitamin C findet sich vor allem in Zitrusfrüchten, viel Vitamin B in Sojabohnenkeimen und viel Karotin,

die Vorstufe von Vitamin A, in Möhren.
Wichtig sind bei der vegetativen Ernährung auch das Verhältnis von Kalzium zu Phosphor, das idealerweise mindestens 1,5:1 betragen sollte, der hohe Ballastgehalt für eine gute Verdauung und im Allgemeinen der hohe Gehalt an Eiweiß, besonders in Kost für trächtige Weibchen und junge Tiere. Artspezifisch können jedoch abweichende Ansprüche an das Futter gestellt werden. So benötigt der Grüne Leguan im Gegenteil nur einen möglichst geringen Eiweißgehalt. Hoher Ballastgehalt bei idealem Kalzium-Phosphor-Verhältnis findet sich bei Gemüsen vor allem in Löwenzahn, Endivie, Raps, Spitzkohl, Weißkohl, Grünkohl, Lauch, Bleichsellerie und bei Früchten vor allem in Feigen, Mandarinen und Papayas. Hohe Eiweißwerte lassen sich meist bei Gemüsen und Früchten feststellen, deren Kalzium-Phosphor-Gehalt allerdings nicht ausgewogen ist, so bei Brokkoli, Mais, Wirsing und Kokosnuss.
Früchte sollten insgesamt sparsam gefüttert werden, da sie unter Umständen zu starken Gärungsprozessen im Darm führen können. Eine abwechslungsreiche Fütterung verschiedener Gemüse, Kräuter und Gräser, verbunden mit der ergänzenden Zugabe von Mineral-Vitamin-Präparaten, sollte ausreichen, um Ihre Tiere gesund zu ernähren und Mangelerscheinungen vorzubeugen.
Einfacher Salat enthält weit weniger Nährstoffe als die zuvor beschriebenen Futterpflanzen. Zu beachten ist, dass manche Sorten für Terrarientiere schädliche Inhaltsstoffe enthalten und daher gar nicht oder nur in kleinen Mengen gefüttert werden sollten. Erbsen und Gartenbohnen enthalten viele Gerbstoffe, welche die Leber schädigen, und sollten deshalb an die meisten Agamen nicht verfüttert werden. Spinat, Petersilie, Möhren, Brokkoli, Sauerampfer und Rhabarber enthalten Oxalsäure. Diese bindet Kalzium, das so dem Skelettaufbau fehlt; das kann auch Kreislaufprobleme mit sich bringen. Kohl enthält goitrogene Substanzen, welche die Jodaufnahme der Schilddrüse beeinträchtigen und zur Kropfbildung führen können. Die vorgenannten gesundheitsschädlichen Bestandteile mancher Futterpflanzen wirken sich aber nur aus, wenn diese ausschließlich angeboten werden. Bei einer eigentlich selbstverständlichen Vielfalt des Nahrungsangebotes sind Schädigungen nicht zu befürchten.
Zur Verabreichung von Futterpflanzen können Sie diese in eine Art Vase stellen oder in einer Futterschale in einiger Entfernung der Heizung anbieten, damit sie länger frisch bleiben. Früchte sollten in einer Futterschale oder auf einer Unterlage ausgelegt werden, damit das Bodensubstrat von unverzehrter Nahrung frei bleibt.
Möchten Sie ausschließlich Pflanzen fressende Agamen pflegen, kommen dafür zum Beispiel *Uromastyx*-Arten in Frage. Diese Tiere müssen täglich gefüttert werden. Wegen des großen Proteinbedarfs darf aber bei ihren Jungtieren nicht auf tierische Nahrung verzichtet werden. Adulten Tieren kann man selten Heuschrecken und Schaben füttern.

Tipp: Picken sich Ihre Tiere aus dem Obst- oder Salatmix nur ihre Lieblingssorte heraus, kann es schnell zu Mangelerscheinungen kommen. In diesem Fall sollten Sie einen Tag nur Äpfel, einen Tag nur Möhren, einen Tag nur Kiwis usw. füttern.

Wie diesen Jungtieren der Streifenköpfigen Bartagame *Pogona vitticeps* so sollte auch jungen Zwergbartagamen pflanzliche Kost mundgerecht geschnitten angeboten werden.

Lebendfutter

Karnivore Agamen bekommen nur so viel Futter, wie sie in kurzer Zeit fressen können. Sie werden je nach Art und Größe zweimal wöchentlich bis einmal monatlich gefüttert. Bei zu großem Nahrungsangebot besteht leider die Gefahr der Verfettung, da die Tiere in menschlicher Obhut ja nicht wie in der Natur bei der Jagd große Mengen an Energien und Fettreserven aufzehren. Ausnahmen sind sehr junge Agamen, denen täglich Nahrung angeboten werden muss.
Es ist wichtig, größeres Lebendfutter jeweils als Ganzes zu verfüttern. Statt Fischfilet, Muskel- oder Hackfleisch sollten besser komplette Tiere von Kopf bis Schwanz angeboten werden. Nur der Verzehr inklusive Skelett oder Gräten, Schuppen, Fell oder Chitin und Eingeweiden sichert eine umfassende Mineral- und Vitaminversorgung. Wichtige rein pflanzliche Nährstoffe erhalten karnivore Tiere über den Mageninhalt der Futtertiere. Hunde- und Katzenfutter sind für Terrarienbewohner grundsätzlich ungeeignet.

Kleine Säugetiere, die tot angeboten werden, können mit der Pinzette ein wenig bewegt werden, wenn sich die Agamen nur schwer an bewegungslose Beute gewöhnen lassen. Tote Futtertiere sollten aufgetaut und nicht gefroren oder kühl angeboten werden. Lebend verfütterte Nagetiere sollten, wenn sie nicht innerhalb einer gewissen Zeit unter Beobachtung des Pflegers angenommen wurden, aus dem Terrarium entfernt werden.
Grillen, Heimchen, Heuschrecken und Schaben können lebend im Zoogeschäft erworben, per Abo bezogen, selbst gefangen oder gezüchtet werden. Futtertiere, die nicht selbst gezüchtet wurden, sollten mindestens eine Woche angefüttert werden. Da man nicht weiß, wie lange sie schon im Handel standen oder zuvor unterwegs

waren, ist davon auszugehen, dass sie einen geringen Nährwert haben und fast nur aus Haut und Chitin bestehen. Gefüttert wird mit Möhren, Wiesenkräutern, Kleie und Brot. Genauso eignet sich Fischflockenfutter oder inzwischen im Handel erhältliches Futter für Grillen und ähnliche Tiere. Sehr zu empfehlen ist auch Hundetrockenfutter; besonders das Matzinger-Welpenfutter hat einen hohen Eiweißgehalt. Man sollte jedes Futter für Futtertiere mit Vitaminen besprühen oder bepudern. Später werden bei der Fütterung der Agamen die Futtertiere selbst mit Vitaminen besprüht oder bepudert.

Bei der Fütterung werden Futtertiere meist nur von eingewöhnten Agamen von der Pinzette angenommen. So weit wie möglich, sollte man diese Art zu füttern auf kranke und schwache Tiere beschränken. In der Natur sind karnivore Tiere Räuber, auf die lebendes Futter einen besonderen Reiz ausübt. Die Jagd nach Beute fördert die Kreislaufaktivität, was im relativ beengten Terrarium eine willkommene Abwechslung ist.

Von frei angebotenen Insekten sollte man nicht zu viele ins Terrarium setzen. Nicht gefressene Futtertiere knabbern an der Dekoration und fressen unter Umständen die Terrarienbewohner an; männliche Grillen erfreuen Sie, gut im Terrarium versteckt, mit nächtlichen Konzerten. Schaben haben den großen Vorteil, nicht zu zirpen. Ihre Generationszeit ist zwar recht lang, aber die Futtertiere leben bis zu zwölf Monate. Eine gut eingespielte Zucht ist sehr ergiebig und liefert gehaltvolle Futtertiere von Kellerasselgröße bis fast Mausgröße. Im Handel werden meist *Blaptica dubia* (Argentinische Waldschabe), *Blaberus craniifer* (Totenkopfschabe) und ihre nahe Verwandte *Blaberus discoidales* angeboten. Manchmal findet man auch *Panchlora nivea* (Grüne Schabe) oder seltener *Blaberus giganteus* (Riesenschabe).

Diese aufgezählten Arten vermehren sich, sollten sie mal ins Haus entweichen, nur ausnahmsweise und werden wegen der langen Generationszeit und den ungünstigen Bedingungen im Haus nicht zur Plage.

Futtertiere sollten ungefähr so groß sein, dass sie bei Echsen quer ins Maul passen.

Im Handel nicht angebotene Schabenarten, die einige Hobbyzüchter nachziehen, etwa *Periplaneta americana*, *Blatta orientalis*, *Blatta germanica* und *Supella supellictilium*, sind hingegen im Haus äußerst vermehrungsfreudig. Für Mietwohnungen sind diese Arten auf gar keinen Fall zu empfehlen, da ihr Bestand nur noch mit Hilfe des Kammerjägers unter Kontrolle gebracht werden kann.

Fliegen setzt man in ihrem Behälter ins Terrarium. Mit Obst oder Fleisch kann man sie an bestimmte Stellen locken, wo sie von den Agamen leichter gefangen werden können. Von der Kleinen und Großen Fruchtfliege gibt es flugunfähige Varianten, die zu bevorzugen sind, da sie sich nicht in der ganzen Wohnung verteilen. Gold-, Stuben- und Schmeißfliegen können als Maden im Angelgeschäft gekauft werden. Während die Maden selbst nicht verfüttert werden, sind die Fliegen ideal zum jahreszeitlich bedingten Überbrücken von Engpässen bei der Beschaffung anderer Insekten. Die Fliegen können mit Hefe, Milchpulver und Honig beziehungsweise einem Gemisch daraus angefüttert werden.

Würmer und Larven sollten in Schalen angeboten werden, aus denen sie nicht entweichen und sich im Bodensubstrat verstecken können. Mehlwürmer, die ihren Namen zu Unrecht tragen, da es sich um Larven der Mehlkäfer handelt, stellen eine sehr einseitige Nahrung dar und sind auf Dauer ungeeignet. Wachsmotten, die meist im Raupenstadium verfüttert werden, entkommen gerne und verpuppen sich nicht ohne Schäden in Gardinen, Polstermöbeln und Büchern.

Tipp: Die Ernährung sollte so abwechslungsreich wie möglich sein. Je vielfältiger das Futter ist, desto eher wer den Vitamin- und Mineralbedarf gedeckt. Zudem kann die Umstellung recht schwierig sein, wenn sich ein Tier erst einmal an eine einzige Futtersorte gewöhnt hat.

Um Echsen bei Verfütterung von Dosenfuttertieren mehr Anreize zu geben, hat der Zubehörhersteller Hagen eine vibrierende Futterschale entwickelt, die ferngesteuert wird.

Heuschrecken werden gerne von mittelgroßen Echsen gefressen. Anders als Heimchen, die sich fast nur auf dem Terrarienboden aufhalten, können sie überall im Terrarium gejagt werden.

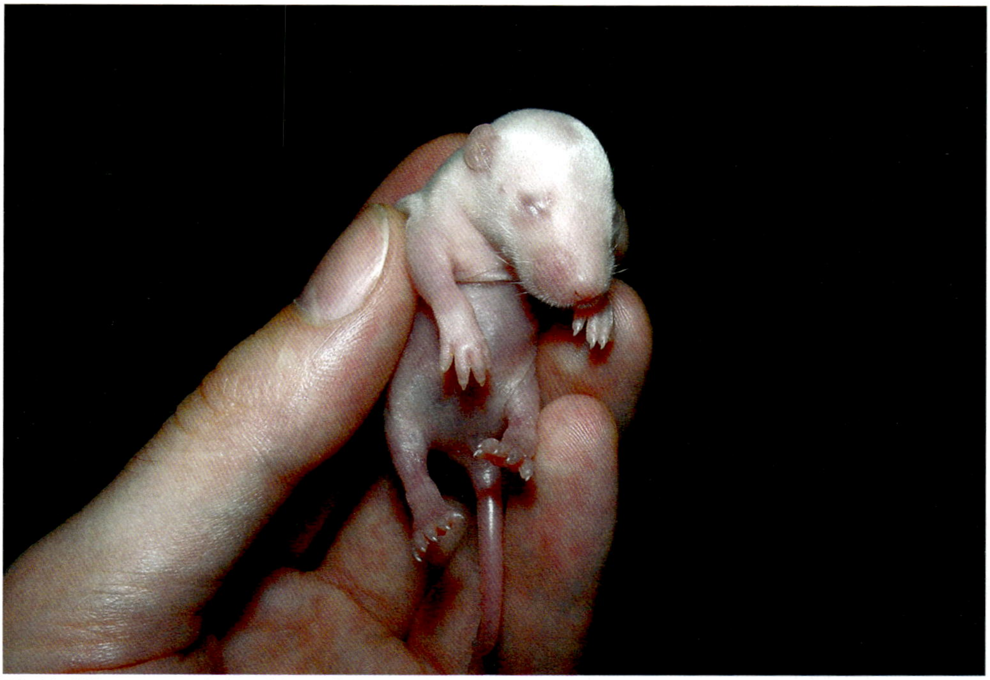

Die Verfütterung von Lebendtieren fällt manchem Terrarianer auch nach Jahren noch schwer. Alternativ können vielen Tieren im Handel erhältliche tiefgefrorene Säuger nach dem Auftauen gefüttert werden.

Lebendfutter - Fang und Zucht

Lebendfutter selbst fangen

Im eigenen Garten kann man Futtertiere selbst fangen. Asseln, Nacktschnecken sowie Regenwürmer finden sich unter feuchtem Holz, Steinen, Gehwegplatten, Blumentöpfen, Säcken oder feuchten Fußmatten. Nacktschnecken lassen sich leicht anlocken. Man kann Obst- und Gemüseschalen oder ein mit einem feinen Netz überspanntes Glas Bier in einer Schüssel ebenerdig eingraben. Im Komposthaufen kann man weißliche Ringelwürmer, Enchyträen, mit eingeweichten Haferflocken unter einer Glasscheibe ködern. Mückenlarven lassen sich mit einem Netz in der Regentonne fangen. Blattläuse und Raupen sammelt man zusammen mit den ungespritzten Blättern, auf denen sie leben, auf. Falter werden in der Dämmerung mit einer Taschenlampe angelockt und mit dem Schmetterlingsnetz gefangen.

Das Schmetterlingsnetz lässt sich, am besten abends bei Einbruch der Dämmerung, auch zum Fangen von so genanntem Wiesenplankton einsetzen. Die größte Ausbeute erzielt man zwischen Ende April und Juni in ungemähtem Gras. Das beste Fanggebiet ist über zwei bis drei Jahre wieder neu bewachsenes Brachland, beispielsweise in Neubaugebieten. Den ertragreichsten Fang macht man mit 1,5 bis 2 m langen Schmetterlingsnetzen mit 30-50 cm Öffnung und feinmaschigem, 60-80 cm langem Netz. Die Öffnung des Fangnetzes deckt man am besten mit einem Netz mit Maschen von etwa 5 cm Durchmesser ab, um Grobteile wie Gräser von vornherein herauszuhalten. Langsam vorwärts gehend, schwenkt man das Netz mit zügigen Bewegungen von einer Seite zur anderen über die Grasoberfläche oder taucht bis zu 15 cm tief ein. Abschließend sammelt man die verschiedenen Insekten durch schnelle Schwenkbewegungen des Netzes an dessen Boden. Nachdem man den hinteren Teil des Netzes mit einer Hand zugehalten hat, stülpt man den Inhalt in ein darunter gestelltes weithalsiges Schraubglas. Wenn die Insekten im Glas für einige Zeit in den Kühlschrank gestellt werden, fallen sie in Kältestarre, die man nutzt, um sie nach Größen zu sortieren. Da viele heimische Insekten durch die Bundesartenschutzverordnung geschützt sind, muss man sich vor dem Fang notwendigerweise mit dieser vertraut machen.

Sofern sich Felder in Ihrem Wohngebiet befinden, lassen sich zwischen Juli und Oktober morgens oder abends Feldheuschrecken einzeln mit der Hand fangen. Erfahrene Terrarianer fangen mehrere hundert Tiere in der Stunde und füttern im Herbst ihre Terrarientiere überwiegend mit diesem Futter. Von den vor allem im Herbst von den Heuschrecken ausgeschiedenen endoparasitischen Würmern sollte man sich nicht abschrecken lassen, da diese nicht auf die Terrarientiere übertragen werden.

Lebendfutter selbst züchten

Die wenigsten Terrarianer verfügen nur über ein einziges Terrarium. Erfolgreiche Nachzucht oder Begeisterung für weitere Arten führt zwangsläufig zu einem größeren Bedarf an Futtertieren. Züchtet man diese selbst, ist nicht nur die Qualität des Nährwertes sicherer als bei zugekauften; man kann den Überschuss unter Umständen auch weiterverkaufen. Ein weiterer Vorteil ist es, bei Versorgungsengpässen im Winter oder Sommer beziehungsweise wenn im Abonnement bestelltes Futter tot ankommt, unabhängig zu sein.

Mehlwürmer, Zophobas, Regenwürmer:
Agamen sollten **Mehlwürmer** nur von Zeit zu Zeit erhalten, da diese ein ungünstiges Kalzium-Phosphor-Verhältnis aufweisen. Gut genährte Mehlwürmer erhöhen aber bei gelegentlicher Fütterung durchaus die Vielfalt des angebotenen Futters. Sie entwickeln sich aus den Eiern der Mehlkäfer *Tenebrio molitor*, die in Plastikgefäßen auf einer Schicht Maismehl und Weizenkeime gehalten und mit Obst- und Gemüsestückchen gefüttert werden. Auf ein mehrmals pro Woche besprühtes Küchentuch legen die Käfer ihre Eier, die abgesammelt werden können. Die Verfütterung der sich entwickelnden Mehlwürmer sollte in einem mindestens 3 cm hohen Gefäß mit glatten Wänden erfolgen, da entkommene Futtertiere unter Umständen Ihre Pfleglinge sowie die Terrariendekoration beschädigen. **Zophobas** sind die Larven des Großen Schwarzkäfers *Zophobas morio*. Optisch erinnern sie an Mehlwürmer, werden aber bis zu 5 cm lang. Sie werden am besten kurz nach der Häutung, noch weiß und weich, verfüttert. Die Käfer werden auf einer feuchten, 10 cm hohen Schicht aus Lauberde oder einem Sand-Torf-Gemisch gehalten, die mit vermoderten Holzstücken und Rinde bedeckt wird. Sie legen ihre Eier bei einer Haltungstemperatur von 25-30° C und 70 % relativer Luftfeuchtigkeit in die Rinde. Gefüttert werden die Käfer mit Obst, Gemüse und auch Fleisch. **Regenwürmer** können in Styroporboxen mit feuchter, lehmiger Erde bei 15-20° C vermehrt werden. Man füttert sie mit Lauch- und Zwiebelstückchen sowie gemahlenen Haferflocken.

Fliegen:
Stubenfliegen, Goldfliegen, Fleischfliegen, und Wachsmotten eignen sich für kleine Agamen. Die Maden der größeren Fliegen wie der am dunklen Hinterleib erkennbaren **Stubenfliege** *Musca domestica*, der anhand des grünlichen Hinterleibs identifizierbaren **Goldfliege** *Lucilia caesar* und der **Fleisch- oder Schmeißfliege** *Calliphora erythrocephala* mit ihrem stahlblauen Hinterleib können als Köder im Angelgeschäft erworben werden. Zur Verpuppung hält man die Maden bei warmer Temperatur in einem Schlupfkasten mit Sägespänen. Drei Tage nach dem Schlupf können die Fliegen mit Milchpulver, Honig, Rübenkraut und vitaminisiertem Trinkwasser gefüttert werden. **Wachsmotten** lassen sich in einem Gefäß mit Eierkartons, auf denen die Motten ihre Eier ablegen und sich die Larven verpuppen, vermehren. Die Ernährung erfolgt mit alten Bienenwaben oder vakuumverpacktem Fertigfutter aus dem Zoofachhandel. Zur Entnahme der Fliegen und Motten stellt man das Zuchtgefäß in den Kühlschrank, bis die Tiere in eine Kältestarre gefallen sind und leicht entnommen werden können.

Geradflügler:
Heimchen, **Grillen sowie Schaben** werden in einem mindestens 40 cm hohen Kunststoffterrarium mit Deckel oder einem ausrangierten Aquarium aufgezogen. Auf einem Substrat aus Sand oder Buchenspänen werden Eierkartons gestapelt. Zur Eiablage wird eine Schale mit feucht gehaltenem Sand-Erde-Gemisch aufgestellt. Bei 25-30° C sind die Tiere nach wenigen Wochen bis Monaten ausgewachsen und

halten sich danach einige Wochen bis zur Verfütterung. Die ideale Luftfeuchtigkeit liegt bei 50-60 %, darüber können jedoch Milben zur Last werden. Eine gute, aber ausbruchsichere Belüftung, zum Beispiel durch feine Drahtgaze, ist wichtig. Über die Lärmbelästigung und die Gefahr, dass die Futtertiere entkommen können, muss man sich im Klaren sein. Mit dem gelförmigen Wasserspeicher Aqua Gel aus dem Zoohandel wird die nötige Feuchtigkeitsversorgung sichergestellt. Ein Wasserschälchen eignet sich nicht dazu, da die Insekten darin ertrinken. Mit handelsüblichem „Futtertier-Futter“, Fischfutter, Gemüse und Obst, Haferflocken, Hunde- und Katzenfutter lassen sich die Tiere gut ernähren. Je besser sie selbst ernährt worden sind, desto besser ernähren sie auch Ihre Terrarientiere.

Kleinsäuger:
Mäuse, **Ratten** und **Hamster** lassen sich in Zuchtgruppen von einem Männchen und mehreren Weibchen vermehren. In Kleintierkäfigen, ausgedienten Aquarien und Terrarien oder selbst gebauten Käfiganlagen lassen sich die Tiere gut halten. Am empfehlenswertesten sind jedoch Laborkäfige, die man im gut sortierten Terraristik-Fachhandel bekommt. Als Bodengrund dient Kleintierstreu aus dem Zoofachhandel oder Maisgranulat, das auch als Bodengrund in Terrarien verwendet wird. Die Unterbringung erfolgt wegen der Geruchsbelästigung am besten in einem separaten Raum, im Keller oder im Gartenhaus. Nicht erforderlich ist dies bei Vielzitzenmäusen, deren Geruch schwächer ist. Leider sind sie jedoch recht bissig und knabbern ihrerseits gerne Terrarientiere an. Das Trinkwasser muss täglich erneuert werden. Gefüttert werden Trockenfutter, Getreide, Gras, Gemüse, Obst und Brotreste.

Literaturtipp: Als Literatur kann besonders das Buch: Friedrich, U. / Volland, W. (1992): **Futtertierzucht. Lebendfutter für Vivarientiere**. Eugen Ulmer Verlag, Stuttgart, empfohlen werden. Ausführliche Anleitungen zur Futtertierzucht und -ernährung finden sich auch im Buch: Nietzke, Dr. G. (1989): **Die Terrarientiere 1**. Eugen Ulmer Verlag, Stuttgart.

Unter vielen Terrarianern hat es sich herumgesprochen, dass die JBL LimCollect Schneckenfalle – mit Flockenfutter bestückt aufgestellt – auch als hervorragende Heimchenfalle funktioniert.

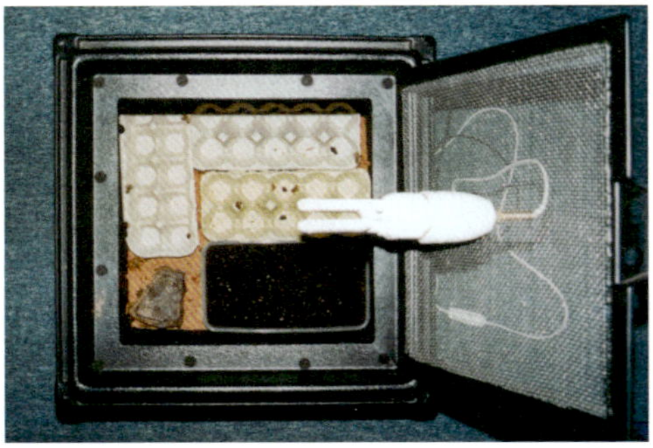

Ein kleines Plastikterrarium dient dem Autor als Heimchenzuchtanlage.

Alternative zur Nachzucht: winzig gekaufte Heimchen selbst großziehen.

Eierkartons vergrößern die Lauf- und Kletterfläche bei der Haltung von Insekten.

Reptix Aqua Gel ist ein feuchtigkeitsspeicherndes Granulat und ideal für Futtertiere.

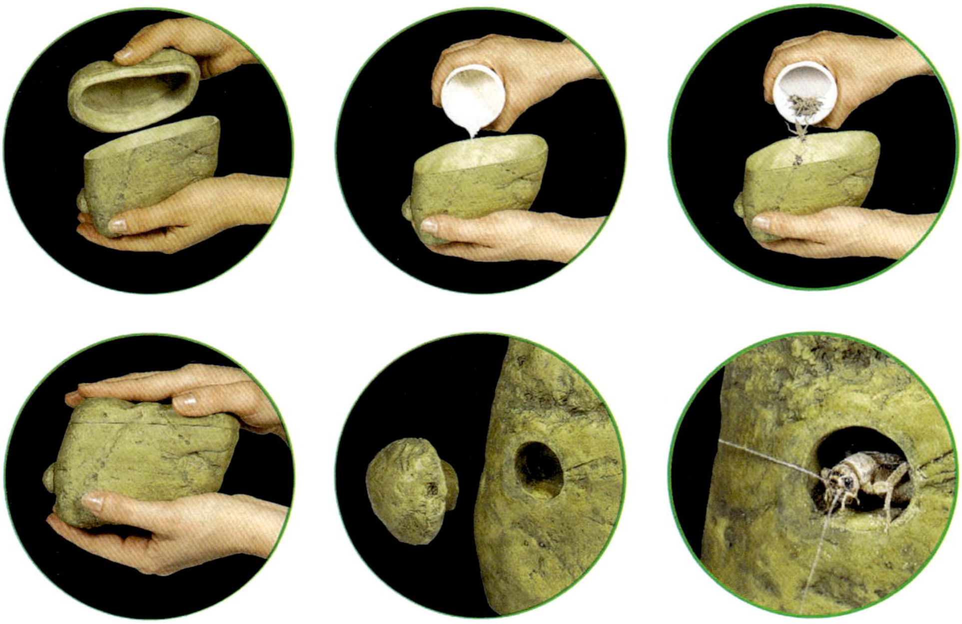

Der Handel bietet „Futtersteine“ an, in denen Futtertiere durch Schütteln mit Vitaminpulver bestäubt werden können. Im Terrarium verlassen die Insekten, vom Licht angezogen, den Futterstein.

Ergänzungsfuttermittel

Notwendigkeit

Vergleicht man die Vielfalt der in der Natur vorkommenden Nahrung mit dem Futter, welches Agamen in menschlicher Obhut bekommen, ist die Notwendigkeit von ergänzenden Mineralien, Vitaminen und Spurenelementen leicht nachzuvollziehen. Besonders wichtig ist die gesunde Ernährung für trächtige Weibchen und sich entwickelnde Jungtiere, die beide je nach Art bis zu 25 % mehr Vitamine und Kalzium brauchen.
Der Mangel an Vitaminen und Kalzium macht sich bei Tieren am ehesten und eindeutigsten als Rachitis, eine Erweichung und Deformation des Skeletts beziehungsweise Panzers, bemerkbar. Insgesamt sind Mangelerkrankungen jedoch im Erscheinungsbild nur sehr schwer zu unterscheiden. Augenerkrankungen in Form von Schwellungen, Rötungen oder Trübungen können auf Vitamin-A-Mangel hinweisen. Genauso gut können sie aber bakteriell oder verletzungsbedingt sein. Appetitlosigkeit kann auf den Mangel an Vitamin B, aber auch an Vitamin E zurückgehen. Eine generelle Aussage über die Dosierung von Vitaminen und Mineralstoffen zu treffen ist sehr schwer. In der Heimtier- und Nutztierbranche gibt es zahlreiche Ernährungsstudien, beispielsweise über Hunde, Katzen, Pferde und Geflügel, aber nichts über Terrarientiere. Selbst die Herstellerfirmen von Ergänzungsfuttermitteln machen nur ungenaue Angaben, was auf Grund der Verschiedenartigkeit der Tiere und deren Fressgewohnheiten verständlich ist.

Tipp: Der Halter muss Mangelerkrankungen durch regelmäßige Zugabe von Vitaminen und Mineralien vorbeugen. Erst bei Erkrankungen des Tieres damit zu beginnen ist zu spät.

Inhalte von Ergänzungsfuttermitteln

Agamen können Vitamine, Mineralien und Spurenelemente in Form von Ergänzungsfuttermitteln verabreicht werden. Vitamine sind wichtig für lebensnotwendige Stoffwechselvorgänge. Sie können während der Verdauung vom Tier selbst gebildet oder über die Nahrung aufgenommen werden. Zu beachten ist, dass Echsen grundsätzlich sowohl an einer Unter- als auch einer Überdosierung erkranken können. Mineralstoffe werden vom Organismus in größeren Mengen benötigt. Dazu zählen Chlor, Kalium, Kalzium, Magnesium, Natrium, Phosphor und Schwefel. Besonders Kalzium, Phosphor und Magnesium dienen vor allem dem Zahn- und Knochenaufbau. Spurenelemente wie Eisen, Jod, Kupfer, Mangan, Selen und Zink hingegen werden vom Körper nur in geringen Mengen benötigt. Vor allem werden sie für die Aktivierung von Enzymen und Hormonen gebraucht.
Für Fleisch fressende Agamen werden Ergänzungsfuttermittel meist in Pulverform, für Pflanzen fressende als Spray angeboten. Sprays haften und verteilen sich besser als Pulver auf dem Grünfutter. Bei Lebendfutter sind Sprays ungeeignet, da die Futtertiere verkleben oder beim gründlichen Besprühen entkommen könnten. Lebendfutter bestäubt man durch Schütteln in einer Dose, in der sich Vitaminpulver befindet. Zur Anreicherung des Trinkwassers in Schälchen oder Tropftränken eignen sich Vitaminsprays sowohl für Fleisch als auch Pflanzen fressende Terrarienbewohner.

Vitamine

Vitamine werden in wasser- und fettlösliche unterschieden, was besonders bei Pflanzen fressenden Agamen wichtig ist im Hinblick auf eine mögliche Überversorgung.
Zu den **wasserlöslichen Vitaminen** zählen Vitamin B, C und H. Ein Überschuss kann über den Urin ausgeschieden werden.

Vitamin B: setzt sich aus verschiedenen Untergruppierungen zusammen, zum Beispiel Vitamin B_1, B_6 und B_{12}. Bei Verweigerung der Nahrungsaufnahme wirkt die zwangsweise Gabe von Vitamin B appetitanregend. Eine Unterversorgung führt zu Wachstums-, Stoffwechsel- und Verdauungsstörungen und macht sich bemerkbar mit Appetitlosigkeit, Trägheit, Abmagerung und Gleichgewichtsstörungen.

Vitamin C: fördert die Knochen- und Knorpelbildung, stärkt das Immunsystem und vermindert so die Anfälligkeit für Infektionskrankheiten.

Vitamin H (Biotin): wird für den Stoffwechsel benötigt. Eine Unterversorgung führt zu Wachstumsstörungen und Muskelschwäche. Biotin wird durch Avidin, einen Stoff, der in rohen, unbefruchteten Eiern zu finden ist, gebunden und unwirksam gemacht. Eier sollten daher nur ab und zu und nicht gerade gleichzeitig mit Biotin enthaltenden Präparaten gegeben werden. Gekochte Eier haben den Vorteil, dass das Avidin durch das Kochen unschädlich gemacht wurde.

Folsäure: ist am Aufbau der Zellkerne sowie der roten Blutkörperchen beteiligt und erfüllt eine wichtige Aufgabe im Eiweißstoffwechsel und für die Schleimhautfunktion im Verdauungstrakt. Ein Mangel führt zu Wachstums- und Fortpflanzungsstörungen.

Nicotinsäure: kommt vorwiegend in Pflanzen vor und wird in den tierischen Zellen zu Nicotinamid umgewandelt. Nicotinsäure ist als Vitamin im Stoffwechselprozess wirksam. Ein Mangel führt nicht nur zu Hauterkrankungen, sondern vor allem auch zu Wachstumsstörungen. Daneben können auch Durchfall und Störungen im Nervensystem auftreten.

Pantothensäure: ist ein Vitamin, das sich hauptsächlich in Grünpflanzen, Hefe, Leber und Niere findet. Pantothensäure spielt eine wichtige Rolle beim Stoffwechsel der Kohlehydrate und Fette. Ein Mangel verursacht Störungen im Zellstoffwechsel sowie entzündliche Veränderungen der Schleimhäute und setzt die Widerstandsfähigkeit gegen Infektionskrankheiten und Parasitenbefall herab. Darüber hinaus kann es zu Funktionsstörungen der Nebennierenrinde und zu Problemen bei der Fortpflanzung und Embryonalentwicklung kommen.

Zu den **fettlöslichen Vitaminen** zählen Vitamin A, D, E und K. Sie werden unter anderem in der Leber gespeichert und nur langsam abgebaut. Eine Überversorgung kann sich schädlich auswirken. Daher ist die richtige Dosierung beziehungsweise die Beachtung der Empfehlung des Herstellers von Vitaminpräparaten wichtig.

Vitamin A: dient der Bildung und Regenerierung der Haut und Schleimhaut. Eine **Unterversorgung** führt zu Hauterkrankungen und Häutungsschwierigkeiten, Augenschäden von Entzündung bis Blindheit sowie Funktionsstörungen von Leber, Nieren und Schilddrüse. Eine **Überdosierung** von Vitamin A hat verfrühte Häutungen und zu niedrige Vitamin-D_3-Werte zur Folge. Das Vitamin D_3 ist jedoch für Terrarientiere ein sehr wichtiges Vitamin. Herbivore Terrarientiere nehmen über karotinreiches Grünfutter bereits Vitamin A auf. Eine zusätzliche Zugabe in Form von Vitaminpräparaten ist daher nicht notwendig. Achten Sie bei der Zutatenangabe der Hersteller darauf, dass Präparate für Pflanzen fressende Tiere möglichst kein Vitamin A enthalten.

Vitamin D: wichtigste Untergruppierung ist D_3. Dieses fördert in Verbindung mit Kalzium und Phosphor den Knochenaufbau. Ein Mangel an Vitamin D_3 kommt einem Mangel an Kalzium gleich. **Unterversorgung:** führt zu Rachitis bei Jungtieren und Osteoporose bei adulten Tieren. Äußere Anzeichen sind bogene Schnauzen und Wirbelsäulenverkrümmungen. **Überversorgung:** Die Ablagerung überschüssigen Kalziums in den Blutgefäßen macht diese hart, unelastisch und brüchig. Auch die Funktionstüchtigkeit von Herz und Niere wird dadurch stark beeinträchtigt. Hohe Überdosierung macht sich mit ähnlichen Symptomen wie Vitamin-D_3-Mangel bemerkbar. Das verabreichte Vitamin D_3 mobilisiert Kalzium, um es den Zellen verfügbar zu machen. Ist Kalzium nicht ausreichend in der Nahrung vorhanden oder liegt es nicht im richtigen Verhältnis zu Phosphor vor, wird es aus den Knochen abgebaut. Überversorgung mit Vitamin D_3 bewirkt daher genauso Rachitis wie Unterversorgung. Da Vitamin D_3 ein Stoff ist, der bei ausreichendem UV-Licht in der Haut einer Echse selbst synthetisiert werden kann, sollte bereits durch entsprechende Beleuchtung einem Mangel vorgebeugt werden. Besonders Bestrahlung mit Osram Ultra Vitalux kann Mangelerscheinungen verhindern. Begleitend wird ein Kalziumpräparat, zerkleinerte Sepiaschale oder Taubengrit zur Deckung des Kalziumbedarfs verabreicht. Bestehende Knochendeformierungen lassen sich leider nicht mehr rückgängig machen.

Vitamin E: wird von Pflanzen gebildet. Die wirksamste Vitamin-E-Verbindung ist das Alpha-Tocopherol, welches in hohen Konzentrationen in den chlorophyllhaltigen Pflanzenzellen vorkommt. Vitamin E fördert den Aufbau von Muskulatur und Nervensystem und die Fruchtbarkeit. Eine **Unterversorgung** führt zu Gelbfettkrankheit, Milz- und Leberverfettung sowie Veränderungen an der Skelettmuskulatur, am Herzmuskel, am Bindegewebe und an Gefäßsystemen. Vitamin-E-Mangel macht sich mit Appetitlosigkeit und Apathie bemerkbar und steigert die Anfälligkeit für Infektionskrankheiten. Die Sicherstellung der Vitamin-E-Versorgung ist sehr wichtig, weil aufgetretene Organschäden irreversibel sind und sich somit auch nicht durch nachträgliche Zugabe von Vitamin E beheben lassen.

Vitamin K: kommt in Grünpflanzen in großen Mengen vor und ist verantwortlich für die Erhaltung der Blutgerinnungsfähigkeit sowie der Dichte und Stabilität der Blutgefäße. Ein **Mangel** führt zu Blutungen des Kiefers und der Schleimhäute im Maul, blutunterlaufenen Hautpartien und unter Umständen zu inneren Blutungen durch die Herabsetzung der Blutgerinnungsfähigkeit. Bereits kleine Verletzungen führen bei einem Mangel zu ausgedehnten Blutungen. Bei Krokodilen ist Vitamin-K-Mangel oft an Zahnfleischbluten diagnostizierbar.

Mineralstoffe

Chlor (Cl): stellt zusammen mit Natrium und Kalium den Ablauf der Stoffwechselfunktionen im Organismus sicher. Chlor wird überwiegend in Form von Natriumchlorid, Kochsalz, im Verdauungstrakt aufgenommen und ist zusammen mit Natrium für die Aufrechterhaltung des osmotischen Zelldrucks verantwortlich. Ein Mangel an Chlorid hat Wachstumsstörungen, Gewebeaustrocknung und nervöse Störungen zur Folge. Eine Überversorgung mit Chlorid kann, genau wie eine Überversorgung mit Natrium oder Kalium, wachstumshemmend wirken. Der Überschuss an Chlorid kann jedoch ausgeglichen werden, wenn alle drei Stoffe vorhanden sind, da Natrium und Kalium Chlorid kompensieren und umgekehrt.

Kalzium (Ca): wird im Dünndarm aufgenommen und über Darm und Nieren ausgeschieden. Die Verwendung liegt zu 99 % im Aufbau von Knochen und Zähnen. Darüber hinaus ist Kalzium für die Eischalenbildung, die Muskel- und Herztätigkeit sowie als Blutbestandteil von großer Bedeutung. Fehlt Kalzium im Blut, wird es den Knochen entzogen, so dass sich ein Mangel vor allem in Störungen im Skelettbereich auswirkt. Daneben kann es auch zu Herz- und Kreislaufschwäche kommen. Der Kalziumstoffwechsel ist nicht nur stark von Vitamin D_3 abhängig, sondern auch eng mit dem Phosphatstoffwechsel verbunden. Damit es zu keinen Störungen kommt, verdient das Kalzium-Phosphor-Verhältnis bei der Ernährung besonderes Augenmerk. Je nach Art sollte es bei etwa 1,5:1 liegen.

Kalium (K): regelt zusammen mit Chlor und Natrium den Stoffwechselablauf im Organismus. Kalium wird im Darm aufgenommen, regelt das Säure-Basen-Gleichgewicht und erhält das osmotische Gleichgewicht innerhalb der Zelle aufrecht. Ein Mangel an Kalium liegt fast nie vor, da die verschiedenen Futtersorten Kalium in mehr als ausreichender Menge beinhalten. Genau wie Chlor und Natrium wird Kalium vor allem über die Nieren wieder ausgeschieden.

Magnesium (Mg): wird im Dünndarm aufgenommen und über die Nieren und den Verdauungskanal wieder ausgeschieden. Zum überwiegenden Teil findet Magnesium als Bestandteil von Knochen und Zähnen Verwendung. Zudem aktiviert Magnesium unter anderem wichtige Enzyme des Kohlehydratstoffwechsels. Bei Mangel von Magnesium wird die Nährstoffverwertung eingeschränkt. Darüber hinaus kann es zu Herz- und Kreislaufstörungen sowie Muskelkrämpfen kommen.

Natrium (Na): wird in Form von Salzen im Magen und Darm fast vollständig aufgenommen. Zusammen mit Chlor und Kalium stellt es den geregelten Stoffwechselablauf sicher. Im Organismus reguliert Natrium das Flüssigkeitsvolumen und hält das Säure-Basen-Gleichgewicht und das osmotische Gleichgewicht außerhalb der Zelle aufrecht. Eine Unterversorgung mit Natrium kann niedrigen Blutdruck, Kreislaufstörungen sowie Appetitlosigkeit mit erheblichem Gewichtsverlust zur Folge haben.

Phosphor (P): wird überwiegend im Dünndarm aufgenommen und zu etwa 80 % im Skelett gebunden. In enger Verbindung mit Kalzium ist Phosphor entscheidend für den Energie-, Fett- und Aminosäurestoffwechsel. Eine Unterversorgung kann sich unter anderem in Fruchtbarkeitsstörungen, Durchfall und Abmagerung trotz reichlicher Futteraufnahme auswirken.

Schwefel (S): ist im tierischen Organismus Bestandteil schwefelhaltiger Aminosäuren und wird Echsen in Form von Futter- und Ergänzungsfuttermitteln zugeführt. Anorganischer Schwefel kann von Tieren nur schlecht aufgenommen werden. Leicht lösliche Sulfate werden im Futter auf Grund ihres schlechten Geschmacks meistens abgelehnt und haben zudem abführende Wirkung.

Spurenelemente

Spurenelemente werden nur in sehr geringen Mengen benötigt. Einige wichtige werden kurz dargestellt.

Eisen (Fe): ist zentraler Bestandteil Sauerstoff übertragender Verbindungen wie Hämoglobin und wichtiger Bestandteil von Enzymen, die den Sauerstofftransport regulieren. Bedarfsabhängig wird Eisen im Darm absorbiert und in Leber, Lymphknoten und Knochenmark gespeichert. Ein Mangel an Eisen kann entstehen durch Blutverlust sowie innere und äußere Parasiten. Eisenmangel führt zu Anämie und erhöhter Anfälligkeit für Infektionskrankheiten. Überhöhte Eisengaben können Aufnahmestörungen von Nährstoffen wie Mangan und Phosphor nach sich ziehen.

Jod (J): ist ein wichtiger Bestandteil von Schilddrüsenhormonen. Jod wird im Magen und vor allem im Dünndarm aufgenommen. Ein Mangel bedingt Hormonbildungs-, Wachstums- und Fruchtbarkeitsstörungen sowie Aktivitätsabfall bis hin zu Apathie. Die bekannteste Mangelerscheinung ist eine vergrößerte Schilddrüse, ein Kropf. Durch Jodmangel bei Muttertieren kann, sofern es nicht zu Totgeburten kommt, sich auch beim Jungtier bereits ein Kropf bilden. Eine Überversorgung mit Jod führt ebenfalls zu Funktionsstörungen der Schilddrüse.

Kupfer (Cu): wird im Darm absorbiert. Kupfer ist wichtiger Bestandteil verschiedener Enzyme, die für die Pigmentbildung, den Eisentransport, die Blutbildung und den Zellstoffwechsel von Bedeutung sind. Im Organismus unterstützen Kupfer und Eisen gegenseitig ihre Wirkung. Kupfermangel hat Pigmentstörungen, Anämie sowie gestörte Knorpelbildung zur Folge. Zudem kann es zu Wachstums- und Fruchtbarkeitsstörungen kommen.

Mangan (Mn): ist bedeutender Bestandteil unterschiedlicher Enzyme. Die laufende Versorgung mit Mangan ist wichtig, da es im Organismus nur schlecht gespeichert werden kann. Mangan fördert Knochenwachstum, Aminosäurestoffwechsel, Fruchtbarkeit und Muskelfunktionen. Ein Mangel kann zu Skelettveränderungen und Fruchtbarkeitsstörungen führen. Eine Überversorgung kann die Absorption von Eisen beeinträchtigen.

Selen (Se): in Enzymen enthalten und zusammen mit Vitamin E verantwortlich für den Aufbau der Zellmembran. Fehlt Selen, kommt es besonders bei wachsenden Tieren zu Muskelabbau und Immunschwäche. Ein Überschuss verursacht Anämie und Lebererkrankungen und kann schnell tödlich enden.

Zink (Zn): ist Bestandteil verschiedener Enzyme, die entscheidende Rollen im Kohlehydrat-, Fett- und Nukleinsäurestoffwechsel spielen. Durch Kalzium- und Kupferüberschuss wird seine Verwertung beeinträchtigt. Mangel macht sich in Knochenmissbildungen, Hautveränderungen und Fruchtbarkeitsstörungen bemerkbar. Überschuss kann zu Vergiftungen führen.

Weitere Spurenelemente wie **Chrom (C), Fluor (F), Kobalt (Co), Nickel (Ni), Silizium (Si), Vanadium (V) und Zinn (Sn)** sind im üblichen Futter ausreichend enthalten, im Tierkörper kaum nachweisbar oder in Zusammenhang mit Mangelerscheinungen bei Echsen nicht bekannt.

Die Pflege von Agamen

Um Agamen nicht unnötig zu verletzen oder um bedrohliche Krankheiten gar nicht erst entstehen zu lassen, sollten Sie die nachfolgenden Hinweise beherzigen.

Greifen und Halten

Grundsätzlich sollten Echsen nur angefasst werden, wenn es unbedingt erforderlich ist. Sie sind keine Schmusetiere wie Meerschweinchen oder Zwergkaninchen. Oft sind sie flink, manchmal wehrhaft, und sie nutzen jede noch so kleine Chance zum Versuch, Ihnen zu entkommen. Wenn sie nicht mehr fluchtartig ihren Platz verlassen, sobald Sie sich dem Terrarium nähern, oder sich gar mit der Pinzette füttern lassen, ist dies schon als ausgesprochen zahm anzusehen. Bewegen Sie sich beim Herausnehmen oder Einfangen ruhig und bedächtig, packen Sie aber trotzdem rasch und präzise zu. Agamen müssen behutsam gefangen werden. Werden Sie von verschreckten Tieren gebissen oder gekratzt, müssen Sie unverzüglich die Wunde desinfizieren.
Entkommen kleine bis mittlere Agamen, können Sie ein feuchtes Fenster- oder Autoleder überwerfen und sie darin eingeschlagen aufnehmen. Das Leder ist einerseits sehr geschmeidig, verhindert andererseits aber wirkungsvoll Bisse. Ohne Hilfsmittel sollten Sie die Tiere, soweit möglich, mit einer Hand direkt hinter dem Kopf packen, damit diese nicht den Hals drehen und Sie beißen können. Die Vorderbeine werden vorsichtig nach hinten gelegt. Mit der anderen Hand werden die Hinterbeine gepackt und an der Schwanzwurzel fixiert, damit Sie durch das Strampeln nicht gekratzt werden.

Hygiene

Je sauberer ein Terrarium ist, desto geringer ist das Risiko von Erkrankungen Ihrer Echse. Dies bedeutet jedoch nicht, dass Ihr Terrarium steril wie eine Arztpraxis sein sollte. Täglich sollten Sie allerdings Trinkschalen säubern und auffüllen, Kot absammeln, Futterreste und gegebenenfalls Häutungsrückstände der Tiere entfernen.
Echsen scheiden Kot und Urin gleichzeitig aus. Verunreinigungen des Bodengrundes sollten mit einem Schäufelchen entfernt werden. Hin und wieder muss dieser selbstverständlich gewechselt werden. Das Intervall hängt vom Tierbesatz und dem Verschmutzungsgrad ab. Der Bodengrund großer Feuchtterrarien sollte nicht komplett gewechselt werden, da dies die Bodenflora zerstört.
Die Dekoration sollte jeden Monat feucht abgewischt oder mit speziellen Terrarien-Reinigungssprays gesäubert werden. Natürliche Dekoration, die schnell verrottet oder im feuchten Terrarium in kürzester Zeit Schimmel ansetzt, sollte vermieden werden. Große Dekorationen können nach Möglichkeit durch Sandstrahlen einmal im Jahr gereinigt werden.
Wird ein Terrarium mit anderen Tieren besetzt, muss es vollständig desinfiziert werden. Bodengründe und Dekoration sollten erneuert werden. Reinigungs- und Fanggeräte müssen wie die Technik desinfiziert werden.

Tipp: Ebenso gehört zur Hygiene, dass Sie sich selbst nach jedem Anfassen von Tier oder Terrarium die Hände waschen.

Winterruhe

Vielleicht wird es Sie überraschen, aber kaum ein Terrarientier sollte sommers wie winters unter den gleichen klimatischen Bedingungen gehalten werden. Man sollte genau wissen, aus welcher Klimazone das gepflegte Tier kommt und über welchen Zeitraum es bei welcher Temperatur eine Winterruhe halten muss. Echsen sollte die biologisch erforderliche Ruhe nicht verwehrt werden, um sowohl die Lebenserwartung insgesamt zu erhöhen als auch den Fortpflanzungszyklus auszulösen. Für viele Arten ist die Klimaveränderung ein biologisches Signal und somit Grundvoraussetzung für die Zucht. Nach der Winterzeit, bei anderen Arten nach der Regen- oder Trockenzeit, setzen die Balz und die Paarung ein. Die Winterruhe kündigt sich im Herbst dadurch an, dass die Tiere ruhiger werden und die Nahrungsaufnahme verringern. Auch jungen Echsen schadet es nicht zu überwintern, wobei man je nach Art kürzere Überwinterungszeiten als bei adulten Tieren wählen kann. Die meisten Agamen benötigen keine allzu niedrigen Temperaturen im Winter und können bei Zimmertemperatur im Terrarium gelassen werden. Der Winter ihrer Heimat kann durch Verkürzung der Tagesdauer und leichte Temperaturabsenkung imitiert werden. Statt bis zu zwölf Stunden sollte der Terrarientag für die Dauer von zwei Monaten nur etwa neun Stunden dauern. Idealerweise könnten Sie über einen Zeitraum von etwas mehr als zwei Wochen die Beleuchtung alle zwei Tage um etwa 15 bis 20 Minuten verkürzen und nach der Kurztagphase umgekehrt allmählich wieder auf die volle Beleuchtungsdauer verlängern. Regenzeiten aus tropischen Klimazonen können Sie einfach nachempfinden, indem Sie zwei Monate lang das Terrarium mehrmals täglich mit mehr Wasser als sonst besprühen. Ist es in der Wohnung zu warm, sollte das Terrarium in einen unbeheizten Raum gestellt werden.

Tipp: Informieren Sie sich genau über die klimatischen Verhältnisse des Herkunftsgebietes und die Überwinterungsbedürfnisse Ihrer Tiere.

Selbst temperaturverwöhnte Echsen wie die Dornschwanzagame brauchen im Winter eine zweimonatige Ruhephase bei Temperaturen zwischen 18 und 20° C.

Krankheiten und Verletzungen

Im Gegensatz zu Verletzungen erkennt der Pfleger Krankheiten nicht immer direkt am veränderten Verhalten oder Aussehen einer Echse. Je nach Erkrankung ist das Umsetzen in einen Quarantänebehälter erforderlich, um weitere Artgenossen nicht anzustecken. Maßnahmen sind unverzüglich einzuleiten; gegebenenfalls ist der Tierarzt aufzusuchen. Eine Liste von Tierärzten, die sich gut mit der Behandlung von Reptilien auskennen, ist unter „Adressen“ im Kapitel Service am Ende dieses Buches zu finden.

AMÖBENRUHR

Symptome: - verringerte Aktivität bis Apathie, Appetitlosigkeit bis Nahrungsverweigerung, Erbrechen, Durchfall, rapider Gewichtsverlust

Maßnahmen: - bei Verdacht ist eine Untersuchung durch den Tierarzt dringend erforderlich, da es sich um eine außerordentlich schwere Infektion handelt
- Schlangen und Echsen nicht mit Schildkröten vergesellschaften, da Letztere nicht selbst erkranken, aber Amöben über den Kot übertragen
- Mineral- und Vitaminpräparate zum Ausgleich des Mineralverlusts geben
- zukünftig neu erworbene Tiere länger in Quarantäne setzen

AUGENENTZÜNDUNG

Symptome: - Tränen, Schwellungen der Lider

Maßnahmen: - Vitamine zur Steigerung der Abwehrkräfte
- antibiotische Augentropfen
- falls durch zu viel UV-Bestrahlung verursacht, die Bestrahlungsdauer verringern
- falls durch Zugluft verursacht, diese abstellen
- bei Wasserschildkröten oft durch Chlor verursacht, Abhilfe schaffen mit Wasseraufbereitungsmittel für Zierfische
- falls durch Verunreinigung des Wassers mit Nahrungsresten und Stoffwechselprodukten verursacht, Abhilfe schaffen durch regelmäßigeren Teilwasserwechsel
- Behandlung durch den Tierarzt erforderlich

BISSVERLETZUNGEN

Symptome: - mehr oder weniger tiefe, gut sichtbare Haut- und Fleischwunden

Maßnahmen: - Wunden zum Beispiel mit Salbeitinktur oder Calendulaessenz desinfizieren
- Tiere falls nötig zur Ausheilung einzeln setzen
- bei größeren Verletzungen einen Tierarzt aufsuchen
- Gruppenstruktur überprüfen, gegebenenfalls die Männchen trennen
- Einrichtung auf ausreichende Verstecke und Sichtschutz prüfen
- sicherstellen, dass sich keine verbliebenen Futtertiere im Terrarium befinden

DARM- ODER PENISVORFALL

Symptome: - als ausgestülpte Kloake mit Anhängsel erkennbar
Maßnahmen: - sofortige Behandlung durch den Tierarzt erforderlich. Beim Transport den Bereich möglichst mit feuchter Mullbinde vor dem Austrocknen schützen.

DURCHFALL

Symptome: - ungewöhnlich dünnflüssiger Kot
- Fraß von Bodengrund als Versuch, den Mineralstoffmangel auszugleichen

Maßnahmen: - bei Auftreten über drei bis vier Tage hinweg den Kot vom Tierarzt untersuchen lassen, nicht selbst eine Behandlung versuchen
- Händewaschen nicht vergessen, um sich selbst vor einer Salmonellen-infektion zu schützen

EINTROCKNUNG VON ZEHEN UND SCHWANZ

Symptome: - Absterben von Zehen und Schwanz auf Grund von Durchblutungs-störungen
- eingeschränktes Kriech- und Kletterverhalten

Maßnahmen: - Behandlung durch den Tierarzt, gegebenenfalls Amputation erforderlich
- für ausgewogene, vitaminreiche Nahrung sorgen
- Hilfe bei Häutungsschwierigkeiten (siehe „Häutungsschwierigkeiten“)

ENDOPARASITEN

Symptome: - kleine Würmer oder deren Eier sind im Kot sichtbar, Abmagerung
Maßnahmen: - Kot vom Tierarzt untersuchen lassen, Behandlung nach Art des Parasiten

GICHT

Nicht selten bei Reptilien vorkommende Erkrankung, die auf Nierenstörungen und -schädigungen zurückzuführen ist.

Symptome: - knotige Auftreibungen im Gelenkbereich
- Apathie und Fressunlust, manchmal Lähmungserscheinungen an Hinter-gliedmaßen, manchmal auch keine auftretenden Symptome bis zum plötzlichen Tod

Maßnahmen: - sofern die Gicht überhaupt heilbar und nicht infektionsbedingt ist, sollten mögliche Ursachen wie Wassermangel, zu hohe Haltungstemperaturen, unhygienische Haltung, unausgewogene Ernährung, Fütterung von zu viel fleischlicher Nahrung und Vitamin-A-Mangel abgestellt werden
- Gewissheit, ob eine Gichterkrankung vorliegt, gibt nur die Untersuchung des Harnsäurespiegels im Blut durch den Tierarzt

HAUTGESCHWÜRE

Symptome: - mehr oder weniger starke Ausbeulungen der Haut
Maßnahmen: - Behandlung durch den Tierarzt erforderlich
- für ausreichende Vitaminzugabe sorgen
- eventuell regelmäßige UV-Bestrahlung

HÄUTUNGSSCHWIERIGKEITEN

Symptome: - die Tiere haben Probleme, die alte Haut abzustreifen
Maßnahmen: - Überprüfung der Luftfeuchtigkeit
- Tiere warm baden
- eventuell äußerst vorsichtig mit einer Pinzette beim Abziehen der Haut helfen
- andere Ursachen wie zu niedrige Temperatur oder Milbenbefall prüfen
- beim Arzt auf Allgemeinerkrankungen wie Lungen- und Darmentzündung, Virusinfektion oder Organversagen untersuchen lassen

KRALLENLÄNGE

Symptome: - unnatürliche Krallenlänge durch zu wenig Bewegung oder zu weiches Bodensubstrat
Maßnahmen: - gegebenenfalls härteres Bodensubstrat verwenden
- Krallen mit einer Nagelschere für Hunde und Katzen vorsichtig schneiden, ohne dabei die Blutgefäße zu verletzen; am besten aber vom Tierarzt erledigen lassen

LEGENOT

Symptome: - Apathie und Nahrungsverweigerung trächtiger Weibchen, durch Störung oder Umsetzung beziehungsweise das Fehlen eines geeigneten Eiablageplatzes ausgelöst
- Eier deutlich zu sehen oder zu ertasten
Maßnahmen: - sofortiges Aufsuchen des Tierarztes, der durch wehenfördernde Mittel oder Notoperation das Tier eventuell noch retten kann
- sofern nicht durch Entzündung der Eileiter oder Veränderung der Eier im Mutterleib bedingt, bei Überleben des Tieres künftig geeignete stressfreie Ablagebedingungen, einen geeigneten Ablageplatz und ausreichende Kalziumversorgung gewährleisten

LUNGENENTZÜNDUNG

Symptome: - Trägheit bis zur Verweigerung der Nahrungsaufnahme
- Nasenlöcher mit Schaum überzogen
- ruckartiges Maulöffnen, Röcheln nach Luft

Maßnahmen: - Luftfeuchtigkeit herab- und Temperatur heraufsetzen
- Vitamine zur Steigerung der Abwehrkräfte
- Behandlung durch den Tierarzt erforderlich

MAULFÄULE, KIEFERVEREITERUNG

Symptome: - Abszesse, trockener Schleim in der Maulgegend
- Gewebezerfall im Maul
- gelbliche Beläge an den Seiten der Zahnleisten

Maßnahmen: - mit Kamillentee abtupfen
- Vitamine zur Steigerung der Abwehrkräfte
- dringend Behandlung durch den Tierarzt erforderlich, da die Krankheit tödlich enden kann

MILBENBEFALL

Symptome: - zum Beispiel schwarze, rote oder weiße stecknadelkopfgroße Außenparasiten, die selbst oder durch ihren weiß-grauen Kot als Hautablagerung auffallen (bevorzugt im Augen- und Kloakenbereich)
- Tiere fallen durch ständiges Scheuern auf; Dauerstress durch Juckreiz kann zur Schwächung bis Nahrungsverweigerung führen

Maßnahmen: - Tiere und Terrarium mit Milbenspray für Reptilien aus dem Zoofachhandel einsprühen
- Dekoration erneuern

MUSKELZITTERN

Symptome: - zuerst geringes Zittern der Gliedmaßen, dann kräftiges Zittern des ganzen Körpers
- eingeschränktes Kletter- und Fluchtverhalten

Maßnahmen: - sofortige Behandlung durch den Tierarzt ist unumgänglich; bis dahin einzeln setzen und Vitamin B verabreichen

NAHRUNGSVERWEIGERUNG

Symptome: - Ablehnung des sonst angenommenen Futters

Maßnahmen: - wenn sie außerhalb einer Überwinterungszeit vorkommt, den Kot vom Tierarzt untersuchen lassen
- eventuell ist eine Zwangsfütterung notwendig

PILZ- ODER BAKTERIENINFEKTIONEN DER HAUT

Symptome: - Hautrötung
- schorfartige Krustenbildung, eventuell verbunden mit Flüssigkeitsaustritt

Maßnahmen: - Tiere in Quarantäne setzen,
- auf artgerechte klimatische Haltung und ausreichende Hygiene achten
- Behandlung durch den Tierarzt erforderlich

RACHITIS

Symptome: - Deformierungen des Skeletts durch falsche Vitamin-D_3- und/oder Kalziumversorgung sowie zu geringe UV-Bestrahlung

Maßnahmen: - Vitamin- und vor allem Kalziumzugaben überprüfen
- Optimierung des Kalzium-Phosphor-Verhältnisses in der Nahrung
- artgerechte Ernährung und gewohntes Klima sicherstellen
- UV-B-Bestrahlung

Alle tagaktiven Echsen benötigen zur Vorbeugung von Rachitis neben futterergänzenden Kalziumgaben Vitamin D_3. Dieses wird durch den UV-B-Anteil im Sonnenlicht beziehungsweise durch die künstliche Bestrahlung im Terrarium mit entsprechenden UV-Strahlern in der Haut der Echse selbst synthetisiert. Es kann auch in Form von Vitaminpräparaten verabreicht werden. Ohne Vitamin D_3 kann selbst über die Nahrung ausreichend aufgenommenes Kalzium nicht verarbeitet werden. Wird es aus Knochen abgebaut, entstehen die rachitistypischen, irreversiblen Verkrüppelungen des Skelettes und der Gliedmaßen.

VERBRENNUNGEN

Symptome: - Wundstellen durch fehlerhaft installierte Strahler und Heizsysteme

Maßnahmen: - leichte Verbrennungen mit einprozentiger Tanninsalbe, Jodsalbe wie Betaisodona, Wundsalbe wie Bepanthen oder Lebertransalbe wie Unguentolan behandeln
- die Tiere in Kaliumpermanganat $KMnO_4$ (10 mg/l) baden
- schwerere Verbrennungen vom Tierarzt mit speziellen Antibiotikasalben behandeln lassen, um Folgeinfektionen auszuschließen
- Abstand zu Wärmestrahlern und deren Watt-Stärke überprüfen
- Heizkabel oder -matten fachgerecht installieren / Schutzkörbe für Wärmestrahler verwenden

VERGIFTUNGEN

Symptome: - Atembeschwerden, Zittern, Krämpfe, Gleichgewichtsstörungen und Lähmungserscheinungen, bei leichten Vergiftungen Apathie, Erbrechen und Durchfall, ausgelöst durch insektizid-, herbizid- oder pestizidbelastete Nahrung oder Hautsekrete der eigenen oder einer anderen Art bei zu dichtem Besatz

Maßnahmen: - sofortige Behandlung durch den Tierarzt erforderlich; falls die Erkrankung am Wochenende festgestellt wird, kann sofortiges Baden in Frischwasser oder Umsetzen in ein größeres Terrarium helfen

ZECKEN

Symptome: - bis 3 mm große Gliederfüßer, die Blut an weichen Stellen der Haut aufnehmen; meist am runden Hinterleib zu erkennen. Sie befallen bevorzugt Hautfalten sowie Arm- und Beinansätze.

Maßnahmen: - Echsen und Terrarium mit Milben- und Ungezieferspray aus dem Fachhandel einsprühen. Wenn das keinen Erfolg hat, vom Tierarzt entfernen lassen.

Tipp: Auch harmlos scheinende Krankheiten können eine tiefere Ursache haben. Besuchen Sie Ihren Tierarzt lieber einmal zu viel als einmal zu wenig. Adressen und Internetlinks finden Sie im Kapitel Service.

Haltungsfehler vermeiden

Fehler geschehen, und auch erfahrene Terrarianer machen da keine Ausnahme. Viele Echsen wurden schon totgepflegt. Deshalb sollen einige Einrichtungs- und Haltungsfehler aufgezeigt werden, damit Sie beziehungsweise Ihre Tiere die Erfahrung nicht erst selbst machen müssen. Manches klingt banal, sollte aber dennoch als ernste Gefahr betrachtet werden.

► Terrarien dürfen nicht in der prallen Sonne stehen, da die Echsen schnell an Überhitzung eingehen.

► Das Terrarium darf nicht mitten im Raum und nicht zu niedrig platziert werden. Dauergestresste Tiere sind im Allgemeinen anfälliger für Erkrankungen.

► Bei der Haltung mehrerer Echsen, insbesondere mehrerer Männchen oder unterschiedlicher Arten, muss Sichtschutz gewährleistet sein, damit sich die Tiere nicht zu Tode stressen.

► Verletzungsgefahren müssen bei der Auswahl von Einrichtungsgegenständen bedacht werden. Insbesondere Steinaufbauten bei grabenden Arten müssen so zusammengeklebt und fixiert werden, dass die Echsen sich nicht einklemmen oder gar erschlagen werden.

► Grabende Arten dürfen sich nicht zwischen Steinen und Heizmatten oder -kabeln einklemmen können.

► Das Terrarium muss ausreichend belüftet werden können. Gegebenenfalls empfiehlt es sich, in Elektrofachgeschäften gekaufte Prozessorkühler aus dem Computerbereich am Lüftungsgitter anzubringen.

► Überprüfen Sie bei Häutungsproblemen die arteigenen Ansprüche an Temperatur und Luftfeuchtigkeit. Bei Häutungsproblemen können sich zwischen alter und neuer Haut Bakterien vermehren und zu Hautentzündungen führen.

► Halten Sie das Terrarium sauber. Reinigen Sie Einrichtungsgegenstände und Technik in regelmäßigen Abständen. Achten Sie auf gute Filterung des Wasserteils, beziehungsweise tauschen Sie diesen entsprechend häufig aus.

► Sorgen Sie stets für ausreichendes und sauberes Trinkwasser.

► Beim Befüllen von Badeschalen ist das Körpervolumen der Tiere zu berücksichtigen, damit das Wasser nicht überläuft.

► Tiere können im Trinknapf ertrinken, wenn dieser zu tief ist. Wählen Sie für Echsen nur Trinknäpfe, über deren Rand die Tiere noch schauen können. Bevorzugen Sie beim Kauf Trinknäpfe mit Stufen.

► Als tagaktive Tiere nehmen Agamen Wärme nur in Verbindung mit Licht wahr. Klettermöglichkeiten sollten sich aus diesem Grund in ausreichendem Abstand von Wärmestrahlern und insbesondere Dunkelstrahlern befinden.

► Achten Sie auf unterschiedliche Wärmezonen innerhalb des Terrariums. Dies ist wichtig, da die Echsen ihre Körpertemperatur selbst ja nicht regeln können. Richten Sie Sonnen- und Schattenplätze ein.

► Klebestreifenthermometer, wie sie in der Aquaristik verwendet werden, eignen sich nicht zur zuverlässigen Temperaturmessung im Terrarium.

► Installieren Sie Hell- und Dunkelstrahler möglichst außerhalb des Terrariums. Ist aus technischen Gründen die Anbringung im Terrarium erforderlich, müssen kletternde Tiere vor Verbrennungen geschützt werden. Verwenden Sie maximal handwarm werdende Lampen nur gehäuselos und heiß werdende Lampen nur in einem Schutzkorb aus Drahtgeflecht. Besonders Weibchen auf der Suche nach Eiablageplätzen und scheue Tiere sitzen des Öfteren in Lampengehäusen und befinden sich so beim Einschalten in der Falle. Birnen müssen vor dem Anspringen durch Tiere geschützt werden.

► Grundsätzlich sollten technische Geräte mit FI-Schutzschaltern gesichert werden.

► Eiablageplätze sind unverzichtbar. Sind diese nicht oder nur schlecht ausgestaltet vorhanden, kommt es zu tödlich endender Legenot.

► Wurde ein Echsengelege in einem separaten Gefäß mit Substrat gezeitigt, empfiehlt es sich beim Schlupf, den Inkubator direkt ins Aufzuchtterrarium zu setzen, um die Echsen bei geöffnetem Deckel selbst umsiedeln zu lassen. So wird auch ein Entkommen der Tiere beim Umsetzen vermieden.

► Lassen Sie Nachzüglern in überfälligen Eiern genügend Zeit. Lieber Tiere, die einige Monate nach den anderen schlüpfen, als der Unmut, wenn durch das Nachschauen die Eischale zerbricht.

► Futterbrei sollte Nachzuchten nur in kleinen Schalen, zum Beispiel im Mineralwasserflaschendeckel, angeboten werden. Es gab Halter, bei denen Jungtiere in gut gemeinte große Breischalen fielen und es nicht mehr heraus schafften.

► Füttern Sie möglichst abwechslungsreich, und berücksichtigen Sie den Bedarf an ergänzenden Kalzium- und Vitaminpräparaten.

► Benutzen Sie die Pinzette, die zum Füttern benutzt wird, nicht auch, um Kotreste aus dem Terrarium zu entfernen.

Aufgabe des Hobbys – wohin mit den Tieren?

Müssen oder wollen Sie aus welchen Gründen auch immer Ihr Hobby aufgeben, oder ist Ihr Tier einfach zu groß geworden, stellt sich die Frage: wohin damit? Ihr Verantwortungsgefühl und Ihr Gewissen als Tierfreund verbieten es Ihnen, die Tiere zu töten oder – noch folgenreicher – faunenverfälschend auszusetzen. Darüber hinaus würden Sie sich in beiden Fällen strafbar machen.
Mit Sicherheit findet sich ein Abnehmer. Sie können das Tier oder die Tiere verkaufen oder verschenken. Eine Möglichkeit sind kostenlose Inserate in entsprechenden Rubriken von Kleinanzeigenzeitungen. Eine andere ist es, Zettel im Einkaufscenter, beim Tierarzt oder in der Zoohandlung aufzuhängen. In vielen Fällen ist der zoologische Handel sogar bereit, Tiere wieder zurückzunehmen.
Zudem sind oft Vereine und deren Mitglieder interessiert und nehmen sich der Tiere an. Geben Sie in eine Internetsuchmaschine die Stichwörter „Auffangstation“ und „Reptilien“ oder Echsen“ et cetera ein, und Sie bekommen Dutzende von Links mit Anschriften. Bestimmt findet sich auch etwas in Ihrer Nähe.

Die Zucht von Agamen

Damit die Zucht ein Erfolg wird, sollten sich Terrarianer mit spezieller Literatur genau über die jeweilige Art informieren. Einführend werden auf den folgenden Seiten Grundlagen der Zucht und Aufzucht dargestellt.

Voraussetzungen für die Zucht

Neben der sicheren Diagnose des Geschlechts gibt es einige Voraussetzungen für die Nachzucht gesunder Terrarientiere. Die Elterntiere müssen die Geschlechtsreife erreicht haben, das heißt, sie dürfen nicht zu jung, aber auch nicht zu alt sein und sich in guter körperlicher Verfassung befinden.
Wichtig ist eine gesunde Ernährung. Bei Agamenweibchen ist bereits mit Beginn der Paarungszeit, noch vor der Paarung oder dem Ansetzen der Eier, die Zugabe von Vitaminen und Kalzium zum Futter erforderlich. Werden zur Zucht nicht ausgewachsene oder schlecht ernährte Weibchen verwendet, sind bei Eier legenden Arten die Gelege kleiner und wie bei lebend gebärenden Arten die Jungen anfangs deutlich schwächer.
Zur Paarung muss den Tieren ausreichend Platz im Terrarium zur Verfügung stehen, ohne dass es zu Revierstreitigkeiten mit anderen Insassen kommt. Bei Eier legenden Arten sind Eiablageplätze unabdingbar. Sind diese nicht oder nur schlecht vorbereitet vorhanden, kommt es zu Legenot. Werden dann die Eier vom Tierarzt nicht rechtzeitig abgetrieben oder operativ entfernt, bedeutet das für die Tiere den sicheren Tod. Eiablageplätze müssen dem Weibchen geeignet erscheinen: Sie haben langfristig – bis zum Ausschlupf der Jungen nach Monaten – den jeweiligen klimatischen Ansprüchen zu entsprechen und sicher vor Feinden zu sein, damit das Weibchen die Eier auch ablegt.

Fortpflanzungszyklen

Erfolgt die Fortpflanzung einmal jährlich, spricht man von monozyklischem, erfolgt sie mehrmals im Jahr, spricht man von polyzyklischem Fortpflanzungsrhythmus. Dies hängt entscheidend von den Herkunftsgebieten der Tiere ab.
Bei vielen Echsen findet der Reproduktionszyklus einmal im Jahr zur gleichen Zeit statt, nämlich wenn zum Schlupfzeitpunkt die Bedingungen für ein Überleben der Nachkommen am besten sind. Zur Zucht ist es daher wichtig, den Fortpflanzungszyklus beziehungsweise das Klima im Herkunftsgebiet zu kennen.
Echsen aus tropischen Regionen, wo die Bedingungen für die Eiablage ganzjährig gegeben sind, sind hingegen das ganze Jahr über fortpflanzungsfähig.
Bei vielen Tieren ist ihre Paarungsbereitschaft nicht nur an ihrem Verhalten, etwa spürbarer Unruhe und teilweiser Appetitlosigkeit, zu erkennen.

Stimulationsparameter

Durch Stimulationsparameter wird die Tätigkeit der männlichen und weiblichen Keimdrüsen angeregt, die für das Erwachen des Interesses am anderen Geschlecht, erkennbar an der Balz, verantwortlich ist. Stimulationsparameter sind vor allem die jahreszeitlichen sowie tag- und nachtbedingten Schwankungen von Licht, Temperatur, Luftfeuchtigkeit und Futterangebot.
Auch das veränderte Klima nach der Winterruhe oder der Wechsel von der Regen- zur Trockenzeit kann den ausschlaggebenden Faktor darstellen.

Während der Paarung umklammern die Männchen die Weibchen seitlich, schieben ihren Schwanz unter das Weibchen und legen ein Bein über dessen Schwanzwurzel.

Ein Lösen während der Kopulation wird verhindert durch die Widerhaken des Hemipenis, die sich in der weiblichen Geschlechtsöffnung verankern.

Etwa 2 Monate alte Jungtiere der Zwergbartagame *Pogona henrylawsoni*.

Paarung

Echsen besitzen Geschlechtsorgane, die sie zu einer inneren Befruchtung befähigen. Männliche Echsen haben zwei Hemipenes mit Samenfurche, die ausschließlich der Vermehrung dienen und keine Harnröhre enthalten. Bei weiblichen Echsen befinden sich die Geschlechtsöffnungen in der Kloake. Das Begattungsorgan des Männchens, der zweigeteilte Hemipenis, liegt in zwei Taschen unterhalb des Schwanzes. Bei der seitlichen Annäherung an das Weibchen schwillt der dem Weibchen zugewandte Teil des Hemipenis an. Während der Paarung umklammern die Männchen die Weibchen seitlich, schieben ihren Schwanz unter das Weibchen und legen ein Bein über dessen Schwanzwurzel. Bei manchen Arten halten die Männchen durch Bisse in den Nacken die Weibchen nieder. Ein Lösen während der Kopulation wird verhindert durch die Widerhaken des Hemipenis, die sich in der weiblichen Geschlechtsöffnung verankern.
Die Länge der Kopulation unterscheidet sich bei allen Arten genauso wie die Anzahl der Begattungen und der Partner während der Fortpflanzungssaison.

Agameneier und ihre Inkubation

Während fast alle Echseneier einheitlich weiß sind, können Eizahl je Gelege und Größe der Eier sehr unterschiedlich sein.
Von Art zu Art schwankt auch ihre Form und Festigkeit. Agameneier haben eine ovale Form und sind – typisch für Echsen, die ihre Eier im mehr oder weniger feuchten Boden vergraben oder deren Eier nur etwas an der Luft erhärten – relativ weichschalig.
Zum Schutz der Eier vor räuberischen Eltern bieten sich verschiedene Möglichkeiten an: Man kann das Gelege bei Verbleib der Eltern im Terrarium mit Drahtgaze umgeben, die Eltern nach der Eiablage alternativ in ein anderes Terrarium umsetzen oder die Eier aus dem Terrarium entnehmen. Außer bei Eiern von Arten, die Brutpflege betreiben, empfiehlt sich grundsätzlich die Entnahme. Die Bebrütung in einem Brutapparat bezeichnet man als Inkubation. Zur Inkubation von Reptilieneiern werden diese erst eingesammelt, wenn das Weibchen vollständig abgelegt hat. Wird der Ablegevorgang – zum Beispiel stressbedingt – unterbrochen, können die Tiere in Legenot geraten.
Aus dem elterlichen Terrarium entnommen, werden die Eier in den vorbereiteten Inkubator überführt. Dabei müssen sie in der gleichen Position, in der sie entnommen wurden, in das Inkubationssubstrat gelegt werden. Sie dürfen bis zum Schlupf nicht mehr bewegt werden. Es besteht sonst die Gefahr, dass der Fötus durch Veränderung der Position der Eipole vom Dottersack erdrückt wird, da im Ei keine Hagelschnüre wie in Vogeleiern vorhanden sind. Wenn später durch schlüpfende Junge andere Eier umfallen, ist diese Gefahr auf Grund des fortgeschritteneren Entwicklungsstadiums nicht mehr gegeben.
Werden Eier unterschiedlicher Arten beziehungsweise unterschiedlichen Alters der gleichen Art inkubiert, kann unter Umständen eine Kennzeichnung der Eier erforderlich sein. Warten Sie mit der Kennzeichnung entnommener Eier, bis diese ausgehärtet sind. Manch ungeduldiger Terrarianer hat schon mit dem Stift ein Loch in die Eischale gedrückt. Natürlich müssen auch hartschalige Eier grundsätzlich vorsichtig behandelt werden.
Viele Terrarianer benutzen Brutapparate (wie auf der folgenden Seite abgebildet) und verteilen die in Inkubationssubstrate gebetteten Eier auf mehrere kleine Plastikschälchen. Ein Kennzeichnen der Eier entfällt hier bei entsprechender Beschriftung der Plastikschälchen. Auch Eier verschiedener Arten können so gleichzeitig bebrütet werden, wenn sich die Inkubationstemperaturen ähneln. Die

Das Weibchen der Chinesischen Bergagame braucht eine geeignete Substrathöhe und -feuchte, damit es nicht zur Legenot kommt. Das Substrat über den verscharrten Eiern wird mit der Schnauze verdichtet.

Das Gelege der Streifenköpfigen Bartagame kann bis zu 35 Eier umfassen. Die Jungen schlüpfen bei 27-29° C nach 60 bis 85 Tagen.

Unmittelbar vor dem Schlüpfvorgang kann man, wie hier bei einem Gelege von *Uromastyx ocellata*, das Schwitzen und Einfallen der Eier beobachten.

Der kräftezehrende Schlupfakt, hier bei *Pogona henrylawsoni*, kann sich bis zu 24 Stunden hinziehen. Die Jungtiere dieser relativ kleinen Agamenart messen beim Schlupf etwa 8 cm.

Schlupfzeiten verlängern sich allerdings, wenn Echseneier kühler inkubiert werden, als für die Art optimal ist. Zu bedenken ist auch, dass die Inkubationstemperatur artspezifisch die Geschlechtsentwicklung bestimmt. Zum Beispiel würden sich bei gleichzeitiger Bebrütung mit 29° C bei der Agamenart *Agama agama* Männchen entwickeln (Weibchen entwickeln sich bei etwa drei Grad weniger), während bei der Geckoart *Hemitheoconyx caudicinctus* Weibchen schlüpfen würden (Männchen entwickeln sich bei etwa zwei Grad mehr).
Gute Brutapparate lassen eine Einstellung der Nachttemperatur zu. Eine Absenkung um mindestens ein bis zwei Grad entspricht eher den natürlichen Gegebenheiten. Billige Brutapparate können per Zeitschaltuhr 30 bis 60 Minuten abgeschaltet werden. Vor dem Einsetzen der Eier sollte die Konstanz der Bruttemperatur sichergestellt werden. Dazu empfiehlt es sich, den Brutapparat zunächst vier bis fünf Stunden mit einigen eigroßen Kartoffeln zu bestücken. Wird die Temperatur konstant gehalten, können die Kartoffeln gegen das eigentliche Gelege ausgetauscht werden.

Inkubationssubstrate

Für die Entwicklung der Eier ist bei der Inkubation die richtige Feuchtigkeit wichtig. Vor allem weichschalige Eier nehmen bei der Inkubation große Mengen an Feuchtigkeit auf. Zu geringe Substratfeuchte würde den Eiern Feuchtigkeit entziehen und durch den Flüssigkeitsverlust ein Absterben des sich entwickelnden Tieres zur Folge haben.
Eier der meisten Arten bettet man am besten bis zur Hälfte in feuchtes Vermiculit, ein Substrat, welches im Zoofachhandel erhältlich ist. Die Substratfeuchte lässt sich über die Wasserzugabe und die Körnungsgröße steuern. Feinkörniges Vermiculit von 0-4 mm hat ein größeres Wasserpotenzial und liegt enger an den Eiern an. Es empfiehlt sich für kleine und weichschalige Eier. Gröberes Vermiculit von 3-6 mm verbessert den Gasaustausch durch mehr luftgefüllte Poren. Es eignet sich für große und hartschalige Eier. Verdunstetes Wasser muss regelmäßig ersetzt werden. Pro Plastikschälchen sollten nur so viele Eier inkubiert werden, wie der Hälfte des Gewichts des Wassers entsprechen, das dem Ver-

In Brutapparaten lassen sich auf Plastikdosen verteilt Eier mehrerer Gelege oder bei ähnlichen Inkubationstemperaturen Gelege mehrerer Arten gleichzeitig bebrüten.

miculit zugegeben wurde. Die relative Luftfeuchtigkeit sollte bei hartschaligen Eiern nicht unter 70 %, bei weichschaligen Eiern nicht unter 90 % sinken.
Perlit ist ein alternatives Inkubationssubstrat, jedoch nicht in jeder Zoohandlung zu finden. Es speichert die Feuchtigkeit schlechter, was eine häufigere Kontrolle und Regulierung erforderlich macht. Genau wie ein 1:2-Sand-Torf-Gemisch eignet es sich eher für hartschalige Echseneier.
Alternativen können Seramis, Schaumstoffschnipsel oder auch Schaumstoffblöcke mit für die Eier eingeschnittenen Löchern sein. Sehr hartschalige Eier von Geckos lassen sich auch oft problemlos völlig ohne Substrat auf einem Gitter über einer Wasseroberfläche oder auf grobem Kies zeitigen.

Schlupf

Die Jungen schlüpfen je nach Art unterschiedlich früh oder spät. Dies kann zwischen mehreren Wochen und Monaten variieren. Die ausschlaggebenden Faktoren sind Temperatur und Feuchtigkeit. In der Regel wird bei der Inkubation eine relative Luftfeuchtigkeit von 80-100 % verwendet. Beim Schlupf von Agamen wird, wie bei allen Echsenarten, die Eischale mit dem Eizahn durchbrochen, der bei den Tieren im Embryonalalter entsteht und wenige Tage nach dem Schlupf abfällt. In Bezug auf den Zeitpunkt des Schlupfes können innerhalb des Geleges große zeitliche Unterschiede auftreten. Wenn die letzten Jungen schlüpfen, können sich die ersten schon bedeutend in ihrer Größe und Entwicklung von diesen unterscheiden.

Aufzucht

Junge Agamen werden in separaten Terrarien aufgezogen. Klima und Beleuchtung sollten den Bedingungen im elterlichen Terrarium entsprechen. Die Luftfeuchtigkeit kann etwas höher liegen, und die Maximaltemperaturen sollten nicht ganz erreicht werden. Die tägliche Bestrahlung von tagaktiven Tieren mit UV-Licht beugt Rachitis vor. Durch die getrennte Haltung lassen sich das Verhalten und die Nahrungsaufnahme der jungen Agamen besser beobachten.
Bei der Aufzucht muss die Größe der Futtertiere auf die kleinen Mäuler abgestimmt sein. Je nach Art erfolgt die erste Nahrungsaufnahme aber erst nach mehreren Wochen. Vitamine und Kalzium dürfen bei heranwachsenden Echsen generell nicht fehlen.

Nachzuchten der Chinesischen Bergagame *Japalura splendida*.

IV. BETRIEB VON TERRARIEN

Terrarientypen

Die Ansprüche der Agamen sind so verschieden wie ihre natürlichen Lebensräume. Kriterien für eine Unterscheidung der Terrarientypen leiten sich vor allem aus Luftfeuchtigkeit und Temperatur ab. Darüber hinaus sind Temperaturschwankungen, Beleuchtungsstärke und -dauer sowie Belüftung unterschiedlich ausgeprägt. Ohne die Natur mit ihren fließenden klimatischen Übergängen kategorisieren zu wollen, lassen sich Terrarien für Agamen grundsätzlich in Trocken-, Felsen-, Wald-, Regenwald- und Aquaterrarien einteilen. Während nachfolgend die einzelnen Terrarientypen allgemein beschrieben werden, hängt die konkrete Temperatur, Luftfeuchtigkeit und Beleuchtung des Terrarientyps von der gepflegten Tierart ab. Die meisten Agamen werden in Trocken-, Regenwald- oder Aquaterrarien gehalten. Halbfeuchte beziehungsweise halbtrockene Terrarien wie das Waldterrarium sind seltener.

Trockenterrarium

Unter Trockenterrarien versteht man beheizte, trockene Terrarien. Manche Autoren unterscheiden dabei nach Art der Dekoration und Bepflanzung Wüsten-, Steppen- und Savannen- und Felsterrarien. Wüsten sind Landschaften mit spärlicher Vegetation. Durch extreme Temperaturschwankungen und die intensive Sonnenbestrahlung zerfällt jedes Gestein mit der Zeit und wird nach und nach zu feinstem Sand. Unter Steppe versteht man die Übergangszone zwischen Wüste und Savanne. Steppen sind Graslandschaften, die im Sommer sehr trocken und dürr sind und in denen nur wenige oder gar keine Bäume wachsen. Das Steppenterrarium ist dem Wüstenterrarium in der Gestaltung sehr ähnlich, wird aber mit mehr Dekoration und robusteren Pflanzen eingerichtet.
Savannen sind mit widerstandsfähigen Gehölzen durchsetzte, flache bis hügelige Buschlandschaften der tropischen und subtropischen Regionen. Der Sommer ist in der Savanne warm und trocken, der Winter kühl und feucht. Charakteristisch ist die kurze Regen- und lange Trockenzeit. Im Terrarium wird auch in der Trockenzeit einmal täglich gesprüht. Während der Regenzeit hält sich die Feuchtigkeit dank reduzierter Temperaturen länger. Die Beleuchtungsstärke des Savannenterrariums entspricht der im Wüstenterrarium. Zur Bepflanzung eignen sich Sukkulenten, kräftige Gräser und trockene Grasbüschel.

Tiere: Herkunftsgebiete dieser Tiere sind hauptsächlich Trockengebiete, Steppen, Halbwüsten und Wüsten. Beispiele sind Afrikanische Dornschwanzagamen und Bartagamen.
Konstruktion und Aufstellung: Das Terrarium sollte möglichst hell stehen. Natürliche Sonneneinstrahlung sollte nur einen Teilbereich des gut durchlüfteten Terrariums erreichen, da es sonst trotz Ventilator auch für Wüstenbewohner zu heiß werden kann. Zur Abführung der hohen Temperaturen ist eine gute Belüftung notwendig. Überhitzungen lassen sich mit Ventilatoren, Unterkühlungen mit Temperaturreglern steuern. Nicht kletternde Arten können im oben offenen Terrarium gepflegt werden. Bei kletternden Arten sind höhere Terrarienscheiben beziehungsweise Abdeckungen notwendig.
Temperatur: In der Natur liegt die Temperatur in den Herkunftsgebieten mancher Terrarientiere tagsüber bei bis zu 50° C, während nachts sogar Frost auftreten kann. Bei der artgerechten Haltung müssen diese extremen natürlichen Temperaturschwankungen zwar berücksichtigt, aber nicht genau nachgeahmt werden. Die Tiere finden in ihren angestammten Lebensräumen Aus-

weichmöglichkeiten im Schatten und in Höhlen. Unterirdisch fällt die Temperatur nachts auch nicht so tief wie an der Bodenoberfläche. Im Terrarium reichen je nach Art tagsüber Temperaturen von mindestens 25° C, lokal unter Spots sollten 40-45° C erreicht werden. Andererseits ist im Wüstenterrarium ein kühlerer Bereich, in den sich die Tiere zurückziehen können, unerlässlich. Futterschalen sollten möglichst weit entfernt von Strahlern aufgestellt werden, damit das Futter nicht austrocknet. Nachts genügen Zimmertemperaturen von 15-25° C. Allerdings sollte die Nachtabsenkung mindestens 8-10° C betragen.

Luftfeuchtigkeit: Für Trockengebiete charakteristisch, liegt die Luftfeuchtigkeit tagsüber unter 60 %. Vor Sonnenaufgang kann sie durch Taubildung bis auf 100 % ansteigen. Um die Taubildung zu simulieren, wird morgens kurz vor dem Einschalten der Beleuchtung mit lauwarmem Wasser gesprüht. Die Feuchtigkeit muss schnell verdunsten, denn das Terrarium darf nicht dauerfeucht sein.

Beleuchtung: Die Beleuchtung sollte sehr hell und täglich etwa zwölf Stunden eingeschaltet sein. Die meisten Wüstenbewohner brauchen zusätzliche UV-Bestrahlung.

Bodengrund: Für Wüstentiere eignet sich feinkörniger Kies oder Sand. Die Sandkörner müssen immer abgerundet sein, das heißt, der Sand darf nicht gebrochen sein. Bewohnen grabende Arten das Terrarium, sollte die doppelte Bodengrundhöhe verwendet werden. Bei diesen Arten ist auch der Lehmanteil im Sand wichtig, damit gegrabene Höhlen nicht in sich zusam-

Beispiel eines Trockenterrariums

Trockenterrarien müssen immer eine feuchte Stelle haben, so wie andererseits in Feuchtterrarien stets eine trockene Stelle zu finden sein muss.

menfallen. Alternativ wird eine Steinplatte ins Terrarium gelegt, die von mindestens zwei eingegrabenen Steinen gestützt wird, damit die Tiere beim Graben nicht erschlagen werden. Die unterste Bodenschicht sollte stets leicht feucht sein. Über ein Rohr oder einen umgedrehten Trichter kann diese gezielt bewässert werden. Es empfiehlt sich, Feuchtigkeitsinseln zu schaffen, beispielsweise durch Eingraben eines Behälters, in dem der gleiche Bodengrund etwas feuchter als im übrigen Terrarium gehalten wird. Der Behälter sollte unten ein Loch haben, damit keine Staunässe entsteht.

Dekoration: Auch ein Trockenterrarium sollte Höhlen und Klettermöglichkeiten aus Steinen, Ästen und Wurzeln aufweisen. Manche Tiere brauchen harte Dekorationsmaterialien als Häutungshilfe. Ausgesprochen dekorativ sind die im Handel erhältlichen Kaktusgerippe. Dekorationsmaterialien müssen direkt auf den Terrarienboden gestellt werden, damit sie nicht untergraben werden können. Steine wie Schiefer, Tuff und Sandstein lassen sich mit Silikon oder Zement verkleben. Eine kleine Wasserschale darf nicht fehlen.

Bepflanzung: Da echte Kakteen für Tiere aus „nicht stacheligen" Lebensräumen eine gewisse Verletzungsgefahr darstellen, sollten an ihrer Stelle künstliche Dekorationspflanzen oder stachellose echte Pflanzen aus Trockengebieten bevorzugt werden. Echte Pflanzen werden am besten in Töpfen und möglichst weit von Wärmestrahlern entfernt eingesetzt.

Beispiel eines Felsterrariums

Das Felsterrarium zählt zu den Formen des Trockenterrariums. Es eignet sich für alle Wüsten- und Trockensavannen bewohnenden Agamen, die mehr auf Felsen klettern als sich nur auf dem Boden aufzuhalten. Bei den Felsaufbauten ist unbedingt auf umsturzsichere Konstruktionen zu achten. Bei der Einrichtung kann auch die Rückwand als Felswand gestaltet werden. Dickere Kletteräste und trockene Wurzeln vervollständigen die Dekoration. Rankpflanzen und Sukkulenten können zur Begrünung verwendet werden. Zum Sonnenbaden sollten kleine Spotstrahler auf im mittleren oder oberen Felsenbereich gerichtet werden.

Meines Wissens nach bietet HOBBY als einzige Marke mit DekoFix einen Zweikomponentenkleber für Dekorationen in der Terraristik an, mit dem Stein, Holz, Keramik und Glas fest verklebt werden können.

Waldterrarium

Beim Begriff Waldterrarium nur an mitteleuropäische Wälder zu denken, ist sicher nicht richtig. Klimatisch betrachtet, ist das Waldterrarium zwischen dem Trocken- und dem Regenwaldterrarium einzuordnen. Die Ausgestaltung des Terrariums ist wie die Temperatur und Feuchtigkeit vom Herkunftsgebiet der jeweils gepflegten Art abhängig. Es kann eher trocken oder eher feucht gehalten werden.

Tiere: Für eher trockene Halbfeuchtterrarien kommen Agamen aus den gemäßigten Klimazonen in Frage. Tiere für eher feuchte Halbfeuchtterrarien kommen aus den gleichen Klimazonen, aber aus feuchteren Lebensräumen wie Wiesenflächen

Beispiel eines Waldterrariums

Das Waldterrarium ist klimatisch zwischen dem Trocken- und dem Regenwaldterrarium einzuordnen. Die Ausgestaltung ist wie die Temperatur und Feuchtigkeit vom Herkunftsgebiet der gepflegten Art abhängig.

mit stauender Nässe oder Randgebieten von Flüssen, Seen sowie Moorgebieten. In Halbfeuchtterrarien gepflegte Arten brauchen in der Regel eine Winterruhe. Arten aus kühleren Regionen kommen im Allgemeinen in Überwinterungskisten, aus wärmeren Gebieten stammende können mitsamt dem Terrarium in unbeheizte Räume oder den Keller gestellt werden. Bei manchen Arten reicht es aber schon, jegliche Heizung auszuschalten und die Beleuchtung auf etwa acht Stunden zu reduzieren.

Konstruktion und Aufstellung: Für eher trockene Terrarien ist ein heller Standort ohne intensive Sonneneinstrahlung zu wählen. Ideal ist Morgen- und Spätnachmittagssonne, die in einen Teil des Terrariums scheint. An kühlen und bewölkten Tagen sollte als Ausgleich ein zusätzlicher Wärmestrahler eingeschaltet werden. Eher feuchte Terrarien sollten taghell bis schattig aufgestellt werden. Direkte Sonneneinstrahlung ist zu vermeiden.

Temperatur: Die Temperatur kann relativ niedrig sein, im Schnitt 20-25° C, und darf lokal je nach Art auf 30° C ansteigen. Im eher trockenen Terrarium entsprechen die Temperaturen unserer Klimazone, liegen also im Sommer höher und im Winter niedriger. In eher feuchten Terrarien sollte auch ein trockenes Plätzchen vorhanden sein, an dem die Tiere unter einer Heizlampe ihre Körpertemperatur auf den optimalen Wert einstellen können.

Luftfeuchtigkeit: Die Luftfeuchtigkeit ist mit 50-70 % relativ hoch. Das Terrarium sollte jeden Tag besprüht werden, das eher feuchte etwas stärker.

Beleuchtung: Die Beleuchtung hängt von der Art der gepflegten Tiere ab. Tiere in eher trockenen Terrarien bevorzugen helles, Tiere in eher feuchten Terrarien gedämpfteres Licht.

Bodengrund: In eher trockene Terrarien wird leicht feuchte Terrarienerde eingebracht, die im Handel als fertige Mischung angeboten wird. Alternativ werden Erde und Sand mit Waldhumus oder Torf zu gleichen Teilen gemischt. Das Substrat wird mit trockenen Blättern und Moos abgedeckt. Der gleiche Bodengrund wird in eher feuchten Terrarien feuchter gehalten. Da leicht Staunässe entsteht, sollte zuunterst eine Drainageschicht aus Blähton oder Kies eingezogen werden. Eine zwischen Substrat und Drainageschicht eingesetzte Schicht Filterwatte, wie sie für Aquarien verkauft wird, verhindert ein Vermischen der Schichten. Über einen umgekehrten Trichter, mit dem dünnen Ende nach oben eingebracht, kann überschüssiges Wasser durch einen eingeführten Schlauch abgelassen werden. Am besten wird vor dem Einbringen des Bodengrundes eine Glasscheibe schräg, nach vorn abfallend, über der Bodenscheibe des Terrariums eingesetzt. Eine Versumpfung des Bodengrundes wird vermieden, wenn das Wasser mit einem Abfluss in der Bodenplatte abgeleitet werden kann.

Dekoration: Als Verstecke dienen aufgeschichtete Steinplatten, Kork- und Rindenstückchen, Wurzeln und Baumstrünke. Je nach gepflegter Art sollten Kletteräste eingesetzt werden. Als Rückwand sehen Kork- oder Schieferplatten sehr natürlich aus. Eine Wasserschale darf nicht fehlen.

Bepflanzung: Zur Begrünung eignen sich Pflanzen aus unseren Breitengraden, insbesondere Farne und Efeu.

Regenwaldterrarium

Diese Terrarienart wird auch Urwaldterrarium genannt. Sie gehört zu den beliebtesten Zimmerterrarien, da sie durch die vielfältigen Gestaltungs- und Bepflanzungsmöglichkeiten sehr dekorativ ist.

Tiere: Regenwaldterrarien eignen sich zur Haltung von Agamen aus tropischen Regenwäldern.

Konstruktion und Aufstellung: Im Gegensatz zu den meisten Trockenterrarien mit großen Grundflächen und geringer Höhe sind Regenwaldterrarien eher hoch als breit.

Dies ist nicht nur für die Pflege von kletternden Arten erforderlich, sondern ahmt auch die nach unten abnehmende Lichtstärke im Urwald nach. Der Standort muss anders als beim Trockenterrarium keine natürliche Lichteinstrahlung haben, da sich die diffusen Lichtverhältnisse im Urwald gut mit Leuchtstofflampen imitieren lassen.

Temperatur: Je nach gepflegter Art sollte die Temperatur tagsüber mindestens 20° C bis maximal 30° C betragen; sie darf lokal aber auch etwas höher sein. Wichtig sind konstante Temperaturen, wobei es am Boden ruhig 23° C und im oberen Teil 28° C warm sein darf. Die Temperaturschwankungen im Tag-Nacht-Rhythmus sollten für die meisten Arten 5° C nicht überschreiten.

Luftfeuchtigkeit: Gemäß den unterschiedlichen Bedürfnissen der gehaltenen Arten sollte die Luftfeuchtigkeit zwischen 70 und 100 % liegen. Das Terrarium muss mehrmals täglich mit lauwarmem Wasser besprüht werden, sofern man nicht einen Ultraschall-Nebler oder eine Beregnungsanlage eingebaut hat. Wird ein Wasserteil stärker erwärmt, als die Lufttemperatur im Terrarium hoch ist, erhöht sich automatisch die Luftfeuchtigkeit.

Beleuchtung: Beleuchten Sie das Terrarium hell, um üppigen Pflanzenwuchs anzuregen. Die Beleuchtungsdauer sollte täglich zwischen zehn und 14 Stunden liegen. Im oberen Teil sollten Sonnenplätze geschaffen werden, die mit Spotstrahlern beleuchtet werden. Im Allgemeinen ist das Regenwaldterrarium am artgerechtesten beleuchtet, wenn die Lichtintensität wie in

Beispiel eines Regenwaldterrariums

Liegt im Wasserteil, besonders wenn eine Umwälzung stattfindet, die Wassertemperatur etwa 2° C über der Lufttemperatur, kann die Luftfeuchtigkeit auf Dauer auf erhöhtem Niveau gehalten werden.

der Natur oben am stärksten ist und nach unten hin abnimmt. Bei üppiger Bepflanzung stellt sich dieser Effekt automatisch ein. Entscheidend ist es natürlich für den Terrarianer, zu wissen, aus welchen Regionen des Waldes seine Agamen kommen, um das Habitat entsprechend zu gestalten. Bei licht- und wärmebedürftigeren Arten, die unten nicht so viele Schattenplätze benötigen, empfiehlt sich die Installation eines zusätzlichen Strahlers zur Schaffung von Sonneninseln.

Bodengrund: Halten Sie den Bodengrund mehr oder weniger feucht. Von reiner Erde sollte abgesehen werden, da diese schnell fault. Falls Sie keine fertige Terrarienerde kaufen, können Sie Waldhumus mit Sand und Torf selbst mischen. Wie beim Halbfeucht- oder Waldterrarium beschrieben, sollte, um Staunässe zu vermeiden, eine Drainageschicht aus Blähton oder Kies eingesetzt und mit einer Schicht Filterwatte am Vermischen mit dem Substrat gehindert werden. Hält man kleine Agamen im Terrarium, sollte die Bodenschicht mit Laub, Moos und Rindenstücken abgedeckt werden, damit sich die Tiere dort verstecken können.

Dekoration: Je nach gepflegter Tierart sind Kletteräste unumgänglich. Die Stärke der Äste sollte der Größe und Sitzgewohnheit der Agamen entsprechen. Zur Dekoration hat sich Moorkienholz sehr bewährt. Auch Weinreben sind recht resistent und verwittern nicht so schnell. Allerdings dürfen an diesen keine Rückstände von Chemikalien zu finden sein, wie sie im Weinanbau regelmäßig gegen Rebläuse oder Mehltau eingesetzt werden. Sehr natürlich sehen auch Korkäste und Korkröhren im Terrarium aus. Als Rückwand eignen sich sehr gut Kokosrückwände mit eingearbeiteten Pflanztöpfchen oder Xaxim. Letzteres sind Baumfarnplatten, die bei intensiver Lichtbestrahlung sowie permanenter Befeuchtung mit der Zeit von selbst ergrünen. Zum Verstecken dienen den Agamen Wurzeln, aufgestellte Steinplatten, aufgeschnittene Kokosnüsse oder größere Rindenstücke. Eine große Wasserschale darf nicht fehlen.

Bepflanzung: Bromelien aus Regen- und Nebelwäldern gedeihen besonders gut in Regenwaldterrarien. Auch gibt es eine ganze Reihe von Orchideen, die im Regenwaldterrarium nicht mit der Zeit faulen. Am besten eignen sich Ficus pumila oder Efeutute. Mit Epiphyten, Aufsitzerpflanzen, lassen sich Rückwände und Äste schön begrünen. Bodenpflanzen setzt man am besten in einzelnen Töpfen oder Pflanzschalen ein, die man bei Bedarf komplett und ohne viel Aufwand aus dem Terrarium entnehmen kann.

Aquaterrarium

Das Aquaterrarium besteht, wie der Name richtig vermuten lässt, aus einem Land- und einem Wasserteil. Nach Größe des Wasser- und Gestaltung des Landteils werden Sumpfterrarium (Paludarium) und Uferterrarium (Riparium) unterschieden. Vereinzelt stößt man bei anderen Autoren auch auf die Begriffe Terra-Aquarium und Aqua-Terrarium. Die Übergänge sind jedoch fließend, und man kann die Pflege einer bestimmten Tierart oft nicht streng auf einen der beiden Typen begrenzen. Je nach gepflegter Art herrschen im unbeheizten Aquaterrarium Temperaturen von 15-24° C und im beheizten 24-30° C.

Tiere: Das Aquaterrarium eignet sich für Arten wie Wasseragamen. Damit sich die Tiere nach Belieben trocknen und aufheizen können, muss ein trockener Platz unter einer Heizlampe angeboten werden.

Konstruktion und Aufstellung: Die Größe des Wasserteils und die Höhe des Wasserstandes hängen von den Bedürfnissen der gepflegten Art ab. Der Landteil wird meist mit vielen Pflanzen ausgestattet.

Luftfeuchtigkeit: Die erforderliche Luftfeuchtigkeit beträgt je nach Art bis zu 95 %. Man muss mehrmals täglich sprühen und einen Wasserfall oder eine Beregnungsanlage einsetzen.

Beleuchtung: Die Beleuchtung richtet sich nach der Art der gepflegten Tiere. Gedämpftes Licht ergibt sich bei starkem Pflanzenwuchs von selbst.

Bodengrund: Der Bodengrund darf nicht faulen. Optimal sind Torf, Schwarztorf, Orchideensubstrat oder Plantagenxaxim. Alternativ können Kies oder Blähton verwendet werden, wie sie für Feucht- oder Regenwaldterrarien empfohlen werden.

Wasserteil: Der Wasserteil sollte mit einem Filter ausgestattet sein. Bei stark kotenden Agamen oder höherem Besatz sollte zusätzlich jede Woche ein Drittel des Wassers gewechselt werden.

Dekoration: Für die Dekoration gelten die gleichen Empfehlungen, die beim Feucht- oder Regenwaldterrarium gegeben wurden. Der Übergang vom Wasser- zum Landteil muss so gestaltet sein, dass die Tiere problemlos aus dem Wasser klettern können. Auf glatte Oberflächen, etwa eingeklebte schräge Glasscheiben, werden mit Silikon Kieselsteine oder mit Bootslack Sandkörner geklebt. Ideal für die Agamen und zudem sehr dekorativ ist es, wenn der Wasserausstieg durch große Steine, Korkstücke oder ins Wasser ragende Äste erleichtert wird.

Bepflanzung: Zur Bepflanzung eignen sich Arten, wie sie beim Feucht- oder Regenwaldterrarium beschrieben wurden. Je nach Art sollte auf die Wasserbepflanzung gänzlich verzichtet werden.

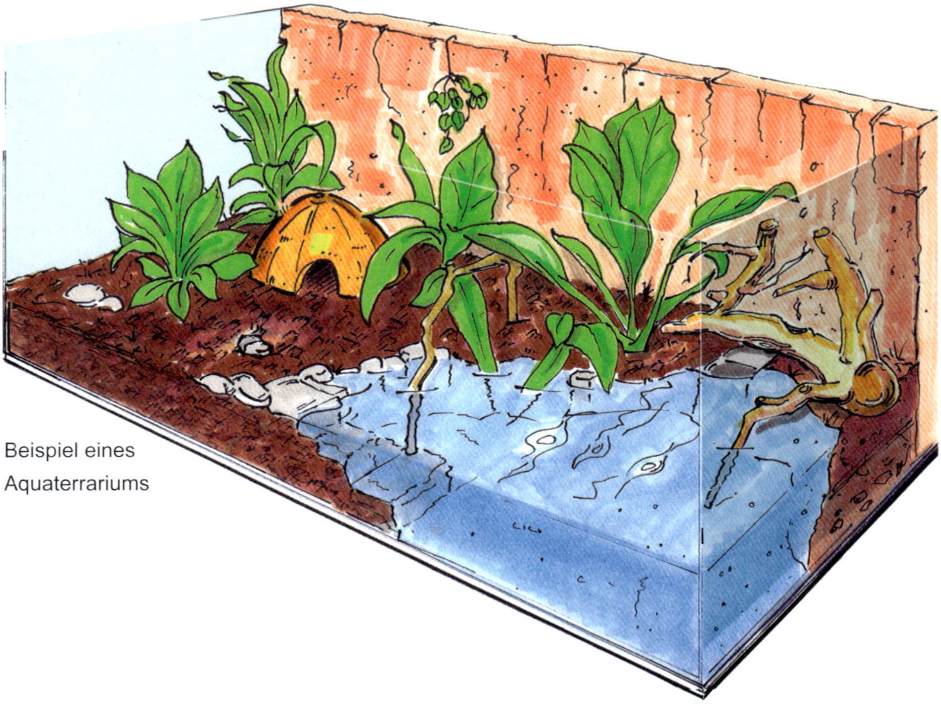

Beispiel eines Aquaterrariums

Der Übergang vom Wasser- zum Landteil muss so gestaltet sein, dass die Tiere problemlos aus dem Wasser klettern können. Als Hilfe dienen zum Beispiel ins Wasser ragende Äste.

Gestaltung

Rückwand

Rückwände sind im Terrarium unerlässlich, damit sich die Tiere sicher fühlen. Ohne ihre schützende Wirkung sind die Tiere einem nicht zu unterschätzenden Dauerstress ausgesetzt. Bei etwas nervöseren Tieren wie Basilisken und Wasseragamen sollten auch die Seiten mit einer Sichtschutzwand ausgestattet sein, so dass nur die Frontscheibe einzusehen ist. Ein weiterer Vorteil von Rückwänden ist, sofern es sich nicht um Fotorückwände oder einfarbigen Anstrich handelt, die Flächenvergrößerung für kletternde Tiere. In die Rückwand lassen sich Pflanzen einsetzen, die das Terrarium zu einem dekorativen Blickfang in jeder Wohnung machen.
Der Terrarianer hat grundsätzlich die Wahl, fertige Rückwände aus dem Handel einzusetzen oder sich seine Rückwand in Eigenbau zu gestalten. Kalkuliert man die beim Eigenbau benötigte Arbeitszeit und die Materialkosten, erscheint der Anschaffungspreis der fertigen Rückwand auf den zweiten Blick auch gar nicht mehr so hoch. Dennoch kann für besondere Terrariengrößen oder bestimmte Vorstellungen des Halters der Eigenbau eine Alternative sein. Voraussetzungen sind handwerkliches Geschick, Geduld und Materialkenntnis. Einige Tipps aus der Praxis sollen Ihnen nachfolgend bei der Anfertigung helfen.

Die simpelste Art der Rückwand ist der **Anstrich der Terrarienscheiben** von außen. Dazu können erdfarbene Töne uni oder in verschiedenen Nuancen mit dem Pinsel oder der Rolle aufgetragen werden. Am besten eignen sich Abtönfarben, die Sie mit der Rasierklinge oder einem Spachtel wieder abkratzen können, wenn sie Ihnen nicht gefallen.

Bei nicht allzu großen Terrarien können auch **Fotos**, die Sie zum Beispiel selbst im Urlaub oder beim Besuch im zoologischen Garten oder Museum gemacht haben, verwendet werden. Viele Fotogeschäfte haben regelmäßig Posteraktionen zu günstigen Preisen. Die benötigte Größe können Sie sich selbst zurechtschneiden. Fotos halten sich jedoch nicht lange, da durch die intensive Lichtbestrahlung im Terrarium die Farben und Kontraste bis zur Unkenntlichkeit verblassen.

Besser eignen sich gedruckte **Fotorückwände**, die der Handel in Standardmaßen oder von der Rolle anbietet. Mittlerweile gibt es schöne Felswand- und Baumstumpfmotive, die recht plastisch wirken. Blasenfrei mit dem JBL Rückwandkleber FIXOL von außen an der Terrarienscheibe befestigt, kommen sie erst so richtig zur Geltung.

Sehr dekorativ sehen im Terrarium auch **Strukturrückwände** aus. Die Materialien reichen von relativ weichem Hartschaum bis zu hartem Kunstharz. Je nachdem lassen sich die Rückwände mit dem Allzweckmesser oder der Säge anpassen. Strukturrückwände, die rückseitig nicht plan sind, sollten rundum mit Silikon abgedichtet werden, um Parasiten und Futtertieren keine Zufluchtsmöglichkeit zu gewähren.

Mit Silikon kann **gepresster Kork**, den es von der Rolle in Baumärkten und Tapetengeschäften gibt, von außen oder innen an die Terrarienscheibe geklebt werden. Die Oberfläche ist sehr hell und fein strukturiert. Alternativ zu der wenige Millimeter starken Rollware können Sie auch stärkere Platten aus gepresstem Kork erhalten, wie sie zum Beispiel für Pinnwände benutzt werden.

Ähnlich, aber etwas gröber in der Struktur und auch wesentlich dunkler sieht **Dachdeckerkork** aus. In Frage kommt für die Terraristik nur gepresster Kork, da geklebter Kork unaufhörlich Lösungsmittel ausgast. Die Oberfläche lässt sich durch

Sägen, Fräsen und Auskratzen individuell bearbeiten – zum Beispiel mit der Drahtbürste, einem flachen Spachtel oder einem Löffel. Ist das Material dick genug, können später sogar Pflanzen eingesetzt werden.

Sehr natürlich sieht **naturbelassene, gewalzte Korkeichenrinde** aus. Mit nach Herstellerangaben unbedenklichem Klebstoff sind die nur etwa 5 mm starken Rindenstücke auf eine ebenso starke Presskorkplatte aufgeklebt. Es gibt verschiedene Standardmaße, die aber auch leicht mit einer guten Schere oder dem Allzweckmesser angepasst werden können.

Rückwände, die sehr viel mehr Substrat für Pflanzenwurzeln bieten, können aus **Kunststoffgeflecht oder Chromstahldraht** hergestellt werden. Dafür wird Drahtgeflecht auf einen Rahmen aus zum Beispiel Dachlatten gezogen, der später mit Silikon eingeklebt werden kann. Die Drahtstruktur wird durch eingesetzte Moosstücke beinahe unsichtbar. Der Zwischenraum hinter dem Moos wird mit Substrat befüllt. Je nach Größe der Pflanze kann mit einer Zange die Maschenweite des Drahts stellenweise größer geschnitten werden.

Wem dies zu aufwendig ist, der findet in fertigen **Kokosfasermatten** mit eingearbeiteten Pflanztaschen eine ideale Alternative. Die Kokosfasern sind mit natürlichem Kautschuk gegen Verrottung geschützt. Sie können mit gewöhnlichen, gleich starken Kokosfasermatten ohne Pflanztaschen kombiniert werden. Befestigt werden sie mit einigen Punkten Silikon.

Eine Rückwand, die bei intensiver Beleuchtung und hoher Luftfeuchtigkeit von selbst ergrünt, besteht aus Baumfarnplatten. Diese sind unter der Bezeichnung **Xaxim**, Schaschim gesprochen, bekannt. Im Handel werden die etwa 2 cm starken und 20 x 30 cm großen Stücke nur mit Cites-Bescheinigung abgegeben, da die Pflanzen zu den geschützten Arten zählen. Die Stücke können mit einer Säge in zwei 1 cm starke Platten geteilt werden. Aus dem gleichen Material gibt es auch Pflanztöpfe oder astförmige Stücke.

Nach ähnlichem Prinzip wie die oben beschriebenen gut bepflanzbaren Rückwände aus Kunststoffgeflecht oder Chromstahldraht können Felslandschaften für Trockenterrarien konstruiert werden. Möglichst feine **Drahtgaze** wird großzügig bemessen auf einem kleineren Holzrahmen fixiert. Die entstehenden Falten werden beliebig in Form gebracht. Anschließend wird die Drahtgaze mit Epoxydharz, Moltofill für den Außenbereich oder mit Fertigbeton bestrichen. Wahlweise können Farbzusätze verwendet oder der frische Anstrich mit Materialien wie Sand abgebunden werden.

Individuelle Rückwände lassen sich auch einfach mit **Silikon** gestalten. Am besten wird mit wenigen Punkten Silikon aus kleinen Holzlatten ein Rahmen auf eine Glasscheibe geklebt. Dann wird transparentes oder schwarzes Aquariensilikon je nach gewünschter Rückwandstärke innerhalb des Rahmens verteilt. Wird der Finger oder die Hand in ein Wasser-Spülmittel-Gemisch getaucht, lässt sich die Masse formen, ohne dass sie an den Fingern kleben bleibt. Nach Geschmack werden halbe Pflanzschalen, Bambusrohre, Äste, Wurzelstücke, Kork- und Rindenstücke, Sand oder Kies mit eingearbeitet. Je nach Stärke muss die Silikonrückwand mehrere Tage trocknen. Danach wird sie mit einem scharfen Messer aus dem Rahmen geschnitten und lässt sich so leicht von der Scheibe lösen. Um Spülmittelrückstände zu entfernen, sollte sie 24 Stunden gewässert werden. Mit einigen Punkten Silikon kann sie dann auf die Terrarienscheibe geklebt und unter Umständen sogar bepflanzt werden. Aus Sicherheitsgründen würde ich immer auf Aquariensilikon zurückgreifen. Zwar gibt es Silikon auch im Baumarkt und

Beispiel einer Hartschaum-Terrarienrückwand.

Geschnittende Baumfarnplatte Xaxim.

Kokosfaserrückwände mit Pflanztaschen und künstlichen Pflanzen.

Presskorkrückwände aus dem Zoofachhandel sind tierverträglich zusammengeleimt.

Zierkorkrückwände gibt es mit feiner und grober Struktur, je nachdem, ob die Innen- oder Außenseite der Korkrinde gewalzt wurde.

Xaximplatten ergrünen bei guter Beleuchtung und entsprechendem Klima von selbst. Zu Präsentationszwecken wurden hier neue und aus Terrarien stammende Stücke kombiniert.

Wie bei dieser vom Autor gefertigten Rückwand (siehe nachfolgende Anleitung) lassen sich individuelle Maße und Vorstellungen verwirklichen.

auch in brauner Farbe, aber dessen freigesetzte Inhaltsstoffe werden von empfindlichen Tieren nicht vertragen. Es wäre ein Jammer, wenn nach der Mühe und Arbeit die Tiere krank würden oder sterben müssten, nur weil das Material ein wenig günstiger als Aquariensilikon war. Acryl ist dem Silikon ähnlich, wird aber nicht mit Seifenlauge, sondern nur mit Wasser geglättet. Während Silikon formstabil bleibt, fällt Acryl beim Trocknen etwas ein. Ich persönlich habe es nie als Alternative angesehen.

Eine Unmenge von Gestaltungsmöglichkeiten bietet das Arbeiten mit **Styropor** oder dem etwas festeren **Styrodur**. Bruchstücke in einer Stärke von 1-2 cm lassen sich mit Silikon aufeinander kleben; sie sehen später wie Steinplatten aus. Aus einige Zentimeter dickem Material oder mehreren aufeinander geklebten 1-2 cm starken Platten lassen sich sogar Felsstrukturen formen. Das Material kann mit einem Messer, Löffel, Spachtel oder Ähnlichem bearbeitet werden. An der frischen Luft lassen sich mit Lötkolben oder Bunsenbrennern schöne Strukturen prägen. Auch Pflanztöpfe können mit Hilfe von Silikon eingesetzt werden. Anschließend wird die Oberfläche mit Epoxydharz, Moltofill für den Außenbereich oder Fertigbeton überzogen. Je nach Geschmack und Terrarientyp lassen sich mit Torf- und Kokosfasern, Kies, Sand oder zementfesten Farben natürlich wirkende Oberflächen erzielen. Verwendet man Farben, wirkt nach meiner Erfahrung der Kontrast einer helleren Grundfarbe mit dunkleren Sprenkeln sehr echt. Dies erreicht man durch eine in wenig Farbe getauchte Zahnbürste, deren Borsten man mit dem Daumen nach vorn schnellen lässt.

Ein noch viel formbareres Material ist **PU-Schaum**. Mit Polyesterharz bestrichen, gibt er im Terrarium keine Schadstoffe ab. Er kann aus der Dose oder besser noch aus der Pistole gesprüht werden. Großer Vorteil der Pistole sind ihre regulierbaren Düsen. Zudem kann man die Arbeit längere Zeit unterbrechen, ohne wie beim Arbeiten mit der Dose gezwungen zu sein, den gesamten Inhalt vor dem Aushärten zu verarbeiten. Je nach Terrariengröße befestigt man einen Rahmen auf einem Holzbrett und legt die Form mit Papier aus, um die Rückwand später besser herauslösen zu können. Die Tiefe der späteren Rückwand sollte beim Auswählen der Rahmen berücksichtigt werden. Nun wird die Form ausgeschäumt. Anschließend kann man den PU-Schaum mit Wasser besprühen und je nach Umgebungstemperatur nach 15 bis 30 Minuten die nicht mehr klebrige, aber noch formbare Masse nachträglich verändern. Der Fantasie sind grundsätzlich keine Grenzen gesetzt. Man kann eine Rückwand in einem Arbeitsgang fertig stellen. Man kann aber auch mit einer dünnen Schicht beginnen. In diese werden dann beispielsweise Töpfe für Pflanzen oder Wasserbecken für Ultraschallnebler eingearbeitet. Natürlich können auch Kunststoffrohre und Winkel eingebracht werden, durch die später das Wasser aus einem kleinen Teich wieder nach oben zum Wasserfall gepumpt wird. Grundsätzlich kann mit PU-Schaum auch der Negativabdruck eines Gipsmodels einer Terrarienrückwand ausgeschäumt werden. Wenn der PU-Schaum getrocknet ist, wird die Rückwand gelöst und rundum mit Polyesterharz abgebunden. Nach einwöchiger Trockenphase wird dieser Schritt wiederholt, und je nach Wunsch wird Kies, Sand oder Bodengrund mit aufgetragen. Nach mehrmaligem Wässern sollte die Rückwand dann etwa einen Monat ausgasen, bevor sie ins Terrarium eingesetzt wird.

Bau einer individuellen Rückwand

Eine eigene Rückwand zu bauen ist gar nicht so schwer. Man braucht mehrere etwa 1-2 cm starke Styroporplatten, Silikon, Montageschaum, Plastikrohre, Vollton-Abtönfarben, Klarlack und einige ausreichend große Blumentöpfe. In diese werden später Pflanzen komplett mit kleineren Plastiktöpfen eingesetzt.

Als Werkzeug benötigt man ein Allzweckmesser, eine nicht zu grobe Säge, eine Feile, Pinsel, ein Schwämmchen und Handschuhe. Daneben ein wenig handwerkliches Geschick und etwas Geduld.

Zuerst werden auf eine Styroporplatte, deren Format dem der Terrarienrückwand entspricht, die Blumentöpfe aus Plastik geklebt (Abb. Seite 198 oben links). Dazu kann man die Styroporplatte einschneiden und runde, nach vorn geneigte Styroporstücke mit Silikon unter die Blumentöpfe kleben. Die Styroporplatte wird im unteren Teil der Blumentöpfe etwas ausgeschabt, damit diese schräg eingeklebt werden können. Scheinen später Strahler auf den oberen Rückwandbereich, sollten die Töpfe nicht zu hoch positioniert werden, da die Pflanzenblätter sonst leicht austrocknen.

Außerhalb des Terrariums wird Montageschaum auf die Styroporplatte mit den Blumentöpfen gesprüht. Der Inhalt der Sprühdose muss in einem Arbeitsgang verbraucht werden und kann kein zweites Mal benutzt werden (Abb. Seite 198 oben rechts). Auf die Styroporplatte geklebte Styroporstücke lassen die Rückwand später plastischer erscheinen.

Nach dem Trocknen des Montageschaums werden mit einem Teppichmesser die Öffnungen der Pflanztöpfe nachgeschnitten (Abb. Seite 198 unten links). Mit dem Teppichmesser und einer Feile kann die Struktur des Montageschaums nach Belieben nachgearbeitet werden.

Danach wird die Rückwand das erste Mal gestrichen. Wichtig ist es, mit hellen Farben zu beginnen (Abb. Seite 124 unten rechts). Es empfiehlt sich, für mehr Natürlichkeit unterschiedlich helle Farben zu benutzen. Nicht vergessen werden darf, den inneren Rand der aufgeklebten Blumentöpfe mit zu streichen.

Damit sich das Gießwasser oder Wasser aus der Beregnungsanlage später nicht in den Blumentöpfen sammelt, wird mit der Bohrmaschine ein Loch bis zur tiefsten Stelle des Blumentopfes gebohrt (Abb. Seite 199 oben links). Hinein wird ein Stück Aquarienrohr gesteckt, durch das überschüssiges Wasser ablaufen kann. So wird das Faulen der Blumenerde durch Staunässe verhindert.

Nun wird die Rückwand mit felsenähnlichen, dunklen Farben gestrichen, die noch vor dem Trocknen mit einem feuchten Schwamm und unterschiedlichem Druck teilweise wieder abgerieben werden (Abb. Seite 199 oben rechts). Durch das Hervortreten der unteren, hellen Farbschicht gewinnt die Rückwand viel an Plastizität und natürlichem Aussehen.

Nach dem Trocknen wird mit Pinsel oder Sprühdose eine Wasser abweisende Schicht Klarlack aufgebracht (Abb. Seite 199 unten links). Die Vollton-Abtönfarbe wird so versiegelt und kann nicht mehr abgespült werden. Die Rückwand muss abschließend mehrere Tage trocknen, bis sie nicht mehr nach Farbe riecht.

Zum Schluss werden Pflanzen samt Plastiktöpfen eingesetzt (Abb. Seite 199 unten rechts). Sie können so jederzeit zur Pflege leicht entnommen werden.

Die verwendeten Materialien sind für Tiere unbedenklich. Statt Vollton-Abtönfarbe kann auch Fliesenkleber oder Fugenpulver verwendet werden.

Literaturtipp: Wilms, T. (2004b): **Terrarieneinrichtung**. Grundlagen, Materialien, Methoden. Natur und Tier - Verlag, Münster.

Im Terrarium des Autors werden auf die Rückwand Plastiktöpfe geklebt, in die später Pflanzen in eigenen Töpfen eingesetzt werden.

Wulstartig wird Montageschaum auf die Töpfe gesprüht. Aufgeklebte Styroporstücke geben der Rückwand später mehr Dimensionalität.

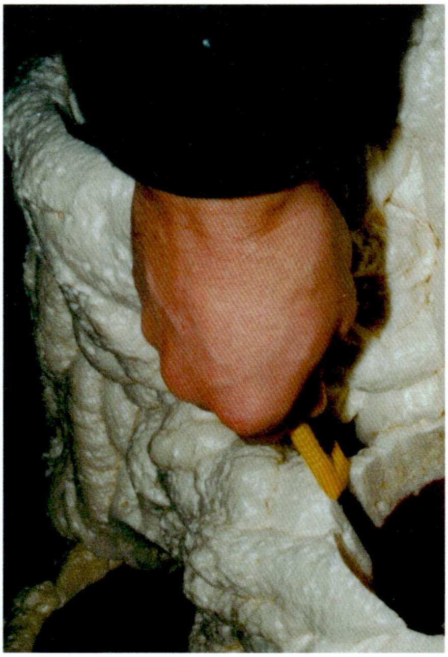

Mit dem Teppichmesser werden nach dem Trocknen des Montageschaums die Öffnungen der Pflanztöpfe nachgeschnitten.

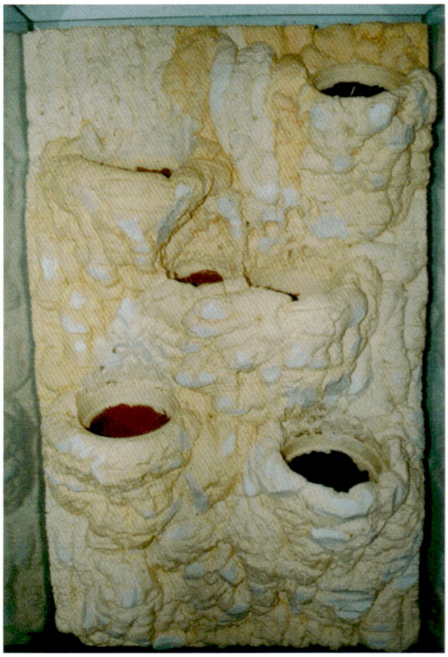

Wichtig ist, die Rückwand zuerst mit hellen Farben zu streichen. Für mehr Natürlichkeit empfiehlt es sich, mehrere Töne zu benutzen.

Mit der Bohrmaschine werden Löcher zur tiefsten Stelle des Topfes gebohrt. Hinein kommen Plastikrohre aus dem Aquarienzubehör.

Dunkle Farben werden vor dem Trocknen mit einem feuchten Schwamm abgerieben, damit die hellen Untergrundfarben zu Tage treten.

Nach dem Trocknen wird die letzte, Wasser abweisende Schicht aus Klarlack mit einem Pinsel oder der Sprühdose aufgebracht.

Ist die Rückwand vollständig getrocknet, werden Pflanzen komplett mit Töpfen eingesetzt . Tipp: einen Topf für Ultraschallnebler freihalten.

Bodengrund

Die Art des Bodengrundes unterscheidet sich je nach Terrarientyp und gepflegter Tierart. Der Bodengrund dient je nach Material der Erhaltung der Luftfeuchtigkeit, dem Grabbedürfnis, der Eiablage oder als Pflanzsubstrat. In allen Fällen spielt die Höhe des Substrats eine wichtige Rolle. Obwohl der Bodengrund regelmäßig von Kot und Futterresten befreit wird, ist spätestens dann, wenn der Geruch als unangenehm auffällt, ein Reinigen oder komplettes Ersetzen des Bodensubstrats notwendig. Viele Bodengründe können in heißem Wasser ausgespült und mehrmals eingesetzt werden, bevor eine Neuanschaffung unumgänglich wird. Während des Auswechselns werden die Agamen in einen ausbruchsicheren Behälter oder ein Ausweichterrarium umquartiert. Nachfolgend werden Vor- und Nachteile der verschiedenen Bodengründe in alphabetischer Reihenfolge genannt.

Blähton kennen Sie bestimmt aus dem Bereich der Hydrokulturpflanzen. In Halbfeucht- und Feuchtterrarien eignet er sich als unterste Schicht, um Staunässe der oberen Substratschicht zu verhindern. Zwischen die unterschiedlichen Substrate wird eine Schicht Filterwatte gelegt, um ein Vermischen zu vermeiden. Idealerweise setzen Sie Blähton über einer schräg gestellten Glasscheibe ein, um das Wasser nach vorn zu leiten, wo sich ein Abfluss befindet. Alternativ kann ein Schlauch oder gewinkeltes Rohr eingeklebt werden, an dessen Einlass ein verstellbarer Ansaugkorb, wie er in der Aquaristik verwendet wird, aufgesteckt ist. Blähton speichert sehr gut die Feuchtigkeit, bietet in den Hohlräumen der relativ großen Kugeln aber ungewollt Unterschlupf für Futterinsekten. Zudem sehen die dicken Kugeln auch optisch nicht besonders attraktiv oder natürlich aus. Ein Kompromiss ist das viel feinere Seramis.

Douglasienrinde ist besonders saugfähig. Im Handel ist sie unter den Bezeichnungen „Terrano Red Bark“ oder „Reptibark“ bekannt. Sie kann für Leguane und feuchtigkeitsliebende Tiere benutzt werden. Sie sollte nach Herstellerangaben in einem Eimer mit heißem Wasser eingeweicht und gereinigt werden, sobald ein unangenehmer Geruch entsteht oder spätestens alle zwei bis drei Wochen. Das Substrat sollte danach nicht zu feucht eingesetzt werden. Am besten mit einem alten Handtuch kurz trockenreiben. Trotz Reinigung sollte das Substrat nach etwa sechs Monaten ersetzt werden.

Kalzium-Substrat besteht aus organischen Stoffen wie Muschelkalk. Es wird mit verschiedenen unbedenklichen Lebensmittelfarben gefärbt. Sein Verzehr ist für die Tiere völlig unbedenklich; es kann nicht zu Verstopfung führen und fördert durch das enthaltene Kalzium sogar den Knochenaufbau. Exkremente verklumpen mit dem Substrat und lassen sich dann gut aus dem Terrarium entfernen. Als Bodengrund im Wasserteil oder in Feuchtterrarien kann Kalzium-Substrat zur Aufhärtung des Wassers führen.

Kies kann gewaschen und immer wieder verwendet werden. Vor dem ersten Einsatz werden Staub und Verschmutzungen ausgewaschen. Er ist ein idealer Bodengrund im Wasserteil. Grober Kies kann in Übergangsbereichen zu Wasserstellen und großen Trinkschalen eingesetzt werden, damit überlaufendes oder von den Tieren abtropfendes Wasser leicht versickern kann. Kies eignet sich gut als Bodengrund für größere Reptilien.

Kokoschips speichern die Feuchtigkeit und passen daher besonders gut in halbfeuchte und feuchte Terrarien. Das Material verrottet kaum und gibt keine Stoffe oder Säuren an das Wasser ab. Es ist lose in Tüten erhältlich oder als gepresste Blocks, die dann in Wasser aufgeweicht werden.

Korkgranulat speichert keine Feuchtigkeit. Es kann verschlungen, aber nicht verdaut werden und zu Darmverschluss führen. Nach dem Baden klebt es überall an den nassen Tieren. Im Vergleich zu anderen Bodengründen bietet es keine Vorteile.

Lehm wird hauptsächlich mit anderen Bodengründen gemischt. Als Substrat hält er die Feuchtigkeit, verdichtet sich, ist ideal für grabaktive Arten und kann gut bepflanzt werden.

Moos ist eigentlich kein Bodengrund, sondern wird zum Abdecken anderer Substrate benutzt. Es ist besonders für Feuchtterrarien zu empfehlen. Allerdings vermodert es mit der Zeit und muss deshalb in regelmäßigen Abständen erneuert werden.

Pinienrinde ist leicht saugfähig. Je gröber das Material ist und je weniger Feinanteil es hat, desto besser. Die Rinde eignet sich gut für Waldterrarien. Für grabende Arten ist sie nicht geeignet.

Quellhumus wird in Blocks angeboten, die, mit 1,5 bis acht Liter Wasser versetzt, aufquellen. Quellhumus speichert die Feuchtigkeit sehr gut und ist ein ideales Substrat für Feucht- und Regenwaldterrarien. Quellhumus wird gerne mit anderen Substraten, beispielsweise Erde oder Sand, gemischt.

Rindenmulch wird für große Agamen verwendet. Bei kleineren Tieren kann der Verzehr jedoch zu Darmverschluss führen. Im feuchten, nicht ausreichend gelüfteten Terrarium schimmelt das Substrat schnell.

Sand ist ein ideales Substrat für Agamen und aus Wüstengebieten. Verschmutzungen sind auf dem Sand leicht zu entfernen. Im Handel stehen verschiedene Körnungen zur Auswahl. Wichtig ist, bei Sand nur Rundkorn, nie gebrochenes Material zu verwenden. Scharfkantiger Sand setzt sich nämlich bei Wüstenbewohnern unter den Schuppen fest und kann zu Entzündungen führen. Zudem kann es beim Wühlen und Graben zu schwer heilenden Verletzungen kommen. Vor dem Einsatz im Terrarium müssen Verschmutzungen ausgewaschen werden. Für grabende Agamen in Wüsten-, Steppen- und Savannenterrarien muss manchen Sanden Lehm beigemischt werden, damit beim Graben nicht gleich alles zusammenstürzt. An Stelle von Lehm kann man auch an der Luft getrockneten Ton zu feinem Pulver verreiben und dem Sand untermischen. Nur nicht zu viel, da der trockene Boden sonst steinhart wird. Die untere Sandschicht sollte immer leicht feucht, aber nicht nass gehalten werden. Auch in Wüstengebieten sind die untersten Sandschichten feuchter. Wichtig ist dies auch, damit nach der Eiablage den Eiern keine Feuchtigkeit entzogen wird. Eine Möglichkeit der Befeuchtung ist es, über ein eingegrabenes Plastikrohr geringe Mengen Wasser nachzufüllen. Der Sand sollte aber nur leicht feucht sein. Die obere Schicht soll trocken bleiben. Damit nicht zu viel Sand mit der Nahrung aufgenommen wird, empfiehlt es sich, Futter in Schälchen anzubieten. Sand eignet sich auch gut zum Untermischen in Erde für Waldterrarien, da er die Wasser- und Luftdurchlässigkeit erhöht.

Schwarztorf ist, in kleinen Mengen eingebracht, in der Terraristik ein probates Bodendeck- und Baumaterial. Er wird im Zoofachhandel in handgroßen, festen Stücken angeboten. Schwarztorf ist lange haltbar, verrottet nicht und wirkt durch die Säureabgabe pilz- und bakterienhemmend. Überschüssiges Wasser wird vom Material aufgenommen und feuchtigkeitsregulierend an die Umgebungsluft abgegeben. Die Stücke können sehr schön und dekorativ in die Terrarienlandschaft integriert werden. Unerlässlich ist es, Schwarztorf vor dem Einbringen ins Terrarium einige Tage zu wässern. Sich ausdehnendes Material kann an-

Douglasienrinde, einer der beliebtesten Bodengründe für Halbfeucht- bis Feuchtterrarien

Pinienrinde speichert die Feuchtigkeit und kommt dem Waldboden am nächsten.

Kokoschips speichern die Feuchtigkeit. Eingesetzt im Halbfeucht- bis Feuchtterrarium.

Terrarienerde hält die Feuchtigkeit und verdichtet sich. Gern gekauft für grabende Arten.

Quellhumus ergibt mit Wasser versetzt einen saugfähigen Bodengrund für Feuchtterrarien.

Kalziumsubstrat. Der Verzehr ist nicht nur unbedenklich, sondern fördert den Knochenaufbau.

Sand mit Lehmanteil wird nach dem Befeuchten hart. Ideal für Höhlen grabende Arten.

Wüstensand darf nur Rundkorn sein. Gebrochener Sand stellt ein Verletzungsrisiko dar.

geblich im Extremfall zu Glasbruch oder dem Einklemmen nach Deckung suchender kleiner Tiere führen. Der Nachteil von Schwarztorf ist, dass sich die abgegebene Säure negativ auf das Pflanzenwachstum sowie die Bodenflora und -fauna auswirken kann.

Terrarienerde hält die Feuchtigkeit, ist ideal für grabaktive Agamen und gut zu bepflanzen. Sie verdichtet sich bei Feuchtigkeit. Beim Kauf sollte darauf geachtet werden, dass keine Düngerstoffe enthalten sind. Blumenerde ist ungeeignet, da sie schnell verrottet und übel riecht. Terrarienerde kann nicht gereinigt und wieder verwendet werden, braucht aber über einen längeren Zeitraum nicht ausgetauscht zu werden, wenn man den Kot der Tiere absammelt. Es empfiehlt sich, Regenwürmer einzusetzen. Sie vertilgen Abfallstoffe und dienen den Terrarientieren zusätzlich als Nahrung.

Torf hält sehr gut die Feuchtigkeit und verrottet nicht. Trockener Torf ist jedoch staubig, feuchter verklumpt leicht, und in nassem bilden sich Säuren. Verzehrtes Material kann sich bei Echsen im Darm festsetzen. Torf allein ist als Bodengrund weniger geeignet, aber im Gemisch mit anderen Substraten wie Sand oder Erde zu empfehlen.

Torfplatten halten die Feuchtigkeit und verrotten nicht. Sie sollten nicht zu nass gehalten werden, um eine starke Ansäuerung zu vermeiden. In geringem Maße befeuchtet, wirkt Torf antibakteriell.

Tipp: Bodengründe aus dem Baumarkt können Insektizide beinhalten und sind daher nicht für die Terrarientierhaltung geeignet.

Dekoration

Dekorationsmaterialien erfüllen für die artgerechte Haltung **unterschiedliche Zwecke**. Viele Terrarientiere brauchen Klettermöglichkeiten. Werden Äste auch als Sonnenplätze benutzt, müssen sie horizontal unter einer Lichtquelle angebracht werden. Steine, Äste und Wasserschalen werden oft als Häutungshilfen benutzt. Dem Halter dienen Dekorationsmaterialien zum Kaschieren von technischem Zubehör. Unerlässlich sind sie dabei, Verstecke zu schaffen. Diese vermitteln den Tieren Sicherheit, bieten Zuflucht und die Möglichkeit zur Abkühlung durch Verdunstungskälte. Damit Höhlen nicht nur der Gewissensberuhigung des Halters dienen, sondern den Agamen wirklich nützen, sollten sie kaum größer sein als das Tier selbst. Für Pfleglinge, die durch Mitbewohner des Terrariums zuweilen gejagt werden, dürfen Höhlen nicht zu ausweglosen Fallen werden. Ideal sind Dekorationen auch, um Sichtbarrieren zu schaffen. Bei Haltung von mehreren territorialen Männchen sollten einige Futterstellen mit Sichtschutz eingerichtet werden. Dekorationen dienen Echsen auch dazu, ihre Reviere zu markieren.

Bei der **Aufstellung** muss sichergestellt werden, dass Futterreste und Exkremente immer noch entfernt werden können. Lüftungsgitter dürfen nicht von Dekorationsmaterial abgedeckt werden. Vor allem dürfen Dekorationsgegenstände nicht umfallen. Sie sollten immer direkt auf den Glasboden des Terrariums gestellt werden, damit sie nicht untergraben werden können. Steinaufbauten sollten mit Silikon oder Zement verklebt werden. Äste müssen der Größe und dem Gewicht der Tiere entsprechen. Gegebenenfalls sind Äste auf einer großflächigen Grundfläche fest zu verschrauben.

Hölzer sind die am häufigsten in Terrarien eingesetzten Dekorationsmaterialien. Aus der Natur entnommenes Material sollte nicht modrig riechen, da der Geruch besonders beim Einsatz in Feuchtterrarien recht unangenehm ist. Schnecken und eingebrachte Insekten sind für die meisten Agamen ein willkommenes Zusatzfutter. Zu bedenken ist, dass sich in Stücken mit rauer Rinde, Öffnungen oder Spalten leichter Parasiten festsetzen. Äste sollten nie überkreuzt werden, da sich Agamen in Öffnungen leicht den Schwanz einklemmen können. Genauso müssen Schnittstellen von Ästen möglichst spaltenlos an die Rückwand oder Terrarienscheibe gestellt werden. Recht gut halten sich im Terrarium Äste von Pflaumen- und Birnbäumen. Dekorativ und knorrig sind die beim Stutzen kleiner Apfelbäumchen anfallenden Äste, wie sie in Gegenden mit viel Obstanbau zu finden sind. Schöne Formen haben auch dickere Zweige der Korkenzieherweide oder der Korkenzieherhasel. Weinreben sind, sofern frei von Insektiziden, ebenfalls sehr gut in Terrarien einsetzbar. Äußerst beliebt sind Korkrinde und Korktronchos. Lange haltbar und ansprechend geformt sind Moorkien-, Mahagoni-, Savannen- und Tropenholz. Ein Blickfang in Trockenterrarien sind Kaktusskelette, die allerdings auch von entkommenen Futtertieren sehr als Unterkunft geschätzt werden. Als Wassergefäße oder umgekehrt als Höhle aufgestellt, lassen sich halbierte Kokosnussschalen gut verwenden. Geckos klettern gerne auf Bambusrohren und benutzen Bambusröhren mit größerem Durchmesser bevorzugt als Behausung. Für tropische Terrarien sind Schwarztorfstücke ein ausgezeichnetes Gestaltungsmaterial, da sie mit Sägen und Feilen bearbeitet werden können.

Gerne werden im Terrarium zur Dekoration auch **Steine** verwendet. Unter Wasser eingesetzte Steine sollten keinen Kalk abgeben, da sonst ungewollt die Wasserhärte zunehmen kann. Granit ist ein dekoratives Gestein, jedoch hart und schwer zu bearbeiten. Schiefer hingegen lässt sich gut spalten und zerkleinern. Weißes Lochgestein hat im Vergleich zu jugoslawischem Lochgestein keine scharfen Kanten. Lava ist recht kantig und saugt unheimlich stark Exkremente und Urin auf. Ich persönlich bin begeistert von Pagodengestein. Die abgestufte Struktur erinnert an Cañons und natürliche Verwitterung. Die einzelnen Steine haben sehr individuelle Formen.

Dekorationsgegenstände aus **Keramik** haben den Vorteil, dass die Materialoberfläche nicht wie bei manch künstlicher Dekoration durch den scharfen Urin der Tiere angegriffen und mit der Zeit matt wird. In einem heißen Wasserbad lassen sich eingezogene Urin- und Kotflüssigkeiten auswaschen. Gleiches gilt für Hohlziegel, die zwar nicht so natürlich im Terrarium aussehen, aber gute Verstecke darstellen.

Aus **Kunstharz** nachgebildete Wurzel- und Aststücke sind, im Terrarium eingesetzt, optisch kaum von natürlicher Dekoration zu unterscheiden. Ihr Vorteil ist, dass sie Parasiten kaum Unterschlupf gewähren und einfach zu desinfizieren sind.

Künstliche Pflanzen erfüllen im Terrarium überwiegend dekorativen Zweck. Den Tieren ist es grundsätzlich egal, ob die Pflanzen echt sind oder nicht. Für den Terrarianer aber haben die künstlichen Pflanzen mehrere Vorzüge: Sie müssen nicht gegossen werden, sind nicht vom Licht abhängig und gehen nicht ein. Vor allem aber lassen sie sich sehr gut reinigen. In vielen Terrarien sind echte Pflanzen dennoch vorzuziehen, zum Beispiel wegen ihrer klimabeeinflussenden Wirkung.

Tipp: Die Bedeutung von Sichtbarrieren im Terrarium ist nicht zu unterschätzen. Bei empfindlichen Arten kann allein der ständige Sichtkontakt zu dominanten Tieren tödlichen Stress bedeuten.

Bepflanzung

In einem funktionierenden biologischen Kreislauf im Terrarium verwerten Pflanzen die von den Tieren ausgeschiedenen Stoffe für ihre eigene Entwicklung. Ein so in sich geschlossenes System kann aber nur bei Haltung sehr weniger und sehr kleiner Arten von Terrarientieren erreicht werden. In der Regel dienen Pflanzen dem **Zweck** der Dekoration und Revierabgrenzung, bieten Sichtschutz, Schatten, Versteck- und Klettermöglichkeiten, spenden Sauerstoff und erhöhen die Luftfeuchtigkeit. Bei der Bepflanzung kann der Terrarianer seinen persönlichen Geschmack im Rahmen der spezifischen Ansprüche seiner Pfleglinge zum Ausdruck bringen. Die Herkunft der Pflanzen spielt keine Rolle, solange sie zum entsprechenden Terrarientyp passen und für die Tiere ungiftig sind. Bei der **Auswahl** der Terrarienpflanzen nimmt man große Pflanzen für die hinteren und kleine für die vorderen Bereiche des Terrariums, um die Bepflanzung übersichtlich zu gestalten. Bunte Pflanzen sollte man dezent als Farbkleckse einsetzen. Es ist ratsam, überwiegend grüne Pflanzen zu verwenden, da die Bepflanzung sonst schnell kitschig aussieht. Für kletternde Agamen wählt man robuste und hartlaubige Pflanzen, die auch deren Gewicht tragen. In relativ kleinen Terrarien fühlen sich kleinblättrige Pflanzenarten wohler, da sich großblättrige nicht gut entfalten können.

Neben dem zu erwartenden Wachstum müssen auch die Ansprüche der Pflanze selbst berücksichtigt werden. Das **Wasser** sollte beim Gießen der Terrarientemperatur entsprechen. Bei Verwendung von Wärmestrahlern kann die oberste Substratschicht ausgetrocknet erscheinen, während noch genügend Feuchtigkeit in der unteren Bodenschicht vorhanden ist. Gesprüht wird am besten mit kalkarmem Regenwasser. Zu kalkhaltiges Wasser hinterlässt weiße Flecken auf den Blättern. Allerdings könnte es bei Tieren, die ihren Wasserbedarf über das Auflecken von Tropfen decken, zu Mangelerscheinungen kommen. Ein weiterer Faktor ist der Bedarf an **Licht**. Falsche Beleuchtung wirkt sich auf Wachstum und Stoffwechsel der Pflanzen aus. Bekommen sie zu wenig Licht, vergilben die Blätter, und es tritt Vergeilung, das heißt Längenwachstum, auf. Die benötigte Lichtintensität beträgt bei bevorzugt sonnigem Standort der Pflanze 100.000 Lux, bei hellem 10.000-20.000 Lux, bei halbschattigem 5.000-10.000 Lux und bei schattigem 2.500-5.000 Lux. Die Beleuchtungsdauer sollte täglich zwischen zwölf und 14 Stunden liegen. Im Terrarium sollte zumindest eine pflanzenwuchsfördernde Leuchtquelle vorhanden sein. Für die Photosynthese sind besonders die Rot- und Blauanteile des Lichts notwendig. Eine günstige Farbzusammensetzung und hohe Lichtausbeute zeichnen HQL- und HQI-Strahler aus. Allerdings sind diese erst ab 50 oder 70 Watt erhältlich und wegen der Wärmeabgabe beziehungsweise dem erforderlichen Abstand zu den Pflanzen nicht für alle Terrarien geeignet. Ist der Abstand zu den Strahlern zu gering, vertrocknen die Blätter. **Temperatur** und **Luftfeuchtigkeit** sollten den Bedingungen in den Herkunftsgebieten entsprechen. Ob Pflanzen im Terrarium **Dünger** zugeführt werden kann, hängt von der Empfindlichkeit der gepflegten Tierarten ab. Im Zweifelsfall sollte lieber das Pflanzsubstrat erneuert werden. Generell sind Mangelerscheinungen bei Pflanzen eher durch falsches Licht und Wässern bedingt als durch zu wenig Nährstoffe.

Terrarienpflanzen lassen sich in verschiedene Gruppen einteilen. **Kakteen** sind solchen Terrarien vorbehalten, deren Bewohner in der Natur gelernt haben, mit stacheligen Pflanzen umzugehen. **Sukkulenten** sind Pflanzen mit überwiegend stachellosen, dickfleischigen Blättern, in denen sie Wasser speichern. Sukkulenten brauchen viel Frischluft und einen hellen Standort. Für das Trockenterrarium eignen sich besonders gut Arten wie Blattsukkulenten (Echeveria) und Liliengewächse (Haworthia und Aloe). **Tillandsien**

Moos lässt sich gut in Feuchtterrarien und bei der Haltung von Amphibien einsetzen.

Die Stufenstruktur von Pagodengestein erinnert an Cañons und natürliche Verwitterung.

Gute Kunstpflanzen sind heute auf den ersten Blick kaum noch von echten zu unterscheiden.

Korkstücke können sowohl in trockenen wie auch in feuchten Terrarien eingesetzt werden.

Lianen und Korktronchos eignen sich vor allem für kleine, kletternde Echsen.

Korkröhren sind ideale Versteck- und Rückzugsmöglichkeiten.

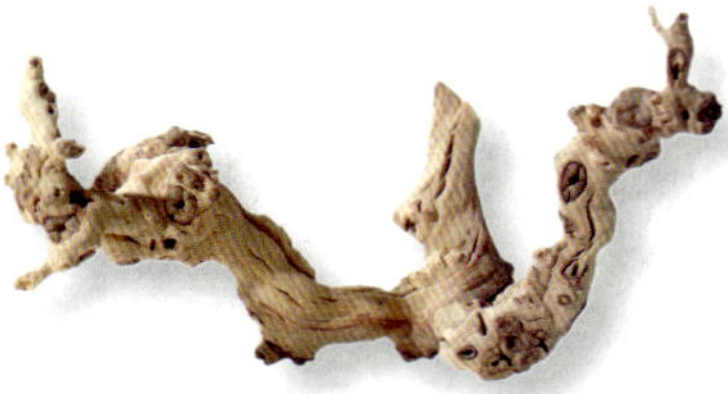

Weinreben eignen sich sowohl für trockene wie auch feuchte Terrarien.

Künstliche Dekoration kommt bei Milbenbefall einfach in die Spülmaschine.

Wasserfälle wirken im Terrarium nicht nur dekorativ, sondern erhöhen auch die Luftfeuchtigkeit.

Trinkschalen sollten aus hygienischen Gründen leicht auszuwaschen sein.

Künstliche Kakteen sind je nach gepflegtem Tier manchmal die bessere Alternative zu echten.

TerraPonds sind Badeschalen, die ebenerdig mit dem Substrat eingesetzt werden.

Agamen lieben erhöhte Aussichtsplätze zur Lokalisierung von Beute und Artgenossen.

werden mit Nylonfäden, Streifen alter Nylonstrumpfhosen oder Draht direkt am Ast oder Stamm festgebunden. Die Drahtenden müssen gut weggebogen werden, damit die Tiere sich nicht verletzen. Tillandsien mögen es, wenn die Luftfeuchtigkeit nachts höher ist als tagsüber. Im Feuchtterrarium bekommen sie einen hellen bis sonnigen Standort. **Epiphyten**, Aufsitzerpflanzen, werden in Astgabeln oder Astlöchern angebracht. Astlöcher, in den Ast gebohrte Vertiefungen, müssen auf der Unterseite einen Abfluss haben, da die Pflanzen Staunässe nicht vertragen. Die Astlöcher werden mit Substrat wie Torfmoos, Kokosfasern und Lauberde befüllt, das mit Wurzel- und Aststückchen aufgelockert ist. Der Standort im Feuchtterrarium kann halbschattig bis hell sein. **Blattpflanzen** wie Baumfreund (*Philodendron*) und Birkenfeige (*Ficus benjamini*) benötigen halbschattige bis helle Standorte. Sie gedeihen gut in Halbfeucht- und Feuchtterrarien. **Bromelien**, die je nach Art epiphytisch auf Bäumen oder im Boden wurzeln, wachsen rosettenförmig. Sie werden im Feuchtterrarium an schattigen bis halbschattigen Standorten eingesetzt. **Farne** bevorzugen in Halbfeucht- und Feuchtterrarien schattige bis halbschattige Plätze. Sie verlangen hohe Luftfeuchtigkeit. Für unbeheizte Halbfeuchtterrarien eignet sich der einheimische Tüpfelfarn (*Polypodium vulgare*). Ebenfalls im Halbfeucht- und Feuchtterrarium mit hoher Luftfeuchtigkeit fühlen sich an schattigen bis halbschattigen Standorten **Kletter- und Rankpflanzen** wohl. Besonders gut gedeihen Kriechender Gummibaum (*Ficus pumila*) und Efeutute (*Epipremnum aureum*). Im unbeheizten Halbfeuchtterrarium wächst auch einheimischer Efeu gut. In der Gärtnerei gekaufte, kultivierte Pflanzen entwickeln sich besser als aus dem Garten entnommene. Für das Aquaterrarium sind nach meiner Erfahrung robuste **Wasserpflanzen** wie Javafarn und Anubias sowie wenig lichtbedürftige Arten wie Cryptocoryne das Richtige. Auch der schwimmende Farn *Salvinia auriculata* wirkt ausgesprochen dekorativ. In kalkarmem, leicht saurem Wasser wächst das schwimmende Sternlebermoos (*Riccia fluitans*) schnell und entwickelt sich sehr schön.

Auf den **Einsatz** im Terrarium sollten die Pflanzen vorbereitet werden. Oft sind erworbene Exemplare nämlich mit Pflanzenschutzmitteln behandelt, auf die manche Terrarientiere empfindlich reagieren. Statt die Pflanzen direkt einzusetzen, braust man sie am besten erst ein bis zwei Wochen lang täglich ab. Idealerweise werden Pflanzen nicht nur bei grabenden Agamen in Töpfen ins Terrarium eingesetzt. Auf diese Weise lassen sie sich besser entnehmen, wenn zum Beispiel einmal die Bekämpfung von Spinnmilben oder Läusen erforderlich ist. Die **Bekämpfung von Pflanzenschädlingen** muss ohne chemische Mittel erfolgen, beispielsweise kann eine Lösung aus Brennnesselblättern und Wasser gesprüht werden. Dies geschieht selbstverständlich nicht im Terrarium, und die Pflanzen müssen vor dem Wiedereinsetzen gut gewässert werden. Im Terrarium können Schädlinge nur mit einem feuchten Wattebausch, Lappen oder Schwamm abgewischt werden. Eventuell verschwinden die Schädlinge auch bei erhöhter Luftfeuchtigkeit, da sie trockene Umgebungen bevorzugen. Bewährt haben sich ebenfalls in 200 ml Wasser gelöste halbe Aspirintabletten. Die Lösung kann mit der Sprühflasche zur Schädlingsbekämpfung eingesetzt werden, ohne dass Terrarientiere Schaden nehmen. Werden stattdessen neue Pflanzen eingesetzt, sollte damit etwas gewartet werden, damit diese nicht von Schädlingen befallen werden, die sich noch im Terrarium befinden.

Wasserteil

Der Wasserteil kann im Terrarium **verschiedenen Zwecken** dienen. Er wird von den Agamen in erster Linie zum Trinken und Baden benutzt. Viele Arten koten allerdings auch gern im Wasser, was eine regelmäßige Reinigung erforderlich macht.
Die **Größe** der Wasserschale beziehungsweise des abgegrenzten Wasserteils hängt vom Trink- und Badebedürfnis sowie der Körpergröße der gepflegten Arten ab. Wasseragamen benötigen mindestens einen Wasserteil, welcher der Hälfte des Terrariums entspricht. Damit Agamen nicht in zu hohen Trinknäpfen ertrinken, sollten Sie solche wählen, über deren Rand die Tiere noch schauen können. Dennoch kann es vorkommen, dass unerfahrene Jungtiere ertrinken. Bevorzugen Sie daher beim Kauf Trinknäpfe mit eingearbeiteten Stufen.

Trink- und Badeschälchen können aus unterschiedlichem Material sein. Ton-, Glas- und Edelstahlschalen lassen sich leicht auswischen und sind sehr glatt, so dass sich keine Algen ansetzen. Sie eignen sich besonders gut für Quarantäneterrarien. Schälchen aus Kunstharz gibt es in Steinoptik; sie sehen im Terrarium sehr natürlich aus. Sofern sie zur Terrariendekoration passen, sind auch halbe Kokosnussschalen geeignet. Damit möglichst wenig Bodengrundsubstrat in die Badeschälchen getragen wird, sollte eine Abtropfschicht aus grobem Kies, Rinden- oder Holzstückchen im Übergangsbereich zu Wasserstellen als Bodengrund verwendet werden. Übergeschwapptes Wasser kann so zudem besser versickern. Ideal sind Eckschalen, die nur von einer Seite begehbar sind.

Wasserteile können beim Bau vom Landteil durch Glas- oder Plexiglasstreifen abgegrenzt werden. Diese werden mit Silikon wasserdicht eingeklebt. Nach Dichtigkeitsprüfung wird Bodengrund im Landteil eingebracht. Der Übergang vom Wasser- zum Landteil sollte schräg und so gestaltet sein, dass die Tiere problemlos aus dem Wasser klettern können. Auf glatte Oberflächen wie schräg eingeklebte Glasscheiben werden dazu mit Silikon Kieselsteine oder mit Bootslack Sand geklebt. Eine große Hilfe für Agamen und zudem sehr dekorativ ist es, wenn das Verlassen des Wassers durch große Steine, Korkrindenstücke oder ins Wasser ragende Äste erleichtert wird.
Zur **Befüllung** des Wasserteils kann in der Regel Leitungswasser verwendet werden. Regenwasser ist unter Umständen durch Umweltbelastungen von schlechterer Qualität, und mit Wasser aus Bächen oder Teichen können Planarien, Karpfenläuse oder Scheibenwürmer eingeschleppt werden. Beim Befüllen von Badeschalen und Wasserteilen ist generell das Körpervolumen der Tiere zu berücksichtigen, damit das Wasser nicht überläuft.
Die Temperatur des Wasserteils darf nicht höher als die der Luft im Terrarium liegen, damit sich die Tiere nach Verlassen des Wassers nicht erkälten. Regelheizer sind so im Aquarium anzubringen, dass die Tiere damit nicht in Berührung kommen können. Dazu eignen sich hohle Steine oder Korkröhren.

Als **Bodengrund** im Wasserteil eignet sich im Allgemeinen am besten feiner Aquarienkies. Bei der regelmäßigen **Reinigung** kann der Bodengrund im Wasserteil des Aquaterrariums mit einer Mulmglocke aus dem Zoofachhandel einfach von Schmutz und abgesetzten Schwebeteilchen befreit werden. Eine ähnliche Wirkung erzielt man auch mit luftpumpen- oder batteriebetriebenen Aquarienstaubsaugern.
Bei stark ins Wasser kotenden Arten wird ein leistungsstarker **Aquarienfilter** zur Reinigung, Wasserbewegung und Sauerstoffanreicherung benötigt. Zum **Teilwasserwechsel oder Komplettaustausch** ist ein eingebauter Abfluss oder ein eingeklebtes Schlauchstück von großem Vorteil. Zum Entleeren des Wassers sollte der Schlauch jedoch aus hygienischen Gründen nicht an-

gesaugt werden. Im Zoofachhandel gibt es Pumpbälle, die ans Schlauchende gesteckt werden und einen Sog bewirken, wenn sie zusammengedrückt werden. Man kann auch einen Schlauch mit Wasser füllen, das untere Ende umknicken, das obere ins Wasser stecken und dann das untere über einen Eimer halten und das Wasser abfließen lassen. Ich persönlich schließe einen langen Schlauch mit einem Ende an den Wasserhahn und fixiere das andere Ende mit zwei Klemmsaugern unterhalb der Wasserlinie im Aquaterrarium. Dann drehe ich den Wasserhahn so lange auf, bis die Luft aus dem Schlauch entwichen ist und frisches Wasser nachkommt. Jetzt ziehe ich das Schlauchende vom Wasserhahn ab und lege es über einen Abfluss, der tiefer liegt als der Wasserstand im Aquaterrarium. So lasse ich durch den Rückflusseffekt einen Teil des Wassers ablaufen, bevor ich den Schlauch zum Befüllen mit frischem Wasser wieder an den Wasserhahn anschließe. Währenddessen kann man natürlich auch eine Mulmglocke auf das Schlauchende im Aquaterrarium stecken und bei einem Teilwasserwechsel gleichzeitig den Bodengrund von Mulm befreien.

Feuchtigkeit

Klimafaktor Feuchtigkeit

Die Feuchtigkeit ist ein wichtiger **Klimafaktor**. Ist das Klima zu trocken oder im Gegenteil zu feucht, kommt es bei Echsen zu Häutungsproblemen und Atemwegsinfektionen. Für viele Tiere leitet hohe Feuchtigkeit erst die Paarungszeit ein. Ist das Klima jedoch zu nass und die Belüftung unzureichend, können die Tiere ebenfalls erkranken. Darüber hinaus bildet sich im Terrarium Schimmel.

Zu unterscheiden sind grundsätzlich die Boden- und die Luftfeuchtigkeit. Die **Bodenfeuchtigkeit** wird im Trockenterrarium durch Besprühen beziehungsweise Bewässern der unteren Schichten erhöht. Im Halbfeucht- oder Feuchtterrarium wird dies noch durch den Einsatz feuchtigkeitsspeichernder Substrate wie Kokoschips, Schwarztorf oder Quellhumus unterstützt. Auch Bodenbedeckungen wie Moose halten die Feuchtigkeit. In Wüstenterrarien ist das Besprühen des Substrats lebensnotwendig für Tiere, die ihren Feuchtigkeitsbedarf über Tau- und Regentropfen decken. Zudem brauchen auch Tiere aus trockenen Biotopen einen feuchten Unterschlupf. Hier herrscht durch Verdunstungskälte eine kühlere Lufttemperatur als im übrigen Terrarium.

Die **relative Luftfeuchtigkeit** ist das meist in Prozent angegebene Verhältnis zwischen der tatsächlich in der Luft vorhandenen Wassermenge und der theoretischen Maximalmenge, die bei einer bestimmten Temperatur vorhanden sein könnte. Warme Luft kann mehr Wasser aufnehmen als kalte Luft. Wenn die Temperatur ansteigt und die Wasserdampfmenge in der Luft gleich bleibt, dann sinkt die relative Luftfeuchtigkeit. Sinkt die Temperatur bei konstanter Wasserdampfmenge in der Luft, steigt die relative Luftfeuchtigkeit. Luft mit 100 % relativer Luftfeuchtigkeit ist gesättigt.

Die Messung erfolgt über Hygrometer, die im Terrarium gut einsehbar angebracht werden. In der Wohnung liegt die relative Luftfeuchtigkeit in der Regel bei etwa 50 %. Je nach Terrarientyp sollte sie bis zu 100 % betragen. Nachts ist die relative Luftfeuchtigkeit automatisch höher, da kältere Luft weniger Wasser aufnehmen kann und schneller gesättigt ist. Mit sinkender Temperatur nimmt die relative Luftfeuchtigkeit zu; bei steigender Temperatur fällt sie. Beheizung kann daher im Terrarium eine zusätzliche Feuchtigkeitszufuhr notwendig machen.

Regelung der Feuchtigkeit

Die Feuchtigkeit zu erhöhen, indem per Zeitschaltuhr Befeuchtungssysteme aktiviert werden, stellt für den Terrarianer nur eine unbefriedigende und nicht bedarfsgerechte Methode dar. Speziell entwickelte Geräte wie der ClimaControl messen mit empfindlichen Fühlern die relative Luftfeuchtigkeit und aktivieren erst bei Unterschreiten der eingestellten Sollwerte angeschlossene Vernebler oder Beregnungsanlagen.

Befeuchtungssysteme

Je nach gepflegter Art beziehungsweise Terrarientyp und -größe kommen zur Erhöhung der Luftfeuchtigkeit unterschiedliche Möglichkeiten in Betracht. Die einfachste besteht im Besprühen des Terrariums mit warmem Wasser aus einer **Sprühflasche**. Beim morgendlichen Sprühen in Trocken- und Halbfeuchtterrarien hält sich der Aufwand noch in Grenzen.
Bei kontinuierlichem Feuchtigkeitsbedarf in Feuchtterrarien reicht ein beheizter **Wasserteil** aus, dessen Temperatur knapp unterhalb der Lufttemperatur liegt. Ebenso kann ein tagsüber betriebener **Springbrunnen** die Luftfeuchtigkeit erhöhen. Dieser kann in einem Gefäß, das einen geschlossenen Wasserkreislauf sicherstellt, schön in die Terrarienlandschaft integriert werden.
Etwas aufwendiger ist der Eigenbau eines **Wasserfalls**. Damit nicht der gesamte Terrarienboden versumpft, empfiehlt es sich, eine mehrere Zentimeter hohe Glasscheibe als Abtrennung zum übrigen Bodengrund in eine Ecke einzukleben. Mit Hilfe eines luftpumpenbetriebenen Aquarienfilters mit Steigrohr kann das Wasser über aufgeschichtete Steine zirkulieren. Als Alternative gibt es inzwischen auch einigermaßen natürlich wirkende Wasserfälle fertig im Handel zu kaufen.

Der ClimaControl misst und regelt Luftfeuchtigkeit sowie Temperatur und verfügt über eine Zeitschaltuhr mit Sekundenschaltung.

Eine andere Möglichkeit ist das direkte Verdampfen des Wassers mit einem **Mini-Ultraschallnebler**. Mini-Nebler mit einem Durchmesser von 4 cm und einer Höhe von 4-5 cm verdampfen pro Stunde bereits 100-200 ml Wasser. Mit einem speziellen Intervallschalter oder einer einfachen Zeitschaltuhr kann die verdampfte Feuchtigkeitsmenge kontrolliert werden. Da neben dem feinen Wasserdampf regelmäßig auch größere Tropfen in die Luft geschleudert werden, sollte der Nebler mit Spritzschutz oder in einem möglichst großflächigen Gefäß betrieben werden. Fällt der Vorrat an Flüssigkeit unter einen bestimmten Mindeststand, schaltet sich der Nebler automatisch ab. Leider lagert sich an der auswechselbaren Membran gern Kalk ab, so dass die Betriebsdauer in Regionen mit hartem Wasser deutlich kürzer ist als in solchen mit weichem Wasser. Die Betriebsdauer kann jedoch durch Verwendung von entionisiertem Wasser oder regelmäßiges Entkalken der Membran in Essig oder einprozentiger Salzsäure (HCl) verlängert werden. Nach zehnminütigem Einweichen muss die Membran gut abgespült werden.

Nach dem gleichen Prinzip funktionieren auch große **Ultraschallnebler**, die außerhalb des Terrariums angebracht werden. Über flexible Schläuche kann der Wasserdampf mehreren Terrarien zugeführt werden. Für größere Terrarien kommen alternativ **Raumluftbefeuchter**, wie sie beispielsweise für Gewächshäuser angeboten werden, in Frage.

Speziell für die Terraristik entwickelt, sind im Handel inzwischen **Beregnungsanlagen** verschiedener Hersteller verfügbar. Über die kleinen Öffnungen der Düsen wird ein extrem feiner Nebel ein- bis dreimal täglich etwa eine Minute lang versprüht. Er lässt sich über die in unterschiedliche Richtungen drehbaren Düsen optimal steuern.

Eurozoo bietet einen Ultraschall-Luftbefeuchter mit separater Einstellung der Luftfeuchtigkeit an.

HOBBY verkauft Mini-Ultraschallvernebler. Da neben dem feinen Wasserdampf regelmäßig auch größere Tropfen in die Luft geschleudert werden, wird ein Spritzschutz mitgeliefert.

Lucky Reptile hat einen Vernebler mit integriertem Wasserbehälter im Programm.

Temperatur

Klimafaktor Temperatur

Die Temperatur stellt in Ihrem Terrarium einen der bedeutendsten Faktoren dar. Wechselwarme Tiere brauchen zur artgerechten Pflege einen ganz spezifischen Temperaturbereich. Nur so können die wichtigsten Körperfunktionen ablaufen. Echsen benötigen im Vergleich zu gleich großen Vögeln etwa nur ein Zehntel des Energiebedarfs. Der Hauptteil der Energie wird bei Vögeln zur Konstanthaltung der Körpertemperatur gebraucht. Echsen heizen sich hingegen in der Sonne auf. Morgens kommen sie aus ihren Verstecken und sonnen sich, bis sie ihre „Betriebstemperatur" erreicht haben. Diese halten sie dann durch den wechselnden Aufenthalt an Sonnen- und Schattenplätzen. Wüstenleguane sind morgens zum Beispiel sehr dunkel, um mit ihrer Farbe das Sonnenlicht zu absorbieren. Mit steigender Wärme wird ihre Körperfarbe immer heller. Herrschen Maximaltemperaturen, sind die Tiere fast weiß, um das Sonnenlicht zu reflektieren.

Der Temperaturbedarf ist bei den einzelnen Arten unterschiedlich. Manche benötigen konstante Temperaturen, andere kurzzeitige Absenkungen der Temperatur in der Nacht und wieder andere sogar langfristige Absenkungen der Temperatur während der Wintermonate. Im Allgemeinen verweichlichen Echsen bei stets gleichen Temperaturen in der Terrarienhaltung. Maximale Wärme am Tag und entsprechende Absenkung der Temperatur bei Nacht erhalten die Tiere hingegen fit und beugen Erkrankungen wie Lungenentzündungen vor. Nur wenn alle klimatischen Bedingungen denen des Herkunftsgebiets entsprechen, zeigen Ihre als Heimtiere gehaltenen Terrarientiere auch ihr natürliches, wechselhaftes Verhalten.

Regelung der Temperatur

Nicht nur die Tagestemperatur muss überwacht und geregelt werden, auch die automatische Nachtabsenkung der Temperatur ist bei einigen Arten von sehr großer Bedeutung. Die einfachste Methode, nachts die Temperatur abzusenken, ist, einfach die Heizung nachts abzuschalten. Dazu genügt eine normale Zeitschaltuhr. Über einen Mehrfachstecker kann die Beleuchtung zur gleichen Zeit abgeschaltet werden. Im Handel gibt es Wochen-Zeitschaltuhren, die sich jeden Tag zur gleichen Zeit ein- und ausschalten, und Tages-Zeitschaltuhren, mit denen zum Beispiel samstags oder samstags und sonntags der Tagesrhythmus zur besseren Beobachtung etwas variiert werden kann.

Die empfehlenswertere Methode ist es, einen **Temperaturregler mit automatischer Nachtabsenkung** zu verwenden. Temperaturregler schützen das Terrarium vor Überhitzung. Dies kann sowohl bei defekten Heizgeräten, die sich nicht mehr abschalten, als auch im Sommer, wenn durch Sonneneinstrahlung und höhere Lufttemperaturen weniger geheizt werden muss, ausgesprochen wichtig sein. Mittels der Nachtabsenkungsautomatik werden nicht einfach wie bei Zeitschaltuhren alle Heizsysteme komplett abgeschaltet. Stattdessen wird die Temperatur stets um beispielsweise 5° C oder 10° C tiefer als am Tag gehalten. Dazu arbeiten Temperaturregler mit Fühlerkabeln. Wenn Sie diese mit einem Thermometer vergleichen wollen, beachten Sie bitte, dass Fühler und Thermometer in Ihrem Terrarium an derselben Stelle angebracht sein sollten. Bedenken Sie außerdem, dass billige Thermometer bis zu 2° C und mehr vom angezeigten Wert abweichen können. Im Handel gibt es analoge und digitale Temperaturregler. Die auf Seite 214 abgebildeten Temperaturregler Biotherm von Dohse Aquaristik regeln beliebig viele Terrarien bis insgesamt 2000 Watt Schaltleistung. Der Biotherm 2000 unterscheidet Tag und Nacht mit Hilfe einer Fotozelle und senkt die Temperatur je nach Modell um 5° C, 8° C oder 10° C ab. Im Gegensatz dazu lässt sich der Biotherm pro digital programmieren. Er senkt die Temperatur in der Nacht ganz nach Ihrem Belieben ab. Im Gegensatz zum Biotherm 2000 verfügt der Biotherm pro noch über die Möglichkeit, eine unabhängige zweite Temperaturzone einzurichten oder alternativ auf dem zweiten Steckplatz zeitgesteuerte Geräte mit Sekundenprogrammierung zu betreiben.

Zur Kontrolle der Temperatur im Terrarium sind Thermometer unverzichtbar. Es gibt sie im Handel in unterschiedlichen Preisklassen. Geeignet sind analoge und digitale Thermometer. Thermometer aus Quecksilber sollten im Terrarium, wo Bruchgefahr durch Tiere besteht, nicht eingesetzt werden. Thermometerklebestreifen, wie sie in der Aquaristik zum Feststellen der Wassertemperatur dienen, messen die Lufttemperatur im Terrarium nicht genau genug. In hohen Terrarien sollte ein Thermometer oben und ein weiteres unten angebracht werden. Während der Einfahrphase sollte an verschiedenen Stellen im Terrarium zu unterschiedlichen Zeiten die Temperatur gemessen werden, um einen Eindruck von der räumlichen und zeitlichen Temperaturverteilung zu bekommen.

Tipp: Wird der Boden im Terrarium erwärmt, sollte ein Temperaturgefälle vorhanden sein, das es den Tieren erlaubt, ihre bevorzugte Temperatur selbst auszusuchen.

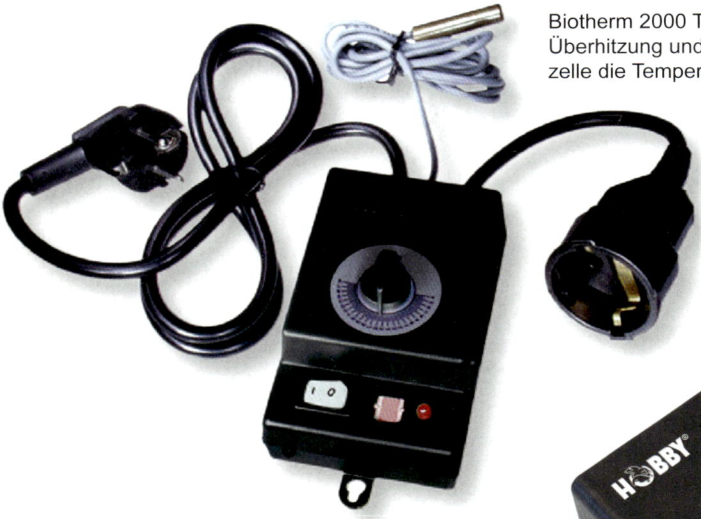

Biotherm 2000 Temperaturregler schützen vor Überhitzung und senken nachts über eine Fotozelle die Temperatur ab.

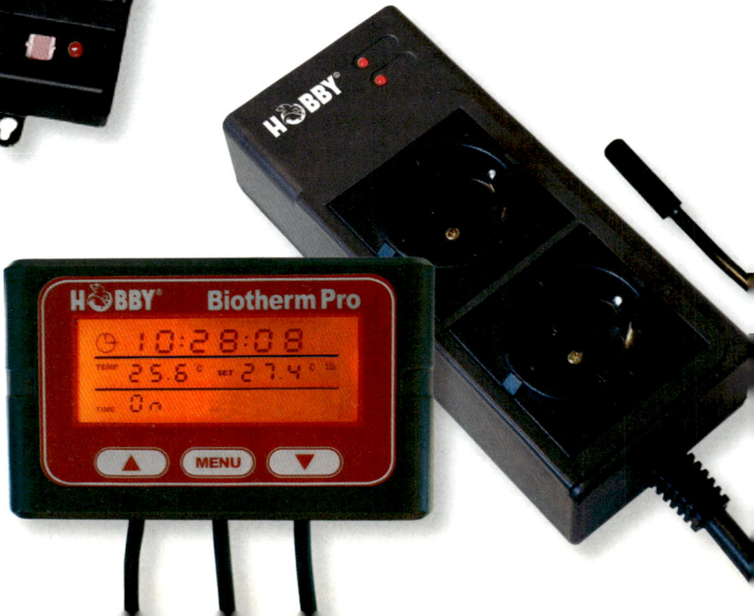

Der Biotherm pro misst und regelt die Temperatur und verfügt über eine Zeitschaltuhr mit Sekundenschaltung und Intervallfunktion.

Heizsysteme

Für die Beheizung des Terrariums gibt es unterschiedliche Systeme. Wird eine Heizung innerhalb des Terrariums angebracht, empfiehlt es sich, Zuleitungen in Kabelkanälen zu führen. Die Stromkabel sind so vor jeglicher Beschädigung geschützt, und in der Dekoration stören keine frei hängenden Elektrokabel.

Eine weit verbreitete Heizmethode sind **Wärmestrahler**. Die gewünschte Temperatur wird über die Wattstärke der Strahler gewählt. Licht abgebende Wärmestrahler werden auch **Spotstrahler oder Reflektorlampen** genannt. Typisch ist der versilberte Grund der Lampe. Sehr gut einzusetzen sind die spritzwassergeschützten Pressglasreflektorlampen. Spotstrahler geben zwar auch Licht ab, eignen sich aber nicht zur allgemeinen Terrarienausleuchtung. Allerdings können durch sie für wärmebedürftige Arten besonders intensiv erwärmte „Sonneninseln" geschaffen werden. Für tagaktive Echsen wie Agamen ist dies ideal, da diese Arten Wärme nur in Verbindung mit Licht wahrnehmen. In einem 40 cm hohen Terrarium erwärmen 40-Watt-Strahler in 30 cm Entfernung noch auf etwa 35-45° C. Kontrollieren Sie die Temperatur mit einem Thermometer. Der Lichtkegel der Strahler sollte nicht direkt auf Pflanzen gerichtet werden, da diese sonst schnell verbrennen.

Eine andere Art von Wärmestrahlern sind **Dunkelstrahler**. Dies sind Infrarotstrahler aus Keramik, die in Stärken von 60 bis 250 Watt erhältlich sind. Der Wellenbereich der Strahlung liegt außerhalb des sichtbaren Lichts. Dieser Umstand und die extremen Oberflächentemperaturen der Strahler können bei unsachgemäßer Verwendung zu lebensgefährlichen Verbrennungen der Tiere führen. Dennoch sind Dunkelstrahler für viele Arten mit hohen Temperaturansprüchen unverzichtbar. Grundsätzlich dürfen Dunkelstrahler wegen der hohen Betriebstemperaturen nur in hitzebeständigen Geräten mit E27-Porzellanfassungen betrieben werden. Am sichersten ist der Betrieb außerhalb des Terrariums. Die Strahler sollten nicht zu nah am Glasdeckel befestigt werden. Idealerweise besteht der Deckel des Terrariums aus einer Drahtgaze. Bei tagaktiven, nicht kletternden Arten können Dunkelstrahler im Terrarium auch ohne Schutzkorb betrieben werden. Es empfiehlt sich, einen Spotstrahler auf die von Dunkelstrahlern bestrahlte Fläche zu richten. Bei kletternden, dämmerungs- und nachtaktiven Arten, beispielsweise Geckos, dürfen Dunkelstrahler im Terrarium nur mit Berührungsschutz, etwa einem Drahtkorb oder einer Drahtgaze, betrieben werden. Während des Betriebs ist stets gute Luftzirkulation sicherzustellen. Da die Luft durch den Betrieb der Strahler recht trocken wird, sind gegebenenfalls Maßnahmen zur Erhöhung der Luftfeuchtigkeit zu ergreifen.

Ein je nach Art ergänzendes oder alternatives Beheizungssystem ist die **Bodenheizung**. Zu unterscheiden sind Heizmatten und Heizkabel, die beide nur betrieben werden dürfen, wenn sie mit ausreichend Bodengrund abgedeckt werden. Die Bodenheizung imitiert in Trockenterrarien tagsüber die reflektierte Sonnenwärme und nachts die vom Sand aufsteigende gespeicherte Bodenwärme. Bodenheizungen werden in Feuchtterrarien eingesetzt, um in Kombination mit feuchtem Bodensubstrat eine höhere Luftfeuchtigkeit zu erzielen.

Grundsätzlich ist bei Verwendung einer Bodenheizung den Tieren ein unbeheizter Bereich zu belassen. Besonders grabende Arten sind Wärme von oben gewohnt und erwarten im Boden Abkühlung. Agamenweibchen vergraben die Eier dort, wo ihnen die Bodentemperatur zusagt. Bei einigen Arten ist die Bodenheizung unerlässlich, da bei reiner Strahlungswärme von oben der Boden kalt bleibt und es zu Legenot kommt. Bei anderen Arten ist es genau umgekehrt: Die Irritation darüber, dass es, je tiefer gegraben wird, immer wärmer wird, führt zu Legenot. Wird, wie angesprochen, darauf geachtet, den Tieren einen unbeheizten

Heizmatten imitieren die reflektierte Sonnenwärme und nachts die gespeicherte Bodenwärme.

Heizkabel werden in Schlaufen verlegt; an warmen Stellen entsprechend enger.

Elstein-Dunkelstrahler geben Energie nicht als sichtbares Licht, sondern nur als Wärme ab.

Heizsteine dienen nicht der Terrarienerwärmung, sondern fördern die Verdauung der Nahrung.

Teil zu belassen, können beide Arten einen Bereich finden, der ihnen zusagt.

Heizkabel gibt es in verschiedenen Watt-Stärken und Längen. Der Grad der Erwärmung wird über die Enge der Schlaufen bei der Verlegung geregelt. Das Kabel wird mit Silikon oder Gewebeband direkt von innen auf die Terrarienbodenscheibe geklebt und mit Substrat abgedeckt. An warmen Stellen muss das Kabel entsprechend dichter gelegt werden. Vermeiden Sie beim Verlegen Überkreuzungen des Kabels. Verlegen Sie das Heizkabel immer um Dekorationen wie Steine herum, stellen Sie diese aber nie auf das Kabel. Bei grabenden Arten sollten Heizkabel mit so feinen Plastikgittern vollflächig abgedeckt werden, dass sich die Tiere weder in Kabelschlaufen noch im Schutzgitter verfangen können. Alternativ können Heizkabel auf Styroporunterlagen unter das Terrarium gelegt werden.

Heizmatten werden, um Defekte der elektrischen Anschlüsse durch Feuchtigkeit oder Beschädigungen der Heizdrähte durch grabende Arten zu vermeiden, von außen unter dem Terrarienboden angebracht. Selbstklebende Matten werden unter dem Terrarium befestigt, das auf Abstandhalter gestellt werden muss, um das Glas durch Luftzirkulation vor Bruch durch Überhitzung zu schützen. Zu beachten ist, dass selbstklebende Heizmatten später nicht mehr an einer anderen Stelle angebracht werden können. Inzwischen gibt es im Handel auch Heizmatten, die statt mit Heizdrähten mit aufgesprühter, leitfähiger Farbe funktionieren. Während bei den bisherigen Modellen Heizdrähte brechen konnten, sind diese Modelle viel flexibler. Durch die optimale Wärmeleitung ohne heiße Punkte kann das Terrarium zudem ohne Abstandhalter direkt auf die Heizmatte gestellt werden. Da ein Festkleben nicht notwendig ist, lässt sich die Position der Heizmatte beliebig verändern.

Der **Heizstein** wird im Gegensatz zu Heizmatten oder -kabeln weniger zur Beheizung als vielmehr aus gesundheitlichen Gründen im Terrarium eingesetzt. Er simuliert das Sonnenbaden in der Natur. Da Tiere Wärme mit Licht assoziieren, sollten Sie einen Spotstrahler oder Ähnliches auf den Heizstein richten. Tropische Agamen verweilen in ihrem Lebensraum auf Steinen, die, von der Sonne aufgeheizt, Oberflächentemperaturen bis 40° C haben.

Bei allen Echsen, die als Heimtiere gehalten werden, können ohne ausreichende Wärme die für ihre Verdauung notwendigen Enzyme nicht erzeugt werden. Die unverdaute Nahrung im Verdauungstrakt dieser Tiere kann dann nicht verarbeitet werden, was im Extremfall zum Tod führt. Beobachten Sie, dass Ihre Agame den Heizstein nicht mehr verlässt, ist das Terrarium vermutlich zu kalt, und Sie sollten durch Wärmestrahler für eine höhere Temperatur sorgen. Damit Heizsteine, vor allem bedingt durch Defekte, nicht zu Verbrennungen der Tiere führen, sollte ein Temperaturregler wie der empfohlene Biotherm (Seite 213 f.) verwendet werden.

Tipp: Vor dem Einsetzen der Terrarientiere empfiehlt sich ein mehrtägiger Testlauf der temperatur- und luftfeuchtigkeitsregulierenden Geräte.

Beleuchtung

Klimafaktor Licht

Bei der künstlichen Beleuchtung sind die Lichtzusammensetzung, die Lichtintensität und die Beleuchtungsdauer von Bedeutung. **Licht** ist eine elektromagnetische Schwingung, deren unterschiedliche Wellenlängen vom Auge als unterschiedliche Farben wahrgenommen werden. Wellenlängen werden in Nanometer (nm) gemessen. 1 nm ist ein Milliardstel Meter, also 0,000000001 m lang. Für das menschliche Auge sind Wellenlängen von 380-780 nm sichtbar.

Die **Lichtzusammensetzung** der Terrarienbeleuchtung sollte dem natürlichen Sonnenlicht so nah wie möglich kommen. Ausschlaggebend sind Farbtemperatur sowie Farbwiedergabe. Die Farbtemperatur wird in Kelvin (K) gemessen. Weißes, kaltes Licht mit größeren Grün-, Blau- und Violett-Anteilen hat hohe Kelvin-Werte. Warmes Licht mit mehr orangen und roten Anteilen hat niedrige Kelvin-Werte. Die Werte des Tageslichts liegen zwischen 4.500 und 6.500 Kelvin. Die Farbwiedergabe wird mit dem Ra-Index auf einer Scala von 0–100 gemessen. Je höher der Ra-Wert, desto besser ist die Farbwiedergabe. Beim Kauf von Leuchtmitteln sollten Sie daher besonders auf hohe Ra-Werte achten.

Ausreichende **Lichtintensität** ist das größte Problem bei der Beleuchtung. Das macht die Haltung von Wüstentieren, zum Beispiel Dornschwanzagamen, so schwierig. Selbst die stärkste Terrarienbeleuchtung entspricht kaum einer Lux-Zahl, wie sie in der Natur im Schatten unter Bäumen und Sträuchern zu finden ist. So werden in den Tropen 100.000 Lux in der Sonne und 10.000 Lux im Schatten gemessen. Eine 40-Watt-Glühlampe hingegen erreicht in 1 m Entfernung nur 35 Lux. Bei zu geringer Beleuchtung entwickeln die Tiere nicht ihre volle Farbenpracht, und ihre Aktivität ist sehr eingeschränkt. Pflanzen wachsen bei zu wenig Licht schneller, entwickeln sich aber schwächlich und blass. Als Intensität sind im Terrarium 3.000-10.000 Lux erforderlich.

Die genaue Beleuchtungsstärke und die Anzahl der Strahler oder Röhren können nicht pauschal angegeben werden. Sie sind zu sehr abhängig von gepflegter Art, Terrarienstandort, Terrariengröße, Bepflanzung und Dekoration. Durch Reflektoren kann die Lichtausbeute um bis zu 40 % erhöht werden. Die Dekoration muss

gleichzeitig aber auch Schattenplätze mit 150-1000 Lux schaffen.
Eine starke Lichtquelle bringt das Problem der Wärmeabfuhr mit sich. Entsprechende Belüftung über Ventilatoren oder die Verwendung einer Drahtgaze als Terrariendeckel schafft hier Abhilfe. Letzteres ist ideal, da Drahtgazen auch die Anbringung von Strahlern außerhalb des Terrariums erlauben, was bei Glasabdeckungen nicht möglich ist, da Glas sämtliche notwendigen UV-Anteile herausfiltert. So können kletternde Tiere die Strahler nicht erreichen und sich nicht verbrennen.
Wird keine Drahtgaze als Terrariendeckel benutzt, empfiehlt sich 5-10 cm unter der Lichtquelle das Einkleben von Leisten, auf die ein mit Drahtgaze bespannter Holzrahmen gelegt werden kann. Der Nachteil ist ein Lichtverlust, der durch höhere Strahlerstärken ausgeglichen werden muss. Alternativ kann Glas verwendet werden; dieses filtert jedoch den UV-Anteil des Lichts heraus.
Der tägliche Auf- und Untergang der Sonne kann nachempfunden werden mit Hilfe von Vorschaltgeräten, die das Licht innerhalb von 30 Minuten allmählich auf die maximale Beleuchtungsstärke regeln. Ich selbst schalte mit einer Zeitschaltuhr morgens zunächst zwei schwächere Röhren und 30 Minuten später zwei stärkere Röhren ein und abends umgekehrt wieder aus. Die **Beleuchtungsdauer** ist für die meisten Agamen mit zwölf Stunden ausreichend bemessen. Bei schwächerer Beleuchtung kann die Dauer um zwei Stunden verlängert werden. Die Beleuchtung muss nicht nur dem Tag-Nacht-Rhythmus, sondern auch dem Sommer-Winter-Rhythmus gerecht werden. Tiere aus dem Äquatorbereich werden in der Natur konstant zwölf Stunden täglich beleuchtet. Dagegen haben Tiere aus unseren Breitengraden im Winter acht bis neun Stunden und im Sommer 16 bis 17 Stunden Licht.

Beleuchtung im Terrarium

Hellstrahler sind alle Lichtquellen, die sichtbares Licht abgeben. Dunkelstrahler, deren Wellenlänge nicht im Bereich sichtbaren Lichts liegt und die nur als Wärmestrahler in der Terraristik eingesetzt werden, werden deshalb nicht an dieser Stelle, sondern im Unterkapitel Heizsysteme beschrieben.
Die am weitesten verbreiteten Leuchtmittel für Terrarien sind **Leuchtstofflampen**. Überwiegend werden diese in Röhrenform verwendet. Leuchtstofflampen haben eine gute Lichtausbeute, eine lange Lebensdauer und geringen Stromverbrauch. Es werden verschiedene spektrale Zusammensetzungen angeboten, die den Pflanzenwuchs anregen, die Farben der Tiere unterstützen, das Tageslicht möglichst genau abbilden oder über UV-Anteile die Vitamin-D_3-Synthese der Reptilien anregen. Passende Reflektoren können einzeln und in unterschiedlichen Längen nachgekauft werden. Leuchtstofflampen gibt es in verschiedenen Längen, Watt-Stärken sowie Farbzusammensetzungen. Es empfiehlt sich, ein Spektrum zu wählen, das dem des Sonnenlichts ähnelt. Durch die Kombination unterschiedlicher Lampen kann das Spektrum auf die Bedürfnisse von Tieren und Pflanzen abgestimmt werden. Da sie selbst keine Wärme abgeben, sind Leuchtstofflampen ideal für Paludarien und üppig bepflanzte Terrarien bis maximal 70 cm Höhe.
Während **Glühlampen** nur mit einer Brenndauer von rund 1.000 Stunden aufwarten können, brennen Leuchtstofflampen etwa 12.000 Stunden lang. Allerdings lässt ihre Leistung in dieser Zeit nicht unerheblich nach, ohne dass dies für das menschliche Auge sichtbar ist. Lichtsensible Tiere und besonders Pflanzen nehmen dieses Nachlassen aber sehr wohl wahr. Daher sollten die Leuchtstofflampen im Terrarium nach einer Nutzbrenndauer von 7.500 Stunden ausgewechselt werden, denn dann beträgt der Lichtstromabfall 20 %.

HQL-Strahler sind auf Grund ihrer Lichtausbeute besonders für Trockenterrarien geeignet.

Spotstrahler werden für „Sonneninseln“ zur lokalen Licht- und Wärmesteigerung eingesetzt.

Halogenstrahler geben mehr Licht und Wärme ab und halten länger als herkömmliche Strahler.

Die HOBBY UV Compact ist eine Energiesparlampe mit sehr hohem UV-B-Anteil.

Für große Terrarien: UV-B-Strahler wie Osram Ultra Vitalux 300 W oder HOBBY UV Sun Lux 160 W.

Infrarotstrahler geben sehr viel Wärme ab und eignen sich für tag- wie nachtaktive Arten.

Der „Heat Protektor“ schützt Tiere bei starken Wärmestrahlern vor Verbrennungen.

Bei einer täglichen Einschaltzeit von zwölf bis 14 Stunden ist diese Nutzbrenndauer im Durchschnitt nach 19 Monaten erreicht. Im Handel werden Leuchtstofflampen mit besonders hohen UV-A- und UV-B-Anteilen angeboten. Solche Leuchtmittel müssen schon nach sechs Monaten ausgetauscht werden. Unerheblich ist dies bei dämmerungs- und nachtaktiven Tieren, für die sonst auch einfache Röhren, wie sie für Zimmerbeleuchtungen verwendet werden, ausreichen. Diese Arten benötigen Licht nur zur Imitation des Tag-Nacht-Rhythmus.

In Terrarien ab 80 cm Höhe werden am besten die birnenförmigen **Quecksilberdampf-Lampen** (HQL) verwendet. Sie geben helles, weißes Licht ab und sind auf Grund der hohen Lichtausbeute besonders für Trockenterrarien geeignet. Im Gegensatz zu Leuchtstofflampen geben Quecksilberdampf-Lampen viel Wärme ab. Daher sind der Betrieb in einer Keramikfassung, die Anbringung außerhalb des Terrariums und ein Mindestabstand zu Tieren und Pflanzen notwendig. Bei 125-Watt-HQL-Strahlern sollten 15-20 cm Abstand für die meisten Agamen ausreichen. Bei *Uromastyx* sind sogar bereits 10 cm Abstand problemlos möglich. Um trockene Luft oder zu starke Aufheizung im oberen Terrarienteil zu vermeiden, kann mit einem kleinen Ventilator die Luft umgewälzt werden. Von Nachteil ist, dass die Farbwiedergabe nicht sehr gut ist und sich die Farbtemperatur mit 2.900-4.100 Kelvin nicht merklich von Leuchtstofflampen unterscheidet.

Die röhrenförmigen, zweiseitig gesockelten **Halogen-Metalldampf-Lampen** (HQI) geben weniger Wärme ab, zeichnen sich aber durch höhere Lichtausbeute aus und haben ein dem Sonnenlicht sehr ähnliches Lichtspektrum. Sie sind besonders für Wüsten- und bepflanzte Terrarien geeignet. Der Vorteil gegenüber Quecksilberdampf-Lampen liegt in höheren Farbtemperaturwerten von 3.000-6.000 Kelvin und sehr guter Farbwiedergabe.

Wegen der sehr hohen UV-C-Abgabe müssen HQI-Lampen zum Herausfiltern der Strahlung über dem gläsernen Terrariendeckel oder mit einer Strahlerabdeckscheibe betrieben werden. Mindestens eine HQI- oder HQL-Leuchte mit 150 Watt sollte in mittelgroßen Wüstenterrarien als Ergänzung zu Leuchtstofflampen eingesetzt werden.

Kaltlicht-Halogenstrahler werden ergänzend zu anderen Leuchtmitteln als Effektbeleuchtung eingesetzt. Mit ihnen kann eine intensive punktuelle Beleuchtung ohne übermäßige Wärmeentwicklung erzielt werden, da 70 % der Wärme nach hinten statt nach vorn abgestrahlt werden. Werden Kaltlicht-Halogenstrahler statt mit 230 Volt über einen 12-Volt-Trafo betrieben, der sich stark erwärmt, kann dieser als zusätzliche Heizquelle, etwa unter dem Terrarium, genutzt werden.

Zur allgemeinen Beleuchtung sind **Glühlampen** in Terrarien von untergeordneter Bedeutung. Sie haben zwar einen roten Strahlungsanteil, der das Wachstum der Pflanzen durchaus begünstigt, geben das natürliche Farbspektrum aber nur unzureichend wieder. Die Lichtausbeute ist relativ gering, und die Betriebskosten sind, verglichen mit anderen Leuchtmitteln, relativ hoch. Glühlampen sind ausreichend für Futtertiere. Für dämmerungs- und nachtaktive Tiere werden rote und blaue Glühlampen angeboten.

Grundsätzlich den Glühlampen vorzuziehen sind **Energiesparlampen**. Diese können sehr gut in kleinen Terrarien, in die eine Leuchtröhre passt, eingesetzt werden. Auch für nachtaktive Tiere, die Beleuchtung nur zur Simulierung des Tag-Nacht-Wechsels benötigen, reichen Energiesparlampen völlig aus.

Literaturtipp: Horn, H.-G. / Sauer, K. / Schuchart, H. / Steck, B. (2004): **Vivarienbeleuchtung. Das richtige Licht in Aquarium und Terrarium**. Edition Chimaira, Frankfurt am Main.

UV-Bestrahlung

UV-Strahlen können von vielen Terrarientieren wahrgenommen werden. Das natürliche Sonnenlicht besteht im Wellenbereich von 100-380 nm, der unterhalb dessen liegt, was für das menschliche Auge sichtbar ist, aus ultravioletter Strahlung. Diese setzt sich zusammen aus dem UV-A-Bereich von 315-400 nm, dem UV-B-Bereich von 280-315 nm und dem UV-C-Bereich unter 280 nm.

Bei tagaktiven Echsen wie Agamen ist die UV-A-Strahlung für die Pigmentbildung und Regenerierung der Haut von Bedeutung. Mit UV-A-Licht bestrahlte Echsen häuten sich häufiger und problemloser. Der UV-B-Strahlungsbereich von 280-315 nm ist für den Kalziumhaushalt entscheidend. Nur mittels dieser spezifischen UV-Strahlung kann in der Haut der Echsen das Vitamin D_3, auch Provitamin D genannt, ausreichend gebildet werden. Ohne Vitamin D_3 kann auch mit der Nahrung aufgenommenes Kalzium nicht verarbeitet werden. Ohne Kalzium bleiben die Knochen weich, und es kommt zu Verkrüppelungen (Rachitis) bis hin zum Tod. Die durch Vitamin-D_3-Mangel bedingte Störung im Kalzium-Phosphor-Haushalt wirkt sich jedoch nicht nur auf die Knochen, sondern auch auf die Muskeln aus (rachitische Muskelschwäche). Bei wachsenden, trächtigen und jungen Agamen beugt man Vitamin-D_3-Mangel auch über die Nahrung in Form von Vitaminpräparaten vor. Während Experten darüber uneins sind, ob dies sogar die notwendige UV-Bestrahlung ersetzt, besteht zumindest Einigkeit darüber, dass die zusätzliche Helligkeit durch UV-Strahler aktivitätssteigernden und fortpflanzungsanregenden Einfluss auf die Tiere hat.

Der UV-C-Bereich des Lichts wirkt keimtötend und wird zum Beispiel in der Aquaristik zur Bakterien- und Algensporenabtötung verwendet. Auch tagaktive Terrarientiere tragen durch zu lange oder zu intensive Bestrahlung mit UV-Licht Haut- und Augenschäden davon. Die Tiere müssen langsam an die Strahlung gewöhnt werden. Beim Ersteinsatz und beim Erneuern einer alten UV-Lampe sollte mit einer Minute effektiver Bestrahlung begonnen werden. Jede weitere Bestrahlung steigert man um eine Minute, bis die effektive Regelbestrahlungszeit von bis zu einer Stunde erreicht ist. „Effektiv“ nennt man in diesem Zusammenhang die tatsächlich wirksame Zeit, da die Einbrennzeit der Strahler von 15 Minuten berücksichtigt werden muss.

Wie alle tagaktiven Echsen sollten Agamen täglich einer mit einer Zeitschaltuhr gesteuerten Strahlung ausgesetzt werden, um eine gleichmäßige Sensibilisierung von Haut und Augen zu erreichen. Leistungsstarke Strahler wie „Ultra Vitalux“ von Osram oder „Sanolux“ der Osram-Tochtergesellschaft Radium sind nur für Terrarien mit einem Volumen von mindestens 1 m^3 und schattigen Bereichen zu empfehlen. Die Dauer der Bestrahlung hängt vom Leuchtmittel und der gepflegten Art ab und kann von wenigen Minuten bis mehreren Stunden täglich reichen. Die Bestrahlung sollte senkrecht von oben erfolgen, um Augenschäden zu vermeiden. Die empfohlene Nutzbrenndauer von UV-Lampen liegt bei etwa 1000 Stunden.

Im Handel gibt es für Echsen Tageslichtlampen mit UV-A- und UV-B-Anteil. Diese können den ganzen Tag eingeschaltet bleiben und müssen nach etwa sechs Monaten ausgetauscht werden. In Großterrarien ist eine ganztägige Bestrahlung zum Beispiel mit dem 160-Watt-Flächenstrahler UV Sun Lux möglich, die eine hohe Leuchtintensität aufweist und zusätzliche UV-Bestrahlung überflüssig macht. Für den Einsatz in mittelgroßen Terrarien sind in Sonnenbänken genutzte Leuchtstofflampen geeignet, wenn ein Abstand von 50 cm eingehalten wird und schattige Bereiche vorhanden sind.

UV-B-Strahler im Vergleich

Beschäftigt man sich mit dem Thema UV-B-Strahler, stellt sich die Frage, welche der auf dem deutschen Markt angebotenen Modelle empfehlenswert sind. Was sind Qualitätsaussagen über UV-B-Strahler? Ist die Werbung „mit 8 % UV-B“ aussagekräftig? Sind 50 μW/cm² ein Optimum für Reptilien? Kann man die für Reptilien ausreichende Bestrahlung beziffern? Wie kann man UV-B-Strahlung messen? Wie zuverlässig sind UV-B-Messgeräte?

Nachfolgend sollen diese Fragen beantwortet werden. Alle dazu in den Tabellen angegebenen Werte beziehen sich ausschließlich auf die UV-B-Strahlung. Zunächst ein paar Grundlagenkenntnisse, die zwar für manchen schon Selbstverständlichkeiten sein mögen, die aber nicht immer auch im Terrarium umgesetzt sind.

Tabelle 1: Bestrahlungsstärke des natürlichen Sonnenlichts in Abhängigkeit vom Messort

Gemessen wurde das natürliche Sonnenlicht. Angaben zum Messgerät liegen nicht vor.

Ort, Breitengrad, Wetter, Zeitangabe, Sonneneinfallswinkel (Solar elevation angle, SEA)	Bestrahlungsstärke in μW/cm²
Äquator, Nachmittag, SEA 0.0[1]	265
Melbourne, Australien (37.8 S), klar, 29. Januar, maximale Bestrahlungsstärke, SEA 19.8[2]	263
Kodiakanal, Indien (10.14 N), sonnig, April, SEA 0.0[3]	260
Miami, Florida (26 N), Nachmittag, 21. Juni, Sommersonnenwende, SEA 2.3[4]	253
Lauder, Neuseeland (45 S), klar, 28. Dezember, maximale Bestrahlungsstärke, SEA 21.8[5]	212
Midlands, England (53 N), sonnig, 28. Juli, maximale Bestrahlungsstärke, SEA 30[6]	178
Neuherberg, Deutschland (48.2 N), klar, 13. Juli, maximale Bestrahlungsstärke, SEA 26.3[7]	175
Longyearbyen, Norwegen (78.2 N), sonnig, 15. Juli, 15 SEA 54.8[8]	55
Vantaa, Finnland (60 N), diesig bis sonnig, Juli, Nachmittag[9]	55
Fort Worth, Texas (32.8 N), schattig, diffus, 2. März, 15.00 Uhr	15

Die UV-B-Strahlung von natürlichem Sonnenlicht und von Terrarienlampen wird gemessen in W/m². 1 Watt entspricht 1000 Milliwatt (mW). 1 Milliwatt entspricht 1000 Mikrowatt (µW). Daher gilt 1 W/m² = 0,1 mW/cm² = 100 µW/cm². In der Physik und Lichttechnik gelten diese Einheiten als Ausdruck einer Strahlungsmenge bezogen auf eine bestimmte Fläche als einzige seriöse Größen.[10]
Tabelle 1 verdeutlicht, dass die Bestrahlungsstärke vom Messort abhängt. So zeigt sich, dass Tiere aus dem Herkunftsgebiet Melbourne im Januar während des australischen Sommers ungefähr die 1,5fache Bestrahlung bekommen wie unsere heimischen Reptilien in Neuherberg im Juli.

Tabelle 2[11]: Bestrahlungsstärke des natürlichen Sonnenlichts in Abhängigkeit von der Jahreszeit

Gemessen wurde das natürliche Sonnenlicht in Boston, Massachusetts (USA). Als Messgerät diente das Modell Solarmeter 6.2.

Datum und Zeit der Messung	Bestrahlungsstärke in µW/cm²
21.01.2003, 13.00	52
03.03.2003, 13.30	124
26.07.2003, 13.00	275
24.09.2003, 13.00	215

Die in Tabelle 2 dargestellte Messung zeigt, dass die Bestrahlungsstärke zum Sommer hin zunimmt und danach wieder abnimmt.
Für den Einsatz von UV-B-Strahlern im Terrarium bedeutet dies vor allem, im Sommer darauf zu achten, neuwertige Strahler einzusetzen. Denn die Menge der abgegebenen UV-B-Bestrahlung nimmt mit dem Alter der Lampe deutlich ab (siehe Tabellen 7a, 7b).

Tabelle 3[12]: Bestrahlungsstärke des natürlichen Sonnenlichts in Abhängigkeit von der Tageszeit

Gemessen wurde das natürliche Sonnenlicht in Boston, Massachusetts (USA). Als Messgerät diente das Modell Solarmeter 6.2.

Zeit der Messung am 24.09.2003	Bestrahlungsstärke in µW/cm²
11.00	140
12.00	180
13.00	215
14.00	185
15.00	160
16.00	95

Erkennbar aus Tabelle 3 ist, dass die Bestrahlungsstärke zum Mittag hin zunimmt und danach wieder abnimmt. Für den Einsatz von UV-B-Strahlern im Terrarium bedeutet dies, bei nur stundenweiser Bestrahlung bevorzugt die Mittagszeit zu wählen. Dies entspricht den natürlichen Gegebenheiten.

Tabelle 4: Auswirkungen natürlicher Parameter auf die Bestrahlungsstärke des natürlichen Sonnenlichts

Ort und Messgerät sind unbekannt.

Natürliche Parameter	Bestrahlungsstärke
Wolkenloser Himmel	100 %
Stark bewölkter Himmel	bis –10 %
Je km geografischer Erhebung	bis +6 %
Oberflächenreflektion durch Wasser	unter +7 %
Oberflächenreflektion durch Sand	bis +25 %
Oberflächenreflektion durch frischen Schnee	bis +30 %

Etwa 20-30 % der täglichen UV-Bestrahlung erreichen uns in der Zeit einer Stunde vor und nach Mittag, 75 % zwischen 9 Uhr morgens und 15 Uhr nachmittags.[13] Regionen mit starken UV-Konzentrationen weisen die stärksten saisonalen Schwankungen auf, die Schwankungsbreite nimmt mit der Entfernung vom Äquator ab.[14] Auch Wolken haben Einfluss auf die Bestrahlungsstärke des UV-Lichts an der Erdoberfläche. Gegenüber blauem, unbewölktem Himmel hat leichte Bewölkung nur schwache Auswirkungen, selbst starke Bewölkung beeinträchtigt die Bestrahlungsstärke selten um mehr als 10 %.[15] Oberflächenreflektionen verstärken die Bestrahlung: durch Wasser um weniger als 7 %, durch Sand um bis zu 25 % und durch frischen Schnee um bis zu 30 %.[16] Geografische Erhebungen erhöhen pro Kilometer Höhe die UV-Strahlung um etwa 6 %.[17]

Tabelle 5: Bestrahlungsstärke von UV-B-Strahlern in Abhängigkeit vom Terrariendeckelmaterial

Verwendet wurde ein UV-B-Strahler HOBBY UV Sun Lux 160 W. Der Strahler wurde bereits etwa 300 Stunden eingesetzt. Der Abstand der Leuchte zum Testmaterial betrug 15 cm, der Abstand vom Testmaterial zum Messgerät 15 cm. Als Messgerät diente das Modell Solarmeter 6.2.

Material	Bestrahlungsstärke in µW/cm²	UV-B-Ausfilterung in %
Ohne	1405	–
Acrylscheibe, 2 mm Stärke	1197	15
HOBBY Reflektorschutzkorb, Heat Protector, 6-mm-Stäbe	1055	25
Drahtgaze, Ø 1,5 mm	1031	27
Namiba Terra Reflektorschutzkorb, ProtectoRep, Ø 7 mm	949	32
Plexiglasscheibe, 3 mm Stärke	615	56
Lochblech, Ø 2 mm	307	78
Glasscheibe, 4 mm Stärke	39	97
Glasscheibe, 6 mm Stärke	13	99

Auf Grund der Größe von UV-B-Strahlern können diese nicht immer innerhalb des Terrariums eingesetzt werden. Die verschiedenen Materialien von Terrarienabdeckungen filtern die UV-B-Strahlung aber unterschiedlich stark aus, wie Tabelle 5 zeigt.
UV-B-Strahler, über Standardterrarien aufgehängt, verlieren durch das eingebaute Lochblech 78 % ihrer Strahlung, während durch die Glasscheibe fast gar keine UV-B-Strahlung mehr ins Terrarium gelangt. Werden UV-B-Strahler innerhalb des Terrariums platziert, beträgt der Strahlungsverlust durch Reflektorschutzkörbe knapp über 30 %. Zum Schutz der Tiere vor Verbrennung sind diese je nach Art unverzichtbar.
Ich ersetze bei meinen Terrarien Glasscheibe und Lochblech durch eine feinmaschige Drahtgaze. Darauf lege ich gegen den Wärmeverlust eine Plexiglasplatte mit großen kreisförmigen Ausschnitten, durch welche die UV-Strahlung direkt ins Terrarium gelangt.

Tabelle 6a[18]: Bestrahlungsstärke von Leuchtstoffröhren mit UV-B-Anteil in Abhängigkeit von der Entfernung zum Leuchtmittel

Untersucht wurde die Zoomed Leuchtstoffröhre REPTISUN 5.0. Als Messgerät diente das Modell Solarmeter 6.2.

Lampenentfernung in cm	Bestrahlungsstärke in µW/cm²
11	36
23	16
34	9
46	5

Die vorliegende Messung der Tabelle 6a verdeutlicht, dass die Bestrahlungsstärke bei künstlicher Beleuchtung umso intensiver ist, je näher an der Leuchtquelle die Messung stattgefunden hat. Anders ausgedrückt: Je weiter entfernt sich das bestrahlte Reptil von der UV-B-Lampe aufhält, desto weniger UV-B-Bestrahlung erhält es.

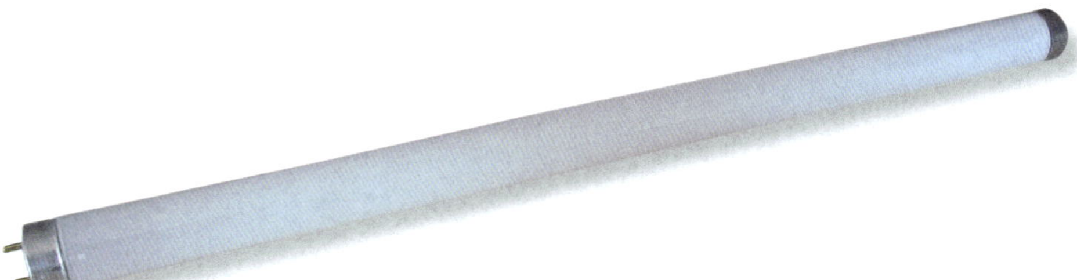

Positionieren Sie je nach Bestrahlungsstärke Sonnenplätze erhöht in geringerer Entfernung von der Lampe. Achten Sie bei Herstellerangaben auf Lampenverpackungen darauf, ob bei der angegebenen Bestrahlungsstärke in µW/cm² auch die entsprechende Entfernung zum Strahler bei der Messung vermerkt wurde.

Tabelle 6b: Bestrahlungsstärke von 23-Watt-Energiespar-UV-B-Lampen mit E27-Gewinde in Abhängigkeit von der Entfernung zum Leuchtmittel

Die Messungen wurden nach sieben Stunden Brenndauer der Leuchtmittel durchgeführt. Sie wurden im 90°-Winkel zur Fassung mittig am Leuchtmittel vorgenommen, da die Strahler im Terrarium horizontal und nicht senkrecht angebracht werden. Als Messgerät diente das Modell Solarmeter 6.2.

Lampen-entfernung in cm	Zoomed Reptisun tropical 5 % UV-B Bestrahlungs-stärke in µW/cm²	Eurozoo Terrasun CL 8 % UV-B Bestrahlungs-stärke in µW/cm²	HOBBY UV Compact 8 % UV-B Bestrahlungs-stärke in µW/cm²	Zoomed Reptisun desert 10 % UV-B Bestrahlungs-stärke in µW/cm²
10	59	181	214	179
20	15	61	71	57
30	8	27	32	23
40	5	20	22	19

Tabelle 6b zeigt, dass Angaben wie 8 % UV-B nichts über die Wirksamkeit der untersuchten Lampen aussagen. Es wird deutlich, dass sich mit wachsendem Abstand von der Lampe die für die Vitamin-D_3-Synthese wirksame Strahlung verringert. Diese ist zunächst ein vergleichbares Kriterium. Meine Messungen zeigen zudem, dass die Eurozoo-Terrasun-8-%-UV-B-Lampe und die HOBBY-UV-Compact-8-%-UV-B-Lampe einer angeblichen 10-%-UV-B-Lampe überlegen sind.

Tabelle 6c: Bestrahlungsstärke von 160-Watt-UV-B-Strahlern in Abhängigkeit von der Entfernung zum Leuchtmittel

Die Messungen erfolgten nach 28 Stunden Brenndauer der Leuchtmittel mit dem Messgerät Solarmeter 6.2.

Lampen-entfernung in cm	Zoomed Powersun UV Bestrahlungsstärke in µW/cm²	T-Rex Active UV Heat Spot Bestrahlungsstärke in µW/cm²	HOBBY UV Sun Lux Bestrahlungsstärke in µW/cm²
15	115	> 2000	> 2000
30	57	1156	1998
45	34	548	842
60	26	295	502
75	13	199	269
90	8	161	165

Die eingeschränkte Wirkung der Zoomed-Powersun-UV-Lampe lässt sich durch das verwendete Milchglas erklären, welches das Licht in die Breite streuen soll. Zoomed empfiehlt einen Strahlungsabstand von 30 cm. Es wird geraten, den Abstand zu erhöhen oder die Bestrahlungszeit zu verkürzen, wenn die Tiere sich wenig sonnen, beziehungsweise die Bestrahlungszeit zu verlängern, wenn die Tiere die Sonnenplätze nicht verlassen. Als normale Bestrahlungszeit werden acht Stunden täglich angegeben. Neben der 160-Watt-Lampe bietet Zoomed auch eine 100-Watt-Version an.

Die hohen Strahlungswerte des T-Rex Active UV Heat Spot können nur innerhalb des sehr kleinen Spots gemessen werden. T-Rex bezeichnet die Größe von 50 µW/cm² als ideales Level für die optimale Gesundheit. Die Lampe soll auch bei der empfohlenen Bestrahlungszeit von zwölf Stunden noch nach einem Jahr Einsatz herkömmlichen Leuchtstoffröhren überlegen sein. T-Rex bietet neben der Spot-Version mit sehr kleinem Fokusbereich, in dem die hier vorliegenden Werte gemessen wurden, auch eine Flood-Version mit breiterer Lichtstreuung an. Beide Lampen gibt es in 100 und in 160 Watt.

Die HOBBY UV Sun Lux hat eine gute Lichtstreuung ohne zu starke Spotbetonung. Der Mindestabstand zum bestrahlten Tier wird mit 15-20 cm angegeben. Auf Grund des großen Strahlungsverlustes nach 1000 Stunden wird in Abhängigkeit von Bestrahlungsabstand und UV-Bedürfnis der gepflegten Tiere der Austausch der Lampe empfohlen.

Licht, Wärme und UV-B-Strahlung in einem: Die HOBBY UV Sun Lux

Tabelle 7a: Bestrahlungsstärke von 23-Watt-UV-B-Strahlern mit E27-Gewinde in Abhängigkeit vom Alter des Leuchtmittels

Alle Lampen wurden im Dauereinsatz vier Stunden ein- und 15 Minuten ausgeschaltet. Die Messungen erfolgten, wenn die Lampen nach der 15-minütigen Abschaltung zwei Stunden brannten. Die Messungen wurden im 90°-Winkel zur Fassung mittig am Leuchtmittel vorgenommen, da die Strahler im Terrarium horizontal und nicht senkrecht angebracht werden. Als Messgerät diente das Modell Solarmeter 6.2.

Lampenentfernung und Brenndauer	Zoomed Reptisun tropical 5 % UV-B Bestrahlungsstärke in µW/cm²	Eurozoo Terrasun CL 8 % UV-B Bestrahlungsstärke in µW/cm²	HOBBY UV Compact 8 % UV-B Bestrahlungsstärke in µW/cm²	Zoomed Reptisun desert 10 % UV-B Bestrahlungsstärke in µW/cm²
10 cm, 7 Std.	59	181	214	179
10 cm, 288 Std.	22	144	176	142
10 cm, 528 Std.	19	132	172	127
10 cm, 768 Std.	18	126	163	124
10 cm, 1072 Std.	17	115	147	110
20 cm, 7 Std.	15	61	71	57
20 cm, 288 Std.	8	41	55	41
20 cm, 528 Std.	7	40	54	39
20 cm, 768 Std.	5	36	51	31
20 cm, 1072 Std.	4	33	42	31
30 cm, 7 Std.	8	27	32	23
30 cm, 288 Std.	3	23	27	19
30 cm, 528 Std.	3	20	25	19
30 cm, 768 Std.	2	17	22	13
30 cm, 1072 Std.	1	15	20	13
40 cm, 7 Std.	5	20	22	19
40 cm, 288 Std.	2	17	18	13
40 cm, 528 Std.	2	11	15	9
40 cm, 768 Std.	1	10	15	7
40 cm, 1072 Std.	0	9	12	7

Tabelle 7a verdeutlicht den Leistungsabfall an UV-B-Strahlung und die Notwendigkeit eines regelmäßigen Austausches der Lampen. Die Leistungsfähigkeit der getesteten 8- und 10-%-UV-B-Lampen liegt selbst nach über 250 Stunden noch über den Werten der 5-%-Lampe. Im Vergleich mit den Werten der folgenden Tabelle wird einmal mehr deutlich, dass Energiespar-UV-B-Lampen für Terrarientiere mit relativ hohem UV-Bedarf nur in sehr flachen Terrarien beziehungsweise nur in sehr geringem Abstand zum bestrahlten Tier eingesetzt werden sollten. Ausreichend dürften sie allenfalls für Tiere sein, die zwar ein naturnahes Vollspektrum an Licht erhalten sollen, aber lebensraumbedingt mit limitierten UV-B-Dosen auskommen[19], etwa Bewohner des Regenwaldes oder Waldes mit üppiger Vegetation.

Tabelle 7b: Bestrahlungsstärke von 160-Watt-UV-B-Strahlern in Abhängigkeit vom Alter des Leuchtmittels

Alle Lampen wurden im Dauereinsatz vier Stunden ein- und 15 Minuten ausgeschaltet. Die Messungen erfolgten, wenn die Lampen nach der 15-minütigen Abschaltung zwei Stunden brannten. Als Messgerät diente das Modell Solarmeter 6.2.

Lampen-entfernung und Brenndauer	Zoomed Powersun UV Bestrahlungsstärke in mW/cm²	T-Rex Active UV Heat Spot Bestrahlungsstärke in mW/cm²	HOBBY UV Sun Lux Bestrahlungsstärke in mW/cm²
15 cm, 28 Std.	115	> 2000	> 2000
15 cm, 288 Std.	109	1607	> 2000
15 cm, 528 Std.	109	1075	> 2000
15 cm, 768 Std.	108	842	> 2000
15 cm, 1072 Std.	92	776	> 2000
30 cm, 28 Std.	57	1156	1998
30 cm, 288 Std.	45	915	1374
30 cm, 528 Std.	42	752	920
30 cm, 768 Std.	41	702	641
30 cm, 1072 Std.	40	583	517
45 cm, 28 Std.	34	548	842
45 cm, 288 Std.	25	371	576
45 cm, 528 Std.	24	292	325
45 cm, 768 Std.	21	288	211
45 cm, 1072 Std.	18	278	207
60 cm, 28 Std.	26	295	502
60 cm, 288 Std.	13	216	303
60 cm, 528 Std.	12	181	192
60 cm, 768 Std.	12	161	122
60 cm, 1072 Std.	12	144	103
75 cm, 28 Std.	13	199	269
75 cm, 288 Std.	11	139	192
75 cm, 528 Std.	9	116	115
75 cm, 768 Std.	8	108	74
75 cm, 1072 Std.	8	105	63
90 cm, 28 Std.	8	161	165
90 cm, 288 Std.	7	101	134
90 cm, 528 Std.	6	88	71
90 cm, 768 Std.	5	71	44
90 cm, 1072 Std.	5	71	43

Sicherlich sind die Ergebnisse der Tabellen 7a und 7b insofern kritisierbar, als es sich um Einzelmessungen handelt. Gesicherte Daten würden sich aus der Messung von jeweils zehn Lampen gleichen Typs mit gebildeten Durchschnittswerten ergeben, was aber auf

Grund von Stromverbrauch und Leuchtmittelanschaffungskosten mit mehreren tausend Euro zu Buche schlagen würde.

Tabelle 7b verdeutlicht aber auch als Einzelmessung, wie extrem die abgegebene UV-B-Strahlung im Lauf der Zeit abnimmt. Werden die Lampen täglich acht Stunden an 30 Tagen im Monat eingesetzt, sind nach etwas mehr als vier Monaten 1000 Stunden Brenndauer erreicht.

Je nach Abstand zum bestrahlten Tier und dessen Bedarf an UV-B-Strahlung muss die Lampe regelmäßig erneuert werden. Für den Terrarianer bedeutet das auch, dass Angaben wie „durchschnittlich 10000 Stunden Lebensdauer", wie sie Zoomed macht, völlig irrelevant sind, da die tatsächliche Nutzbrenndauer, bedingt durch altersmäßigen Leistungsabfall, betrachtet werden muss. Die von T-Rex als optimal bezeichneten 50 µW/cm² dürften nach der angegebenen Verwendbarkeitsdauer der Lampe nur noch relativ nahe am Leuchtmittel selbst gemessen werden.

Vergleicht man die Werte miteinander, fällt auf, dass im Abstand von 15 cm die HOBBY UV Sun Lux konstant überlegen ist, aber bei allen anderen Entfernungen ab einer Einsatzdauer von 750 Stunden vom T-Rex UV Heat Spot leicht eingeholt wird.

Tabelle 8[20]: Abhängigkeit der Vitaminsynthese von Bestrahlungsstärke und Bestrahlungszeit bei UV-B-Strahlern

Als UV-B-Lampe wurde die Westinghouse FS 20/T12[21] verwendet. Als Messgerät diente das Modell Solarmeter 6.2.

Bestrahlung in min	Bestrahlungsstärke in µW/cm²	Dosis in mJ/cm²
30	142	255
60	70	252
120	35	252

Nach dem „Gegenseitigkeitsgesetz" (Parrish et al., 1978) ist die Wirkung der UV-B-Bestrahlung auf die Vitamin-D_3-Synthese nicht von der Bestrahlungsstärke an sich abhängig, sondern eher von der aus der Einbeziehung der Bestrahlungsdauer resultierenden Gesamtenergie, bezeichnet als Dosis. Die Dosis kann nach folgender Formel berechnet werden: Dosis (mJ/cm²) = Bestrahlungsstärke (µW/cm²) x Bestrahlungsdauer (Sekunden) / 1000.[22]

Die Untersuchung in Tabelle 8 bestätigt, dass längere Bestrahlungszeiten niedrigere Bestrahlungsstärken kompensieren können. So wird die ähnliche Dosis zur Vitaminsynthese erzielt.
Der Terrarianer kann also, sofern ihm die Bestrahlungsstärke der verwendeten UV-B-Lampe bekannt ist, die Effektivität der Lampe durch die Einsatzzeit beeinflussen.
Ebenso bedeutet dies, dass ältere UV-B-Lampen länger eingesetzt werden müssen, um den altersbedingten Strahlungsverlust (siehe Tabellen 7a,7b) zu kompensieren.

Tabelle 9[23]: Messung der quantitativen Synthetisierung von Vitamin D_3 bei Bestrahlung durch natürliches Sonnenlicht

Gemessen wurde das natürliche Sonnenlicht in Boston, Massachusetts (USA). Als Messgerät diente das Modell Solarmeter 6.2. Ampullen zur Messung der Vitamin-D_3-Synthesefähigkeit wurden dem Licht eine Stunde ausgesetzt.

Zeit der Messung am 03.03.2003	Bestrahlungsstärke in µW/cm²	Dosis in mJ/cm²	Synthetisiertes Produkt in %
11.30	120	432	0,66
12.30	132	475	0,98
13.30	124	446	0,85
14.30	97	349	0,48
15.30	50	180	0,16

Um festzustellen, wie viel Vitamin D_3 ein Reptil durch Bestrahlung mit UV-B synthetisieren kann, haben ein Forscherteam des „Department of Biology“ der Christian University Boston und das „Vitamin D, Skin and Bone Laboraty“ des Medical Centers der Boston University ein Nachweisverfahren entwickelt.

Basierend auf der Erkenntnis, dass sich bestrahlungsbedingt Provitamin D_3 (auch pro D_3 oder 7-dehydrocholesterol beziehungsweise 7-DHC genannt) fotochemisch in der Epidermis in Previtamin D_3 (pre D_3) umwandelt, das die Vorstufe zu Vitamin D_3 (vit D_3) ist, wurden Ampullen mit Provitamin D_3 dem Licht ausgesetzt. Anschließend in Ethanol gelöst und im HPLC (High Performance Liquid Chromatograph) analysiert, wurde die prozentuale Umwandlung in Vitamin D_3 ermittelt.

Die Spalte „Synthetisiertes Produkt in %“ der Tabelle 9 lässt also Rückschlüsse darauf zu, wie sich die Bestrahlung tatsächlich auf die Vitamin-D_3-Synthese bei Reptilien auswirkt. Die Ergebnisse der Messung lassen vermuten, dass hohe Bestrahlungsdosen einer bestimmten Leuchtquelle mit hohen Mengen von synthetisiertem Vitamin D_3 in Zusammenhang stehen.

Tabelle 10[24]: Relation von Dosishöhe und quantitativer Synthetisierung von Vitamin D_3 bei Bestrahlung durch natürliches Sonnenlicht

Gemessen wurde das natürliche Sonnenlicht in Boston, Massachusetts (USA). Als Messgerät diente das Modell Solarmeter 6.2. Ampullen zur Messung der Vitamin-D_3-Synthesefähigkeit wurden dem Licht eine Stunde ausgesetzt.

Zeit der Messung am 26.07.2003	Bestrahlungsstärke in mW/cm²	Dosis in mJ/cm²	Synthetisiertes Produkt in %
11.00	260	936	5,2
12.00	262	943	6,8
13.00	275	990	7,4
14.00	240	864	6,8
15.00	215	774	6,5
16.00	130	468	2,0

Vergleicht man die Messung um 11.00 Uhr mit der um 14.00 Uhr, fällt auf, dass die höhere Dosis von 936 mJ/cm² mit einem Wert von 5,2 eine geringere Vitamin-D_3-Synthetisierung ergibt als die niedrigere Dosis von 864 mJ/cm² mit einem Wert von 6,8. Des Weiteren zeigt sich, dass im Vergleich der Messungen um 12.00 Uhr und um 14.00 Uhr beide Vitamin-D_3-Synthetisierungen mit einem Wert von 6,8 gleich sind, obwohl die 12.00-Uhr-Dosis mit 943 mJ/cm² größer ist als die 14.00-Uhr-Dosis mit 864 mJ/cm². Die Annahme „Je höher die Dosis, desto größer die Menge an synthetisiertem Vitamin D_3" ist also falsch.

Tabelle 11[25]: Vergleich übereinstimmender Dosen unterschiedlicher UV-B-Strahler mit der quantitativen Synthetisierung von Vitamin D_3

Als UV-B-Lampen wurden die in den USA produzierte Blacklight 350 BL und die ESU Reptile Desert 7 % UV-B verwendet. Als Messgerät diente das Modell Solarmeter 6.2. Ampullen zur Messung der Vitamin-D_3-Synthesefähigkeit wurden dem Licht zwei Stunden ausgesetzt.

Untersuchung der Blacklight 350 BL

Lampen-entfernung in cm	Bestrahlungsstärke in µW/cm²	Dosis in mJ/cm²	Synthetisiertes Produkt in %
11	25	180	3,37
23	13	94	1,34
34	7	50	0,91
46	4	29	0,45

Untersuchung der ESU Reptile Desert 7 % UV-B

Lampen-entfernung in cm	Bestrahlungsstärke in µW/cm²	Dosis In mJ/cm²	Synthetisiertes Produkt in %
11	53	382	1,79
23	25	180	0,68
34	14	101	0,35
46	8	58	– *

* = unterhalb des Messbereiches

Betrachtet man die gleiche Dosis von 180 mJ/cm² der Blacklight 350 BL in 11 cm Entfernung und der ESU Reptile Desert 7 % UV-B in 23 cm Entfernung, fällt auf, dass sich die Mengen an synthetisiertem Vitamin D_3 fast um das Fünffache unterscheiden. Die Annahme, die gleiche Dosis unterschiedlicher UV-B-Strahler ergäbe die gleiche Menge an synthetisiertem Vitamin D_3, ist falsch. Jeder UV-B-Strahler hat unabhängig von der angegebenen Bestrahlungsstärke seine individuelle beträchtliche oder geringe Auswirkung auf die Vitamin-D_3-Synthese.

Tabelle 12[26]: Relation von Wellenlänge und quantitativer Synthetisierung von Vitamin D_3 bei Bestrahlung mit UV-B-Strahlern

Als UV-B-Lampe wurde die Westinghouse FS 20/T12[27] verwendet. Als Messgerät diente das Modell Solarmeter 6.2.

Bestrahlung in min	Bestrahlungsstärke in µW/cm²	Dosis in mJ/cm²	Synthetisiertes Produkt in %
30	142	255	34,42
60	70	252	34,20
120	35	252	34,14

Bei der Beantwortung der Frage, warum bei gleicher Dosis verschiedene Lampen unterschiedlich stark Vitamin D_3 synthetisieren und was somit letztendlich das entscheidende Kriterium für die Qualität von UV-B-Strahlern ist, hilft uns die Messung an der Westinghouse FS 20/T12 weiter.

Die prozentualen Werte für die Vitamin-D_3-Synthese dieser Lampe sind höher als alle anderen hier angegebenen Werte. Nicht alle Wellenlängen innerhalb des UV-B-Spektrums sind gleich effektiv für die Umwandlung von pro D_3 in pre D_3. Je höher die Werte für die Menge an synthetisiertem Vitamin D_3 bei einer bestimmten Dosis im Test waren, desto höher ist die Konzentration der UV-B-Energie nahe dem effektivsten Wellenlängenbereich von 295 nm – wie bei der hier vorliegenden Lampe[28].

Es wäre also wünschenswert, wenn die Hersteller oder Inverkehrbringer von UV-B-Strahlern statt irreführender Aussagen wie UV-B-Strahlung in %, Lebensdauer von 10000 Stunden und mehr konkrete Angaben machen würden. Optimal wären eine Spektralgrafik mit Abbildung des Kurvenverlaufes im 295-nm-Bereich und die Angabe der Menge an synthetisiertem Vitamin D_3 in Abhängigkeit von der Entfernung zur Strahlungsquelle. Hilfreich wäre zwar auch die Angabe der Bestrahlungsstärke in µW/cm², eventuell mit Angabe der Dosis in mJ/cm². Sie sagt aber nichts über die individuelle Wirksamkeit des Lampentyps auf die Vitamin-D_3-Synthese aus (siehe Tabelle 11). Unerlässlich für die Vergleichbarkeit wäre auch die Angabe, welche Messinstrumente verwendet wurden, wie Tabelle 13 nachfolgend verdeutlicht.

Tabelle 13[29]: Vergleich von UV-Messgeräten bei Bestrahlung durch natürliches Sonnenlicht

Gemessen wurde das natürliche Sonnenlicht in Boyd, Texas. Ampullen zur Messung der Vitamin-D_3-Synthesefähigkeit wurden dem Licht zwei Stunden ausgesetzt.

Messung mit Gigahertz-Optik, Inc. Radiometer

Zeit der Messung am 21.09.2002	Bestrahlungsstärke in µW/cm²	Dosis in mJ/cm²	Synthetisiertes Produkt in %
10.50–11.20	81	146	2,21
12.50–13.20	130	234	4,90
14.50–15.20	104	187	4,19
16.45–17.15	36	65	0,85

Messung mit UVX Radiometer

Zeit der Messung am 21.09.2002	Bestrahlungsstärke in µW/cm²	Dosis in mJ/cm²	Synthetisiertes Produkt in %
10.50–11.20	750	1350	2,21
12.50–13.20	1078	1940	4,90
14.50–15.20	928	1670	4,19
16.45–17.15	414	745	0,85

Messung mit Spectroline DM-300N Radiometer

Zeit der Messung am 21.09.2002	Bestrahlungsstärke in µW/cm²	Dosis in mJ/cm²	Synthetisiertes Produkt in %
10.50–11.20	142	256	2,21
12.50–13.20	230	414	4,90
14.50–15.20	183	329	4,19
16.45–17.15	61	110	0,85

Tabelle 13 zeigt, dass unterschiedliche UV-Messgeräte unterschiedliche Messergebnisse liefern. Die berechnete Dosis ergibt sich aus der gemessenen Strahlung. Ist die Strahlungsmessung nicht zuverlässig, macht auch die berechnete Dosis nur relative Aussagen. Abhängig vom Typ der Lampe und des UV-Messgerätes sind weitere Messergebnisse nur brauchbar, wenn einmal der Abgleich mit der Menge an synthetisiertem Vitamin D_3 stattgefunden hat.

Tabelle 14[30]: Rückschlüsse auf die Verwendbarkeit der UV-Messgeräte

Der Wert von 1,34 der in der USA produzierten Blacklight 350 BL wurde gemessen mit dem Solarmeter 6.2. Die angezeigte Bestrahlungsstärke der anderen Messgeräte wurde berechnet.

Verwendetes Messgerät	Angezeigte Bestrahlungsstärke in µW/cm²	Synthetisiertes Produkt in %
Gigahertz-Optik	7	1,34
Solarmeter 6.2	13	1,34
Spectroline DM-300N	17	1,34
UVX Radiometer	80	1,34

Die überlegene Fähigkeit des Gigahertz-Optik-UV-Messgerätes, fremde Strahlung wie Infrarot aus den gemessenen UV-B-Werten auszuschließen[31], lässt noch nicht zwingend den Schluss zu, dass die anderen Messgeräte grundsätzlich weniger geeignet wären.

Obwohl die UV-Meter unterschiedliche Werte bei denselben untersuchten UV-B-Strahlern anzeigen (siehe Tabelle 13), können aus der Veränderung der gemessenen Werte gut die Wirksamkeit der UV-B-Strahler nach längerem Einsatz sowie die richtige Entfernung der Leuchtquelle zum Tier abgeleitet werden.

Tabelle 15[32]: Messungen der quantitativen Synthetisierung von Vitamin D_3 bei Bestrahlung durch natürliches Sonnenlicht

Messgeräte unbekannt

Ort der Messung	Synthetisiertes Produkt in %
Los Angeles, Kalifornien (34° N) im Januar (Webb et al.)[33]	3 %
Puerto Rico (18° N) im Januar (Webb et al.)[34]	10 %
Iquitos, Peru (3° S) im Februar (Gehrmann)[35]	15 %
Boyd, Texas (32° N) im September (Gehrmann)[36]	11 %

Die Werte der Tabelle 15 sind als individuelle Informationen zu sehen und nicht miteinander vergleichbar. Es fehlen Angaben über Tageszeit und Messgeräte. Deutlich wird aber, dass an verschiedenen Orten in verschiedenen Monaten sehr unterschiedliche Strahlungen vorliegen, die die Menge an synthetisiertem Vitamin D_3 beeinflussen.

Die Bedeutung der UV-B-Bestrahlung und Vitamin-D_3-Synthese bei der Reptilienhaltung ist erkannt worden. Wünschenswert wären systematische Studien aus der Natur, die der Terrarianer in der Literatur neben den Angaben zu Temperatur und Luftfeuchtigkeit finden sollte.

Tabelle 16[37]: Auswirkung der Bestrahlung mit UV-B-Strahlern auf die Reproduktion des Pantherchamäleons

Als UV-B-Lampen wurden die in den USA produzierte Blacklight 350 BL, die Reptisun 5.0 und die ESU Reptile Desert 7 % UV-B verwendet. Als Messgerät diente das Modell Solarmeter 6.2. Ampullen zur Messung der Vitamin-D_3-Synthesefähigkeit wurden dem Licht zwei Stunden ausgesetzt.

Untersuchung der Blacklight 350 BL

Lampen-entfernung in cm	Bestrahlungsstärke in µW/cm²	Dosis in mJ/cm²	Synthetisiertes Produkt in %
11	25	180	3,37
23	13	94	1,34
34	7	50	0,91
46	4	29	0,45

Untersuchung der Reptisun 5.0

Lampen-entfernung in cm	Bestrahlungsstärke in µW/cm²	Dosis in mJ/cm²	Synthetisiertes Produkt in %
11	36	259	1,39
23	16	115	0,54
34	9	65	0,27
46	5	43	– *

Untersuchung der ESU Reptile Desert 7 % UV-B

Lampen-entfernung in cm	Bestrahlungsstärke in µW/cm²	Dosis in mJ/cm²	Synthetisiertes Produkt in %
11	53	382	1,79
23	25	180	0,68
34	14	101	0,35
46	8	58	– *

* = unterhalb des Messbereiches

Ferguson et al. (2002) berichten, dass beim Pantherchamäleon eine zwölfstündige Bestrahlung mit Lampen, die in zwei Stunden 0,52–1,32 % Provitaminumwandlung erreichen, die Produktion lebensfähiger Schlüpflinge ermöglicht. Prozentuale Produktsynthesen oberhalb oder unterhalb der Spannbreite bewirken eine verminderte Schlupffähigkeit lebensfähiger Eier.[38]

Betrachten wir die Messungen der in den USA untersuchten Strahler, lässt sich feststellen, dass Werte zwischen 0,52 und 1,32 % bei der Blacklight 350 BL bei Bestrahlungsstärken von 5-11 µW/cm², bei der Reptisun 5.0 bei Bestrahlungsstärken von 15-33 µW/cm² sowie bei der ESU Reptile Desert 7 % UV-B bei Bestrahlungsstärken von 20-42 µW/cm² erreicht werden.

Also könnte der Terrarianer das Pantherchamäleon erfolgreicher züchten unter Verwendung dieser Lampen bei Berücksichtigung der nötigen Abstände zum Leuchtmittel.

Wie Ferguson et al. berichten, wirkt sich genauso wie zu wenig UV-B-Strahlung auch zu viel UV-B-Strahlung negativ auf die Zuchtergebnisse aus.[39] Gleiches wird bei rachitischen Erkrankungen beobachtet, so dass sich die Frage nach dem Maximum der Bestrahlung stellt.

Diffey publizierte bereits 1991, dass in der menschlichen Haut nicht mehr als maximal 15 % des Provitamins D_3 in Previtamin D_3 umgewandelt werden können, unabhängig davon, wie lange die Haut mit Sonnenlicht bestrahlt wird.[40] Aus Werten für die prozentuale Vitamin-D_3-Synthese durch Ampullenversuche ließe sich also für jeden einzelnen UV-B-Strahler abhängig von der Entfernung die maximal empfohlene Bestrahlungszeit errechnen.

Was die minimale Bestrahlung betrifft, kann grundsätzlich davon ausgegangen werden, dass der mengenmäßige Bedarf an synthetisiertem Vitamin D_3 bei jedem Reptil unterschiedlich ist und unter anderem mit der Dicke seiner Hautschicht zu tun hat. Die künstliche Bestrahlung im Terrarium sollte der Bestrahlungsstärke an natürlichem Sonnenlicht in seinem Herkunftsgebiet und seinem Habitat entsprechen.

Den größten Licht- und damit UV-Strahlungsbedarf haben natürlich die Tiere der Wüste und Savanne, während Wald- und insbesondere Regenwaldbewohner weniger UV-B-Bestrahlung bedürfen, weil in ihrem Habitat UV-Strahlen kaum die dichte Vegetation durchdringen.[41]

Während T-Rex von einem idealen Level von 50 µW/cm² ausgeht, hält der Heimtiersachverständige Dr. Stephan Dreyer UV-B-Strahlungswerte von unter 100 µW/cm² für zu gering für die Produktion von Vitamin D_3. Er rät zu Werten über 140 µW/cm² und hält 190 µW/cm² für erstrebenswert im Sinne der terraristischen Pflege.[42]

Wichtig wäre es, die UV-B-Werte im Heimatgebiet der Terrarientiere genauer zu untersuchen und zu dokumentieren. Im Idealfall sollte man über Kenntnisse der Mengen an synthetisiertem Vitamin D_3 verfügen. Man könnte dann versuchen, diese mit künstlicher UV-B-Strahlung zu erreichen. Denn die Werte an UV-B-Strahlung durch künstliche Strahler werden durchaus von den UV-B-Werten des natürlichen Sonnenlichtes abweichen, wie die zuvor beschriebenen Untersuchungen gezeigt haben.

Zusammenfassung des Vergleichs

Die Frage, welche der auf dem deutschen Markt angebotenen Modelle empfehlenswert sind, kann leider nicht zur vollen Zufriedenheit beantwortet werden. Leider fehlt es an Informationen über die Strahlungsstärke um den 295-nm-Bereich herum und an der quantitativen Bestimmung der Synthese von Vitamin D_3 bei den unterschiedlichen Lampenmodellen.

Wie gezeigt, sind Angaben wie 8 % UV-B relativ. Zudem besitzt der Bestrahlungswert in µW/cm² bei fehlenden Angaben zur Entfernung und Verwendung des Messgerätetyps nur eingeschränkte Aussagekraft.

Ein tatsächliches Kriterium für die Beurteilung der Qualität von UV-B-Strahlern, nämlich die messbare Umwandlung von Provitamin D_3 in Previtamin D_3, wurde aufgezeigt. Aus dem Vergleich der Werte der getesteten Lampen lassen sich Rückschlüsse auf die Über- oder Unterlegenheit der einzelnen Lampenmodelle ziehen.

Die Frage, was eine ausreichende Bestrahlung für Reptilien ist, kann nicht konkret beantwortet werden. Es bleibt, auf die systematische Untersuchung der quantitativen Synthese von Vitamin D_3 durch natürliches Sonnenlicht in den Herkunftsgebieten der Reptilien in nächster Zukunft zu hoffen.

Dem Terrarianer kann empfohlen werden, sein Reptil über mehrere Tage täglich eine bestimmte Zeit dem UV-B-Licht auszusetzen und es zu beobachten. Hält es sich während der gesamten Beleuchtungszeit unter dem UV-B-Strahler auf, sollte vermutlich die Bestrahlungszeit verlängert werden. Zieht es sich zurück und weicht es dem UV-B-Licht aus, sollte die Bestrahlungszeit deutlich verkürzt werden.

In den Messungen wurde zwar gezeigt, dass unterschiedliche UV-Messgeräte stark abweichende Messergebnisse anzeigen. Diese können jedoch ins Verhältnis gesetzt werden. So lassen sich der Leistungsabfall überprüfen und die optimale Entfernung der Bestrahlungsquelle zum Reptil ermitteln.

Beurteilung des Vergleichs

In den Messungen wurde zwar gezeigt, dass unterschiedliche UV-Messgeräte stark abweichende Messergebnisse anzeigen. Diese können jedoch ins Verhältnis gesetzt werden. So lassen sich der Leistungsabfall überprüfen und die optimale Entfernung der Bestrahlungsquelle zum Reptil ermitteln.

Die Bedeutung von Vitamin D_3 ist unbestritten. Über die Nahrung nehmen Terrarientiere nur inaktive Vitamin-D-Vorstufen auf.[43] Allerdings muss die Frage gestellt werden, ob die lichtabhängige Aktivierung von Vitamin D mit Hilfe von UV-B-Strahlung nicht zu hoch bewertet wird. Sicher hat das UV-B-Licht Auswirkungen auf den Allgemeinzustand, das Wohlbefinden und die Vitalität, da es sich optimierend auf Stoffwechsel und Kreislauf auswirkt.[44] Die Verabreichung von Vitamin D_3 als Ergänzungsfuttermittel im Form von Vitaminpräparaten stellt jedoch immer noch eine Alternative dar.

Fußnoten
[1] Vgl. Henriksen, K. et al. 1989, S. 110-117
[2] Vgl. McKenzie, R. L. et al. 1993, S. 2223-2226
[3] Vgl. Sharma, M. C. / Srivastava, B. N. 1992, S. 731-734
[4] Vgl. Frederick, J. E. / Snell, H. E. 1988, S. 438-440
[5] Vgl. Vgl. McKenzie, R. L. et al. 1992, S. 6501-6509
[6] Vgl. Webb, A. R. / Steven, M. D. 1987, S. 393-400
[7] Vgl. McKenzie, R. L. et al. 1993, S. 2223-2226
[8] Vgl. Kolari, P. J. / Lauharanta, J. / Hoikkala, M. 1986, S. 340-345
[9] Vgl. Gehrmann, W. H. 1987, S. 117-127
[10] Vgl. Dreyer, Dr. S. 2004
[11–12] Vgl. Gehrmann, W. H. et al. 2004, S. 362, Tab. 2
[13–14] Vgl. Diffey, B. L. 1991, S. 299-338
[15] Vgl. Paltridge, G. W. / Barton, I. J. 1978
[16] Vgl. Doda, D. D. / Green, A. E. S. 1980
[17] Vgl. Cutchis, P. 1980
[18] Vgl. Gehrmann, W. H. et al. 2004, S. 363, Tab. 3
[19] Vgl. Dreyer, Dr. S. 2004
[20] Vgl. Gehrmann, W. H. et al. 2004, S. 362, Tab. 1
[21] Anmerkung: Die Lampe wird nach Ball nicht mehr produziert. Vgl. Ball, J. 1995, S. 69-71
[22] Vgl. Gehrmann, W. H. et al. 2004, S. 364
[23–26] Vgl. Gehrmann, W. H. et al. 2004, S. 362, Tab. 2
[27] Anmerkung: Die Lampe wird nach Ball nicht mehr produziert. Vgl. Ball, J. 1995, S. 69-71
[28–29] Vgl. Gehrmann, W. H. et al. 2004, S. 358-361
[30] Vgl. Gehrmann, W. H. et al. 2004, S. 364
[31] Vgl. Gehrmann, W. H. et al. 2004, S. 362
[32] Vgl. Gehrmann, W. H. et al. 2004, S. 358-364
[33–34] Vgl. Webb, A. R. et al. 1988: S. 373-378
[35–36] Vgl. Parrish, J. A. et al. 1978: S. 262 ff.
[37] Vgl. Gehrmann, W. H. et al. 2004, S. 363-364
[38–39] Vgl. Ferguson, G. W. et al. 2002, S. 525 ff.
[40] Vgl. Diffey, B. L. 1991, S. 299-338
[41–44] Vgl. Dreyer, Dr. S. 2004

V. Service

Rechtliche Bestimmungen

Für die Haltung, insbesondere aber für den Import und den Handel mit Terrarientieren gibt es eine Vielzahl rechtlicher Vorschriften. Die im Zoofachhandel angebotenen Tiere erfüllen die Bestimmungen und werden nur mit Herkunftsnachweis verkauft. Zu vernachlässigen ist dieses Thema dadurch jedoch nicht, denn zum einen ändern sich die Bestimmungen ständig, und zum anderen gewinnt man dadurch viele Erkenntnisse über artgerechte Haltung, Schutzbedürftigkeit und Legalität des eigenen Handelns.

Washingtoner Artenschutzübereinkommen (WA)

Auch bekannt als CITES (Convention on International Trade in Endangered Species) und seit über 25 Jahren völkerrechtlich in Kraft, regelt das Übereinkommen den Handel mit Arten frei lebender Tiere und Pflanzen. Ziel ist es, sie vor dem Aussterben durch übermäßige Entnahme aus der Natur zu bewahren. Gemäß ihrer Schutzbedürftigkeit werden Tiere und Pflanzen in drei Anhängen unterschieden.

Anhang I umfasst alle Arten, die entweder vom Aussterben bedroht sind oder durch den Handel beeinträchtigt werden beziehungsweise werden könnten. Diese Tiere dürfen nicht in freier Natur gefangen und international gehandelt werden. Nachzuchten dürfen nur mit einer CITES-Bescheinigung erworben und gehalten werden.

Anhang II betrifft Arten, deren Population meist noch eine wirtschaftliche Nutzung unter wissenschaftlicher Kontrolle zulässt. Ein- und Ausfuhr sind genehmigungspflichtig.

Im **Anhang III** sind Arten aufgelistet, die besonderen Regelungen in einem Hoheitsgebiet der WA-Vertragsparteien unterliegen. Welche Tiere in welchen Anhang gehören, wird ständig geändert.

Möchten Sie sich über den Artenschutzstatus Ihres Tieres nach internationalem Recht informieren, empfiehlt sich im Internet besonders die Seite www.wisia.de.

EU-Artenschutzverordnung (Verordnung (EG) 338/97)

Die EU-Artenschutzverordnung setzt das Washingtoner Artenschutzübereinkommen in Europa um und regelt Einfuhr, Ausfuhr und Handel mit geschützten Tieren und Pflanzen in den Mitgliedsländern der Europäischen Union. Ein- und Ausfuhr beziehen sich nur auf Drittländer, die nicht der EU angehören. Der Wechsel von Tieren innerhalb der EU ist dem innerhalb Deutschlands gleichgestellt. Geschützte Arten werden ihrer Gefährdung entsprechend in den Anhängen A bis D aufgelistet.

Die Anhänge A bis C der EU-Artenschutzverordnung entsprechen in weiten Teilen den Anhängen I bis III des Washingtoner Artenschutzübereinkommens, sind jedoch um einzelne Tierarten erweitert.

Tiere des **Anhangs A** sind Arten des WA-Anhangs I und solche, die nach Auffassung der Europäischen Union international so begehrt sind, dass jeglicher Handel ihr Überleben gefährden würde. Dies betrifft zum Beispiel einige Landschildkröten und Riesenschlangen, aber auch diverse Kakteen-, Orchideen-, Euphorbien- und Aloe-Arten. Tiere der Anhang-A-Arten der Euro-

päischen Artenschutzverordnung genießen den höchsten Schutzstatus. Sie dürfen ohne Genehmigung nicht gehalten werden. Als Genehmigung gelten die Einfuhrgenehmigung oder die Befreiung vom Vermarktungsverbot und für Tiere, die bereits vor Inkrafttreten der EU-Artenschutzverordnung vorhanden waren, die Bescheinigung über den rechtmäßigen Erwerb oder die legale Einfuhr.
Melden Sie Tiere sofort nach Erwerb unter Vorlage der genannten Genehmigung bei der zuständigen Landesbehörde (siehe Adressen, Kapitel Service) an. Dieser sind auch Bestandsveränderungen wie Geburt, Schlupf, Todesfälle oder Veräußerungen sofort schriftlich anzuzeigen. Auch unter Privatpersonen ist der Verkauf oder auch nur die Weitergabe von Nachzuchten genehmigungspflichtig. Bei Umzug, Verlegung des Geheges oder Ähnlichem ist der oder den zuständigen Landesbehörde(n) unverzüglich der Standortwechsel der Tiere zu melden.
Für Wildexemplare, deren Haltungsort festgelegt wurde, muss vor einem Transport an einen neuen Standort beim Bundesamt für Naturschutz eine Genehmigung eingeholt werden. Ausgenommen sind Besuche beim Tierarzt, wenn das Tier danach wieder an den festgelegten Standort zurückgebracht wird. Grundsätzlich besteht für Wildexemplare ein Zurschaustellungs- und Vermarktungsverbot.
Vor der Veräußerung eines Tieres, für dessen Kauf nur eine einmalige Aufhebung des Vermarktungsverbots zugestanden wurde, muss eine solche erneut beantragt werden. Es empfiehlt sich dringend, sämtliche behördlichen Dokumente, aber auch Kauf-, Tausch- oder Schenkungsbelege als Nachweis aufzubewahren. Die gleichen Vorschriften gelten auch für Nachzuchttiere; jedoch kann bei der zuständigen Landesbehörde die Aufhebung des Vermarktungsverbots durch eine so genannte „Züchterbescheinigung" beantragt werden. Mit dieser können Anhang-A-Nachzuchttiere ohne weitere behördliche Genehmigung vom jeweiligen Inhaber innerhalb der EU gehandelt werden. Nachzuchten von Tieren des Anhangs A werden genau wie Tiere des Anhangs B behandelt.

Tiere des **Anhangs B** sind Arten, die im WA-Anhang II aufgelistet sind, und solche, deren Überleben durch internationalen Handel in bestimmten Ländern gefährdet ist. Beispielsweise fallen alle Landschildkröten, Riesenschlangen, Warane und Pfeilgiftfrösche darunter, sofern sie nicht schon durch den Anhang A geschützt sind.
Tiere der Anhang-B-Arten der Europäischen Artenschutzverordnung dürfen ohne Genehmigung gehalten werden, müssen jedoch nach der Bundesartenschutzverordnung bei den zuständigen Landesbehörden (siehe Adressen, Kapitel Service) gemeldet werden. Meldepflichtig sind auch Bestandsveränderungen wie Zugänge oder Abgänge. Da die zuständigen Landesbehörden einen Nachweis über den rechtmäßigen Erwerb der Tiere verlangen können, sollten Bescheinigungen des Züchters oder Verkäufers, Einfuhrdokumente, Vorlagebescheinigungen, behördliche Meldebestätigungen und CITES-Bescheinigungen aufgehoben werden.
Genau wie Kauf-, Schenkungs- oder Tauschbelege sollten sie möglichst viele eindeutige Angaben enthalten. Lassen Sie sich den wissenschaftlichen und den deutschen Artnamen, das Geburtsdatum, sofern erkennbar das Geschlecht, Name und Anschrift des Züchters, Angaben zu den Aufzeichnungsdokumenten beim Züchter („Zuchtbuch") sowie zu den Elterntieren notieren. Bei Importtieren sollten Hinweise zur Einfuhrgenehmigung wie Genehmigungsnummer, Datum der Einfuhr und Ursprungsland des Tieres festgehalten sein. Akzeptieren Sie selbst keine Belege, die nicht ausführlich genug sind. Umso leichter erfolgt die Meldung bei den Behörden. Stellen diese einmal unzumutbare Nachweisforderungen, können Sie Widerspruch ein-

legen, da man von Ihnen zum Beispiel nicht verlangen kann, sich nicht behördlich ausgestellte Belege notariell bestätigen zu lassen. Tiere des **Anhangs C** sind Arten, die im Hoheitsgebiet eines europäischen Landes einer besonderen Regelung unterworfen sind, und alle vom WA erfassten Arten, die nicht in die Anhänge A oder B eingestuft sind. Der Besitz muss weder genehmigt noch gemeldet werden. Der Halter benötigt jedoch einen Nachweis über den rechtmäßigen Erwerb, wenn das Tier in ein Land außerhalb der EU exportiert werden soll. Beim Import müssen Ausfuhrdokumente des Herkunftslandes und eine Einfuhrmeldung vorgelegt werden.

Tiere des **Anhangs D** sind Arten, die überwacht werden sollen, um sie – genau wie Tiere der Gruppe C – bei Gefährdung in die Anhänge A und B umzustufen. Sie unterliegen ebenfalls keiner Genehmigungs- oder Meldepflicht. Dennoch sollten Kauf-, Schenkungs- oder Tauschbelege nicht weggeworfen werden, falls das Tier später den strengeren Schutzvorschriften der Anhänge A und B unterstellt wird.

Wenn Sie sich über den Artenschutzstatus Ihres Tieres nach europäischen Vorschriften informieren möchten, helfen Ihnen besonders die Internetseiten www.wisia.de/FsetWisia1_dt.htm sowie www.dght.de/artenschutz/euliste.htm weiter. Diese ermöglichen eine Abfrage der in Deutschland geschützten Arten nach wissenschaftlichen und deutschen Namen.

Einfuhr geschützter Tierarten in die EU und ihre Ausfuhr

Um Genehmigungen für die Einfuhr von Anhang-A- und Anhang-B-Arten ersucht man in Deutschland das Bundesamt für Naturschutz. Die Behörde prüft, ob der Antragsteller die Voraussetzungen für eine artgemäße Haltung erfüllt. Zur Einfuhr müssen Dokumente aus dem Herkunftsland über die Ausfuhr oder Wiederausfuhr vorgelegt werden. Auch Genehmigungen für die Ausfuhr oder Wiederausfuhr von Tieren, die nach Anhang A und B sowie nach der Bundesartenschutzverordnung geschützt sind, können beim Bundesamt für Naturschutz beantragt werden.

Die zuständigen Behörden sind nach der EU-Durchführungsverordnung verpflichtet, beim Ausstellen der Dokumente einen bestimmten Zeitrahmen einzuhalten. Innerhalb von vier Wochen nach Eingang des vollständigen Antrags muss die Vollzugsbehörde zu einer Entscheidung kommen. Achten Sie daher auf die Vollständigkeit der Unterlagen und Ihrer Antworten auf Fragen. Muss die Behörde wissenschaftliche Entscheidungsgrundlagen einholen oder Behörden von Drittstaaten konsultieren, müssen Verzögerungen in Kauf genommen werden.

Einfuhrgenehmigungen in die EU sowie Ausfuhrgenehmigungen oder Wiederausfuhrbescheinigungen aus der EU verlieren nach sechs Monaten ihre Gültigkeit. Werden ausgestellte Dokumente nicht genutzt, müssen sie an die Behörde zurückgegeben werden.

Durchführungsverordnung DVO (EG) Nr. 1808/01

Diese Verordnung hat am 22. September 2001 die bis dahin gültige EG-Durchführungsverordnung EG-VO 939/97 abgelöst. Sie stellt eine Bestimmung zur Durchführung der oben skizzierten Verordnung EG 338/97 dar und schreibt eine individuelle Kennzeichnung von Anhang-A-Reptilienarten zur Überwachung des Handels vor. Die Kennzeichnungspflicht gilt in Deutschland bereits seit dem 1. Januar 2001. Auch private Halter und Züchter müssen bereits den Besitz ihrer Reptilien „unverwechselbar und dauerhaft" kennzeichnen. Das betrifft Reptilien des Anhangs A der Verordnung EG Nr. 338/97 (Maurische und Griechische Landschildkröte, Madagaskar-Boa und andere).
Ziel der Kennzeichnung ist die Beschränkung des illegalen Handels mit geschützten Arten und die Erleichterung des legalen Erwerbs durch den Halter. Die Kennzeichnung erfolgt bei Schildkröten ab 500 g und anderen Reptilien ab 200 g mittels eines Transponders, das heißt eines implantierten Mikrochips.

Tipp: Wenn Sie sich informieren oder Kennzeichen bestellen möchten, wenden Sie sich an den Bundesverband für fachgerechten Natur- und Artenschutz (BNA) oder den Zentralverband Zoologischer Fachbetriebe Deutschlands e.V. (ZZF), deren Anschriften Sie unter „Adressen" im Kapitel Service finden.

Bundesnaturschutzgesetz

Dieses Gesetz wurde zuletzt am 4.4.2002 überarbeitet. Es enthält Besitz- und Vermarktungsverbote für besonders geschützte Tiere und Pflanzen. Dies gilt zwar nicht für Nachzuchten, doch werden diese eingezogen, wenn keine entsprechenden Herkunftsnachweise erbracht werden können. Heimische Reptilien und Amphibien unterliegen einem grundsätzlichen Haltungsverbot. Ausnahme sind die Kaulquappen des Gras- und Wasserfroschs, die erst nach der Metamorphose geschützt sind.

Bundesartenschutzverordnung (BArtSchV)

Regelt ergänzend zur EU-Artenschutzverordnung Ein-, Aus- und Durchfuhrbestimmungen, Transportkennzeichnung, Besitz- und Vermarktungsverbot sowie Meldepflicht einiger gehaltener Arten.
Danach sind Erwerb, Handel und Besitz der frei lebenden europäischen Amphibien und Reptilien verboten. Ausnahmen sind Tiere, die bereits vor Inkrafttreten der Verordnung zum 25.8.1980 gepflegt wurden oder von diesen abstammend in menschlicher Obhut nachgezüchtet werden.
Gemäß der Bundesartenschutzverordnung sind ebenso Halter von Tieren des Anhangs I zum Anzeigen des Besitzes, Zugangs sowie Abgangs durch Verkauf, Verschenken, Tausch oder Tod bei den zuständigen Landesbehörden (siehe „Adressen", Behörden) verpflichtet.

Lesern aus der Schweiz empfehle ich die Broschüre „Die Schweiz und das Übereinkommen über den internationalen Handel mit gefährdeten Arten freilebender Tiere und Pflanzen". Diese können Sie auf der Homepage www.bvet.admin.ch des Schweizer Bundesamtes für Veterinärwesen unter dem Punkt „Artenschutz" online lesen.

Polizeiliches Verwaltungsgesetz (STGB § 367)

In diesem Paragraphen heißt es: „Wer ohne polizeiliche Erlaubnis gefährliche, wilde Tiere hält oder wilde oder bösartige Tiere frei umherlaufen lässt oder in Ansehung ihrer Gefährlichkeit die erforderlichen Vorsichtsmaßregeln zur Verhütung von Beschädigungen unterlässt ..." wird mit Geldstrafe bis zu 75 Euro oder mit Haft bis zu sechs Wochen bestraft."

Auch wenn Sie als seriöser Terrarianer natürlich keine derartigen Tiere frei herumlaufen lassen, sollten Sie sich doch über die Konsequenzen eines versehentlichen Entwischens im Klaren sein. Es drohen Behandlungskosten und Ansprüche wegen Verdienstausfall von Opfern oder im schlimmsten Fall Anzeigen wegen fahrlässiger Tötung durch die Polizei.

Mietrecht

Die Haltung eines Tieres in der Mietwohnung ist im Mietvertrag geregelt. Diese kann jedoch nicht grundsätzlich verboten werden. Der Bundesgerichtshof entschied 1992, dass außer Aquarienfischen auch Tiere, die ihrer Natur nach keine Störungen verursachen, also durch Geruch oder Lärm die Mitbewohner stören, vom Vermieter nicht verboten werden dürfen.

Weitestgehend haben die Gerichte die Haltung von Reptilien der von Kleintieren wie Mäusen und Meerschweinchen, die keine Störung verursachen, gleichgestellt.

Was jedoch Schlangen betrifft, gibt es widersprüchliche Urteile: Mal ist die Haltung zulässig, weil sie keine Störung verursachen, mal ist sie verboten, da der Hausfriede durch unüberwindbare Panik der Mitbewohner empfindlich und auf unzumutbare Weise gestört werde. Wenn Sie eine Schlange halten möchten, sollten Sie also vor der Anschaffung unbedingt das Gespräch mit dem Vermieter zu suchen.

Tierschutztransportverordnung (TierSchTrV)

Wechselwarme Tiere sind beim Transport grundsätzlich in einem Behältnis zu befördern, das ihrem Platz- und Temperaturbedarf entspricht. Bei längeren Transportstrecken ist darüber hinaus die Ernährung sicherzustellen.

Säugetiere, die noch nicht selbständig fressen und trinken können, dürfen nur zusammen mit der Mutter transportiert werden.

Säugetiere, die sich in der Geburt befinden, vor weniger als 48 Stunden geboren haben oder deren Nabel noch nicht vollständig verheilt ist, unterliegen dem Transportverbot.

Den Wortlaut der Tierschutztransportverordnung finden Sie im Internet auf der Seite www.verbraucherministerium.de.

Tierschutzgesetz (TierSchG)

Das Tierschutzgesetz wurde 1998 überarbeitet und regelt den Schutz des Tieres vor unsachgemäßer Haltung. Verstöße gegen das Tierschutzgesetz werden in der Regel als Ordnungswidrigkeiten mit Geldbußen geahndet. Das Quälen oder Töten eines Wirbeltieres ohne vernünftigen Grund wird jedoch als Straftat verfolgt.

§ 2 des Tierschutzgesetzes definiert die artgerechte Tierhaltung: „Jedes Tier muss seiner Art und seinen Bedürfnissen entsprechend ernährt und gepflegt sowie verhaltensgerecht untergebracht sein. Insbesondere muss ihm die Möglichkeit angemessener Bewegung gegeben werden. Derjenige, der das Tier zu betreuen hat, muss über die Kenntnisse und Fähigkeiten verfügen, die notwendig sind, um die artgerechte Ernährung, Pflege und Unterbringung zu gewährleisten."

Um einheitliche Richtlinien zu schaffen, welche minimalen Anforderungen an die Haltung von Reptilien gestellt werden müssen, hat das ehemalige Ministerium für Ernährung, Landwirtschaft und Forsten, heute Verbraucherschutzministerium, die Deutsche Gesellschaft für Herpetologie und Terrarienkunde (DGHT) mit der Erstellung des nachfolgenden Gutachtens beauftragt.

Nachlesen können Sie das Tierschutzgesetz im Internet auf der Seite www.verbraucherministerium.de.

Mindestanforderungen an die Haltung von Reptilien

Zwar hat das Gutachten keine Gesetzeskraft, aber es wird von Behörden und Gerichten zur Beurteilung der artgerechten Haltung herangezogen. So sensibilisiert es durch die formulierten Ansprüche an die Pflege gerade auch den Anfänger für die artgerechte Haltung.
Definiert werden für einzelne Arten unter anderem Terrariengestaltung und -größe, Ernährung, Temperatur und Luftfeuchtigkeit. Das Gutachten erhalten Sie beim Referat Tierschutz des Verbraucherschutzministeriums oder als inhaltlich unveränderte Sonderausgabe bei der DGHT (siehe „Adressen“, Kapitel Service).

Das Gutachten über Mindestanforderungen an die Haltung von Reptilien können Sie im Internet unter www.verbraucherministerium. de aufrufen.

Tipp: Rechtsvorschriften, insbesondere die Einteilung der Tiere in die verschiedenen Anhänge, werden des Öfteren überarbeitet. Halter entsprechender Tiere sollten sich daher stets auf dem Laufenden halten. Genaue Informationen über den Schutzstatus, benötigte Papiere, die Kennzeichnung sowie die Pflicht der Haltungsanzeige und des Herkunftsnachweises finden sich im BNA-Artenschutzbuch (siehe „Adressen“, Kapitel Service).

Lesern aus der Schweiz, die Fragen zu Tierschutz, Artenschutz oder Ein- und Ausfuhr haben oder Adressen von Tierärzten suchen, empfehle ich das Bundesamt für Veterinärwesen unter der Internetadresse www.bvet.admin.ch/0_navigation-d/0_index-intern.html. Eine Übersicht über relevante Gesetze in der Schweiz findet sich darüber hinaus unter www.swissherp.org/gesetze.html.

Adressen

Versicherungen

Hausratversicherung

Tritt Wasser aus Aquaterrarien oder Aquarien aus, ist der dadurch an Hausrat wie Möbeln und Teppichen entstandene Schaden nur dann versichert, wenn dies ausdrücklich in den Versicherungsbedingungen festgehalten ist. Die Scheiben des Aquariums oder Terrariums werden hingegen nicht von der Versicherung abgedeckt.

Haftpflichtversicherung

Hat aus Aquaterrarien oder Aquarien ausgetretenes Wasser auch Schaden an der darunter liegenden Wohnung verursacht, kommt Ihre Hausratversicherung dafür nicht auf. Hierzu benötigen Sie eine Haftpflichtversicherung. Alternativ ist es überlegenswert, in einen Aquarienverein einzutreten, der dem VDA (www.vda-online.de) angegliedert ist. Mitglieder eines solchen Vereins sind gegen derartige Haftpflichtschäden automatisch versichert.

Eigenschaden- und Glasbruchversicherung

Auch für Eigenschaden und Glasbruch gibt es spezielle Versicherungen, mit denen man unter Umständen viel Geld sparen kann. Diese versichern auch zu Bruch gegangene Aquarien- und Terrarienscheiben. Mitglieder von Vereinen, die an den VDA angeschlossen sind, können diese Versicherung gegen einen geringen Beitrag abschließen.

Inhaltsversicherungen

In manchen Fällen ist der Schaden an Hausrat oder Terrarium beziehungsweise Aquarium nicht so groß wie an den Tieren selbst. Bisher ist mir leider noch keine Versicherungsgesellschaft bekannt, die dieses Risiko für Privatpersonen abdeckt. Zumindest für gewerbliche Zoohandlungen bietet aber die Basler Versicherung (Basler Straße 4, 61352 Bad Homburg, Tel.: 0 61 72/13-0, Fax: 0 61 72/13-2 00, E-Mail: auskunft@basler.de) eine Versicherung an. Diese umfasst Fische, Terrarientiere, Niedere Tiere, Pflanzen, Steine, Wurzeln, Kies sowie alle Elektrogeräte und alle mit den Elektrogeräten verbundenen Bestandteile, die sich innerhalb des Beckens befinden. Anerkannt werden als Schadensursachen Glasbruch des Terrariums beziehungsweise Aquariums, Vergiftung des Wassers oder der Luft durch Implodieren der Leuchtkörper, Glasbruch oder Durchbrennen bei Elektrogeräten sowie thermische Überlastung oder netzbedingter Stromausfall.

Rechtsschutzversicherung

Durch die Haltung von Terrarientieren können rechtliche Streitigkeiten entstehen. Eine allgemeine Rechtsschutzversicherung deckt zwar die Kosten eines zivilrechtlichen Streits ab, nicht aber die eines verwaltungsrechtlichen Streits, zum Beispiel mit Behörden über Aspekte des Tier- oder Artenschutzes. Eine spezielle Rechtsschutzversicherung, die auch verwaltungsrechtliche Streitigkeiten einschließt, bietet der Bundesverband für Natur- und Artenschutz (BNA) seinen Mitgliedern. Der Mitgliedsbeitrag beträgt derzeit jährlich etwa 25 Euro, und die Versicherung bei Schadensabdeckung bis 100 000 Euro kostet jährlich rund 40 Euro zuzüglich Steuer.

Museen und Zoos

Die Haltung und Präsentation von Reptilien, Amphibien und Spinnentieren in Zoos und Museen ist quantitativ und qualitativ recht unterschiedlich. Wie viele beziehungsweise welche Tiere gepflegt werden und ob sich für jeden der Besuch lohnt, lässt sich durch vorherige Anfrage per Telefon oder Surfen zur zooeigenen Homepage klären.

PLZ-Bereich 0

Zoologischer Garten Dresden, Tiergartenstraße 1, **01219 Dresden**,
Tel.: 03 51/47 80 60, Fax: 03 51/4 71 86 25,
www.zoo-dresden.de,
E-Mail: info@zoo-dresden.de

Zoo Hoyerswerda,
Am Haag 20, **02977 Hoyerswerda**
Tel.: 0 35 71/45 64 50,
Fax: 0 35 71/45 64 55,
E-Mail: zoo.hy@t-online.de

Zoologischer Garten Leipzig, Pfaffendorfer Straße 29, **04105 Leipzig**,
Tel.: 03 41/5 93 35 00,
Fax: 03 41/5 93 33 03,
www.zoo-leipzig.de,
E-Mail: office@zoo-leipzig.de

Zoo Halle GmbH,
Fasanenstr. 59, **06114 Halle**
Tel.: 03 45/5 20 33 00,
Fax: 03 45/5 20 34 44,
E-Mail: zoo.halle@t-online.de

Tierpark Chemnitz,
Nevoigtstraße 14a, **09117 Chemnitz**,
Tel. und Fax: 03 71/85 00 28,
www.tierpark-chemnitz.de,
E-Mail: tierpark@stadt-chemnitz-de

PLZ-Bereich 1

Tierpark Berlin-Friedrichsfelde,
Am Tierpark 125, **10307 Berlin**,
Tel.: 0 30/51 53 10, Fax: 0 30/5 12 40 61,
www.tierpark-berlin.de,
E-Mail: tierpark.berlin@t-online.de

Zoo-Aquarium Berlin,
Budapester Straße 32, **10787 Berlin**,
Tel.: 0 30/25 40 12 16, Fax: 0 30/26 10 19 74,
www.aquarium-berlin.de

Zoologischer Garten Berlin AG, Hardenbergplatz 8, **10787 Berlin**,
Tel.: 0 30/25 40 10, Fax: 0 30/25 40 12 55,
www.zoo-berlin.de/veranstalter/index.html,
E-Mail: info@zoo-berlin.de

Zoologischer Garten Schwerin GmbH,
Besuchereingang: Crivitzer Chaussee,
Postadresse: Waldschulweg 1,
19061 Schwerin,
Tel.: 03 85/3 95 51-0, Fax: 03 85/3 95 51 30,
www.zoo-schwerin.de,
E-Mail: info@zoo-schwerin.de

PLZ-Bereich 2

Hagenbecks Tierpark GmbH, Hagenbeckallee 31, **22527 Hamburg-Stellingen**,
Tel.: 0 40/5 40 00-10, Fax: 0 40/5 40 00-1 32,
www.hagebeck.de,
E-Mail: hagenbeckinfo@aol.com

PLZ-Bereich 3

Zoo Hannover, Adenauerallee 3,
30175 Hannover, Tel.: 05 11/2 80 74-1 17,
Fax: 05 11/2 80 74-1 56,
www.zoo-hannover.de,
E-Mail: hagenmeyer@zoo-hannover.de

Zoologischer Garten Magdeburg, Am Vogelgesang 12, **39124 Magdeburg**, Tel.: 03 91/2 80 90-0, Fax: 03 91/2 80 90-12, www.zoo-magdeburg.de, E-Mail: info@zoo-magdeburg.de

PLZ-Bereich 4

Löbbecke Museum + Aquazoo, Kaiserswerther Straße 380, **40200 Düsseldorf**, Tel.: 02 11/8 99 61 50, Fax: 02 11/8 99 44 93, www.duesseldorf.de/kultur/aquazoo, E-Mail: aquazoo@düsseldorf.de

Zoo Wuppertal, Hubertusallee 30, **42117 Wuppertal**, Tel.: 02 02/27 47-0, Fax: 02 02/74 18 88, www.zoo-wuppertal.de, E-Mail: kontakt@zoo-wuppertal.de

Zoo Dortmund, Mergelteichstraße 80, **44225 Dortmund**, Tel.: 02 31/5 02 85 81, Fax: 02 31/71 21 75, www.dortmund.de/zoo/, E-Mail: zoo@dortmund.de

Zoo Duisburg, Mülheimer Straße 273, **47058 Duisburg**, Tel.: 02 03/3 05 59-0, Fax: 02 03/3 05 59-22, www.zoo-duisburg.de, E-Mail: winkler@zoo-duisburg.de

Tierpark Bochum GmbH, Klinkstraße 49, **44791 Bochum**, Tel.: 02 34/9 50 29-0, Fax: 02 34/9 50 29-70, www.tierpark-bochum.de, E-Mail: tierpark.bochum@t-online.de

Terra-Zoo, Melkweg 7, **47495 Rheinberg-Winterswick**, Tel.: 0 28 43/90 16 85, Fax: 0 28 43/90 16 86, www.terrazoo-online.de, E-Mail: info@terrazoo-online.de

Krefelder Zoo, Uerdinger Straße 377, **47800 Krefeld**, Tel.: 0 21 51/9 55 20, www.zookrefeld.de

Allwetterzoo Münster, Sentruper Straße 315, **48161 Münster**, Tel.: 02 51/89 04-0, Fax: 02 51/89 04-90, Faxabruf 02 51/89 04-85, www.allwetterzoo.de, E-Mail: info@allwetterzoo.de

Zoo Osnabrück, Am Waldzoo 2/3, **49082 Osnabrück**, Tel.: 05 41/95 10 50, Fax: 05 41/9 51 05 22, www.zoo-osnabrueck.de, E-Mail: zoo@zoo-osnabrueck.de

PLZ-Bereich 5

Zoologischer Garten Köln, Riehlerstraße 173, **50735 Köln**, Tel.: 02 21/77 85-0, Fax: 02 21/7 78 51 11, www.zoo-koeln.de, E-Mail: info@zoo-koeln.de

Zoologisches Forschungsmuseum Alexander Koenig, Adenauerallee 160, **53113 Bonn**, Tel.: 02 28/91 22-0 (Zentrale), 02 28/91 22-2 11, Fax: 02 28/21 69 79, www.museumkoenig.de, E-Mail: info.zfmk@uni-bonn.de

Reptilienzoo Königswinter-Drachenfels, Am Drachenfels 107, **53639 Königswinter**, Tel.: 0 22 23/2 41 50, www.reptilien-zoo-koenigswinter.de

Zoo Neuwied, Waldstraße 160, **56566 Neuwied**, Tel.: 0 26 22/90 46 20, www: www.zooneuwied.de, E-Mail: info@zooneuwied.de

PLZ-Bereich 6

Zoologischer Garten Frankfurt/Main, Bernhard-Grzimek-Allee 1, **60316 Frankfurt** Tel.: 0 69/2 12-3 37 35, Fax: 0 69/2 12-3 78 55, www.zoo-frankfurt.de, E-Mail: info.zoo@stadt-frankfurt.de

Vivarium Darmstadt, Schnampelweg 4, **64287 Darmstadt**, Tel.: 0 61 51/1 33 39-1, Fax: 0 61 51/1 33 39-3, www.darmstadt.de/stadt/viva, E-Mail: vivarium@stadt.darmstadt.de

Zoologischer Garten Saarbrücken, Graf-Stauffenberg-Straße, **66121 Saarbrücken**, Tel.: 06 81/9 80 44 12, Fax: 06 81/9 80 44 38, www.saarbruecken.de/zoo/

PLZ-Bereich 7

Wilhelma, Neckartalstraße, **70342 Stuttgart-Bad Cannstatt**, Tel.: 07 11/5 40 20, Fax: 07 11/5 40 22 22, www.wilhelma.de, E-Mail info@wilhelma.de

Zoologischer Garten Karlsruhe, Ettlinger Straße 6, **76137 Karlsruhe**, Tel.: 07 21/ 1 33 68 01, Fax: 07 21/1 33 68 09, www.karlsruhe.de/Zoo/, E-Mail: zoo@karlsruhe.de

Reptilium Terrarien- und Wüstenzoo GmbH, Werner-Heisenberg-Str. 1, **76829 Landau,** Tel.: 0 63 41/5 10 00, Fax: 0 63 41/51 00 12, www.reptilium.de, E-Mail: info@reptilium.de

PLZ-Bereich 8

Münchener Tierpark Hellabrunn AG, Tierparkstraße 30, **81543 München**, Tel.: 0 89/62 50 80, Fax: 0 89/6 25 08 32, www.zoo-munich.de, E-Mail: office@zoo-munich.de

Reptilienhaus Oberammergau, Lüftlmalereck 5, **82487 Oberammergau**, Tel.: 0 88 22/14 77, Fax: 0 88 22/93 25 77

Zoologischer Garten Augsburg, Brehmplatz 1, **86161 Augsburg**, Tel.: 08 21/55 50 31, Fax: 08 21/56 27 29, www.zoo-augsburg.de, E-Mail: info@zoo-augsburg.de

Tiergarten Ulm, Friedrichsau 40, **89073 Ulm**, Tel.: 07 31/1 61 67 42, Fax: 07 31/9 21 44 15

Reptilienzoo Scheidegg im Allgäu, 88175 Scheidegg, Tel.: 0 83 81/74 49, http://homepages.compuserve.de/BodenseeTheLake/reptilienzoo_scheidegg.html

PLZ-Bereich 9

Nürnberger Zoo, Am Tiergarten 30, **90480 Nürnberg**, Tel.: 09 11/54 54-6, Fax: 09 11/54 54-8 02, www.tiergarten.nuernberg.de, E-Mail: info@tiergarten.nuernberg.de

Reptilienzoo Regensburg, Obertraublinger Straße 25, **93055 Regensburg**, Tel.: 09 41/7 69 29, www.reptilienzoo.de, E-Mail: reptilienzoo@reischig.de

Thüringer Zoopark, Zum Zoopark 8–10, **99087 Erfurt**, Tel.: 03 61/7 51 88-0, Fax: 03 61/7 51 88-22, www.zoopark-erfurt.de, E-Mail: zoo-erfurt@t-online.de

Zoos finden Sie im Internet unter www.tiergaerten.de und unter www.zoodirektoren.de. www.zoo-ag.de führt nicht nur knapp 700 Zoos in Deutschland auf, sondern listet auch geplante und aufgelöste Zoos auf. Möchten Sie sich ein ganz bestimmtes Tier im Zoo ansehen, bietet Ihnen die Homepage www. zoos.de die Möglichkeit, in einzelnen Regionen nach speziellen Tierarten zu suchen.

A

Österreich

Schönbrunner Tiergarten GmbH, Maxingstraße 13b, **A-1130 Wien**, Tel.: 00 43-18 77 92 94-0, Fax: 00 43-18 77 96 41, www.zoovienna.at, E-Mail: office@zoovienna.at

Reptilien Zoo Happ, Villacher Straße 237, **A-9020 Klagenfurt**, Tel.: 00 43-(0)4 63/2 34 25, Fax: 00 43-(0)4 63/2 34 25 14, http://terraristik.com/happ/

CH

Schweiz

Tierpark Dahlhölzli, Tierparkweg 1, **CH-3005 Bern**, www.tierpark-bern.ch

Zoo Basel, Binningerstrasse 40, **CH-4011 Basel**, Tel.: 00 41-(0)61/2 95 35 35, Fax: 00 41-(0)61/2 81 00 05, www.zoobasel.ch

Zoo Zürich, Zürichbergstrasse 221, **CH-8044 Zürich**, automatische Auskunft: 00 41-(0)1/2 54 25 05, Tel.: 00 41-(0)1/2 54 25 00, Fax: 00 41-(0)1/2 54 25 10, www.zoo.ch, E-Mail: zoo@zoo.ch

Schlangenzoo Eschlikon, Tösstalstrasse 10, **CH-8360 Wallenwil/Eschlikon TG**, Tel.: 00 41-(0)71/9 70 06 36, Fax: 00 41-(0)71/9 70 06 38, www.schlangenzoo.ch, E-Mail: jcvillars@schlangenzoo.ch

Artenschutzbehörden der Bundesländer

Zur Anzeige von Tierbeständen der geschützten Arten nach der Bundesartenschutzverordnung sowie zur Ausstellung von EG-Bescheinigungen nach den EU-Artenschutzverordnungen können Sie sich an nachfolgende Artenschutzbehörden der jeweiligen Bundesländer wenden.

Der Vollständigkeit halber sind Oberste, Obere sowie Höhere Naturschutzbehörden et cetera aufgeführt, wobei in der Regel die unteren Naturschutzbehörden der Kreise und kreisfreien Städte die sachlich beziehungsweise örtlich zuständigen Behörden sind.

Baden-Württemberg:

Ministerium für Ernährung und Ländlichen Raum Baden-Württemberg, Oberste Naturschutzbehörde, Postfach 10 34 44, 70029 Stuttgart, Tel.: 07 11/1 26-0, Fax: 07 11/1 26-22 55

Regierungspräsidium Stuttgart, Höhere Naturschutzbehörde, Ruppmannstraße 21, 70565 Stuttgart, Tel.: 07 11/9 04-0, Fax: 07 11/9 04-32 89

Regierungspräsidium Karlsruhe, Höhere Naturschutzbehörde, Schlossplatz 1–3, 76137 Karlsruhe, Tel.: 07 21/9 26-0, Fax: 07 21/9 26-62 11

Regierungspräsidium Freiburg, Höhere Naturschutzbehörde, Bertoldstraße 43, 79083 Freiburg, Tel.: 07 61/2 08-0, Fax: 07 61/2 08-12 08

Regierungspräsidium Tübingen, Höhere Naturschutzbehörde, Konrad-Adenauer-Straße 20, 72072 Tübingen, Tel.: 0 70 71/7 57-0, Fax: 0 70 71/7 57-31 90

Bayern:

Bayerisches Staatsministerium für Landesentwicklung und Umweltfragen, Oberste Naturschutzbehörde, Postfach 81 01 40, 81901 München, Tel.: 0 89/92 14-0, Fax: 0 89/92 14-22 66, www.bayern.de/stmlu, E-Mail: poststelle@stmlu.bayern.de

Untere Naturschutzbehörden der Kreise und kreisfreien Städte, in der Landeshauptstadt München zum Beispiel: Referat für Stadtplanung und Bauordnung, Hauptabteilung IV, Untere Naturschutzbehörde, Blumenstraße 28b, 80331 München, Tel.: 0 89/2 33-02 80, Fax: 0 89/2 33-2 42 34

Berlin:

Senatsverwaltung für Stadtentwicklung, Umweltschutz und Technologie, Oberste Naturschutzbehörde, Am Köllnischen Park 3, 10173 Berlin, Tel.: 0 30/90 25-0, Fax: 0 30/90 25-10 76

Senatsverwaltung für Stadtentwicklung, Württembergische Straße 6, 10702 Berlin, Tel.: 0 30/90 12-0, Fax: 0 30/90 12-73 31, www.stadtentwicklung.berlin.de, E-Mail: oeffentlichkeit@senstadt.verwalt-berlin.de

Naturschutzbehörde, Kniprodestraße 62, 10407 Berlin, Tel.: 0 30/42 40 45 13

Alle Berliner Bezirksämter

Brandenburg:

Ministerium für Umwelt, Naturschutz und Raumordnung des Landes Brandenburg, Oberste Naturschutzbehörde, Albert-Einstein-Straße 42–46, 14473 Potsdam, Tel.: 03 31/8 66-0, Fax: 03 31/8 66-72 40

Alle unteren Naturschutzbehörden der Kreise und kreisfreien Städte

Bremen:

Obere und Untere Naturschutzbehörde, Senator für Bau und Umwelt der Freien Hansestadt Bremen, Herrn Holtmann, Ansgaritorstraße 2, 28195 Bremen, Tel.: 04 21/3 61-66 63, Fax: 04 21/ 3 61-22 01, www.umwelt.bremen.de, E-Mail: office@umwelt.bremen.de

Hamburg:

Behörde für Umwelt und Gesundheit, Amt für Naturschutz und Landschaftspflege, Abteilung Artenschutz, Billstraße 84, 20539 Hamburg, Tel.: 0 40/4 28 45-0, Fax: 0 40/4 28 45-25 79, E-Mail: bug@ub.hamburg.de

Hessen:

Hessisches Ministerium für Umwelt, Landwirtschaft und Forsten, Oberste Naturschutzbehörde, Hölderlinstraße 1–3, 65187 Wiesbaden, Tel.: 06 11/8 17-0, Fax: 06 11/8 17-21 85, www.mulf.hessen.de, E-Mail: poststelle@mulf.hessen.de

Regierungspräsidium Darmstadt, Abteilung LFN, Obere Naturschutzbehörde, Wilhelminenstraße 1–3, 64278 Darmstadt, Tel.: 0 61 51/12-0, Fax: 0 61 51/12-65 47, E-Mail: artenschutz.rpda@t-online.de

Regierungspräsidium Gießen, Abteilung LFN, Obere Naturschutzbehörde, Eichgär-

tenallee 1, 35394 Gießen,
Tel.: 06 41/3 03-1, Fax: 06 41/3 03-26 08

Mecklenburg-Vorpommern:

Umweltministerium, Schlossstraße 6–8, 19053 Schwerin, Tel.: 03 85/5 88-0, Fax: 03 85/5 88-87 17, www.mv-regierung.de

Alle unteren Naturschutzbehörden der Kreise und kreisfreien Städte

Niedersachsen:

Niedersächsisches Landesamt für Ökologie, Fachbehörde für Naturschutz, Postfach 10 10 62, 31110 Hildesheim,
Tel.: 0 51 21/5 09-0, Fax: 0 51 21/5 09-2 33

Nordrhein-Westfalen:

Ministerium für Umwelt und Naturschutz, Landwirtschaft und Verbraucherschutz des Landes Nordrhein-Westfalen,
Schwannstraße 3, 40476 Düsseldorf,
Tel.: 02 11/45 66-0, Fax: 02 11/45 66-3 88,
www.murl.nrw.de,
E-Mail: poststelle@murl.nrw.de

Alle unteren Landschaftsbehörden der Kreise und kreisfreien Städte

Rheinland-Pfalz:

Ministerium für Umwelt und Forsten des Landes Rheinland-Pfalz, Oberste Naturschutzbehörde, Postfach 31 60, 55021 Mainz, Tel.: 0 61 31/16-0,
Fax: 0 61 31/16-46 46,
E-Mail: poststelle@muf.rlp.de

Alle unteren Landschaftsbehörden der Kreise und kreisfreien Städte

Saarland:

Ministerium für Umwelt, Energie und Verkehr des Saarlandes, Oberste Naturschutzbehörde,
Postfach 10 24 61, 66024 Saarbrücken,
Tel.: 06 81/5 01-00, Fax: 06 81/5 01-45 22,
E-Mail: Presse@muev.saarland.de

Alle unteren Naturschutzbehörden der Kreise und kreisfreien Städte

Sachsen:

Sächsisches Staatsministerium für Umwelt und Landwirtschaft, Abteilung 6/ Natur- und Bodenschutz, Referat 62/ Biotop- und Artenschutz,
Archivstraße 1, 01097 Dresden,
Tel.: 03 51/5 64-0,
Fax: 03 51/5 64-22 09, www.sachsen.de,
E-Mail: poststelle@smul.sachsen.de

Regierungspräsidium, Referat Naturschutz/Landschaftspflege,
Stauffenbergallee 2, 01099 Dresden,
Tel.: 03 51/82 50

Sachsen-Anhalt:

Ministerium für Raumordnung, Landwirtschaft und Umwelt, Oberste Naturschutzbehörde, Olvenstedter Straße 4, 39108 Magdeburg, Tel.: 03 91/5 67-01, Fax: 03 91/5 67-19 64/-17 27, www.mrlu.sachsen-anhalt.de, pressestelle@mrlu.lsa-net.de

CITES-Büro des Landes Sachsen-Anhalt, Zerbster Straße 7, 39264 Steckby,
Tel.: 03 92 44/2 97

Alle unteren Naturschutzbehörden der Kreise und kreisfreien Städte

Schleswig-Holstein:

Ministerium für Umwelt, Natur und Forsten des Landes Schleswig-Holstein, Oberste Naturschutzbehörde, Mercatorstraße 3, 24106 Kiel, Tel.: 04 31/9 88-0, Fax: 04 31/9 88-72 39, www.schleswig-holstein.de/munf, E-Mail: Poststelle@Umin.Landsh.de

Landesamt für Natur und Umwelt des Landes Schleswig-Holstein, Obere Naturschutzbehörde, Hamburger Chaussee 25, 24220 Flintbek, Tel.: 0 43 47/7 04-0

Alle unteren Naturschutzbehörden der Kreise und kreisfreien Städte

Thüringen:

Thüringer Ministerium für Landwirtschaft, Naturschutz und Umweltschutz, Oberste Naturschutzbehörde, Postfach 10 03, 99021 Erfurt, Tel.: 03 61/3 79 99-00/-02, Fax: 03 61/37 99-9 50, www.thueringen.de/tmlnu, E-Mail: poststelle@tmlnu.thueringen.de

Zur Anzeige von Tierbeständen der geschützten Arten beziehungsweise als Herkunftsbestätigung können Sie die Formulare der nächsten beiden Seiten als Kopiervorlagen benutzen:

Agama armata

Bestandsveränderungsanzeige

über die Haltung von artenschutzrechtlich besonders geschützten Tieren gemäß § 6 Abs. 2 BArtSchV

Empfänger:

Bitte vollständig ausfüllen und Zutreffendes ankreuzen.

Hinweis zum Datenschutz:
Die hier erfragten Angaben werden zur rechtmäßigen Aufgabenerfüllung auf Grundlage von § 6 Abs. 2 Bundesartenschutzverordnung erhoben und verarbeitet. Die mit * gekennzeichneten Angaben sind freiwillig, sie erleichtern der Verwaltung jedoch die Aufgabenerfüllung.

Besitzer

Tierhalter/Tierhalterin (Name, Vorname)		Geburtsdatum*
Anschrift (Straße, Postleitzahl, Wohnort)		
Telefon*	Fax*	E-Mail*

☐ Zugang von Tieren ☐ Kennzeichnung von Tieren ☐ Abgang von Tieren

Tier

Üblicher Artenname		Wissenschaftlicher Artenname	
Anzahl	Gewicht (kg)	Geschlecht ☐ männlich ☐ weiblich ☐ unbekannt	Geburtsdatum
Kennzeichen ☐ Mikrochip-Transponder ☐ sonstige Kennzeichnung		☐ geschlossener Fußring Kennzeichen-Nr.:	☐ offener Fußring ☐ ohne Kennzeichen

Zugang/Abgang

☐ Eigenzucht	☐ Erwerb am:	☐ entwichenes, wieder aufgefundenes Tier
☐ verstorben am:	☐ entwichen am:	Verkauf/Abgabe am:
von/an Name, Vorname/Zoohandlung		
Anschrift (Straße, Postleitzahl, Wohnort)		

☐ Nachweise des rechtmäßigen Besitzes (zum Beispiel EG-Bescheinigungen, Rechnungen/Lieferscheine) sind beigefügt.

Ich bin damit einverstanden, dass die von mir gemachten freiwilligen Angaben für statistische Zwecke gespeichert und weiterverarbeitet werden. Mir ist bekannt, dass ich diese Einwilligung für die Zukunft widerrufen kann.

____________________ ____________________

Ort, Datum Unterschrift

Herkunftsbestätigung (Züchterbescheinigung)

zum Nachweis der Besitzberechtigung gemäß § 6 Abs. 2 BArtSchV

Bitte vollständig ausfüllen und Zutreffendes ankreuzen.

Hinweis zum Datenschutz: Die hier erfragten Angaben werden zur rechtmäßigen Aufgabenerfüllung auf Grundlage von § 6 Abs. 2 Bundesartenschutzverordnung erhoben und verarbeitet. Die mit * gekennzeichneten Angaben sind freiwillig, sie erleichtern der Verwaltung jedoch die Aufgabenerfüllung.

Neuer Besitzer		Alter Besitzer	
Tierhalter/Tierhalterin (Name, Vorname)		Tierhalter/Tierhalterin (Name, Vorname)	
Anschrift (Straße, Postleitzahl, Wohnort)		Anschrift (Straße, Postleitzahl, Wohnort)	
Telefon*	Fax*	Telefon*	Fax*
Geburtsdatum*	E-Mail*	Geburtsdatum*	E-Mail*

Tier

Üblicher Artenname		Wissenschaftlicher Artenname	
Größe	Gewicht (kg)	Geschlecht ☐ männlich ☐ weiblich ☐ unbekannt	Geburtsdatum/Alter, geschätzt
Kennzeichen ☐ Mikrochip-Transponder ☐ sonstige Kennzeichnung ☐ andere Merkmale:		☐ geschlossener Fußring Kennzeichen-Nr.:	☐ offener Fußring ☐ ohne Kennzeichen

Zugang

☐ eigene Nachzucht	Männliches Elterntier Nachweisbuch-Nr: Kennzeichen:	Weibliches Elterntier Nachweisbuch-Nr: Kennzeichen:
☐ fremde Nachzucht	Tierhalter/Tierhalterin (Name, Vorname)	Anschrift (Straße, Postleitzahl, Wohnort)
☐ rechtmäßige Einfuhr	Einfuhrland: Einfuhrdatum:	Einfuhrgenehmigungsnummer:
☐ wurde bereits vor Unterschutzstellung der Art gehalten	seit Datum: ☐ von Altbesitzer ☐ von Vorbesitzer	Vorbesitzer (Name, Anschrift)

☐ Weitere Belege sind beigefügt. Art der Belege: ______________________________

____

Ich bin damit einverstanden, dass die von mir gemachten freiwilligen Angaben für statistische Zwecke gespeichert und weiterverarbeitet werden. Mir ist bekannt, dass ich diese Einwilligung für die Zukunft widerrufen kann.

______________________________ ______________________________

Ort, Datum Unterschrift

Tierschutzbehörden der Bundesländer

Baden-Württemberg: Ministerium für Ländlichen Raum Baden-Württemberg, Kernerplatz 10, 70182 Stuttgart, Tel.: 07 11/12 60, Fax: 07 11/1 26 24 11

Bayern: Bayerisches Staatsministerium für Arbeit und Sozialordnung, Familie, Frauen und Gesundheit, Winzererstraße 9, 80797 München, Tel.: 0 89/12 61 01, Fax: 0 89/12 61 10 22

Berlin: Senatsverwaltung für Gesundheit, Referat IV D 1, Oranienstraße 108–109, 10969 Berlin, Tel.: 0 30/25 52-0, Fax: 0 30/25 52-20 60

Brandenburg: Ministerium für Ernährung, Landwirtschaft und Forsten des Landes Brandenburg, Heinrich-Mann-Allee 103, 14473 Potsdam, Tel.: 03 31/8 66-0, Fax: 03 31/8 66-44 59

Bremen: Freie und Hansestadt Bremen, Senator für Gesundheit, Jugend und Soziales, Große Weidestraße 4–16, 28195 Bremen, Tel.: 04 21/3 61-1, Fax: 04 21/3 61-48 08

Hamburg: Freie und Hansestadt Hamburg, Behörde für Arbeit, Gesundheit und Soziales, Amt für Gesundheits- und Veterinärwesen, Tesdorpfstraße 8, 20148 Hamburg, Tel.: 0 40/4 41 95-0, Fax: 0 40/4 41 95-2 89

Hessen: Hessisches Ministerium für Frauen, Arbeit und Sozialordnung, Dostojewskistraße 4, Tel.: 06 11/81 70, Fax: 06 11/8 90 84 54

Mecklenburg-Vorpommern: Ministerium für Landwirtschaft und Naturschutz Mecklenburg-Vorpommern, Paulshöher Weg 1, 19061 Schwerin, Tel.: 03 85/5 88-0, Fax: 03 85/5 88-65 98

Niedersachsen: Niedersächsisches Ministerium für Ernährung, Landwirtschaft und Forsten, Calenberger Straße 2, 30169 Hannover, Tel.: 05 11/1 20-0, Fax: 05 11/1 20-23 78

Nordrhein-Westfalen: Ministerium für Umwelt und Naturschutz, Landwirtschaft und Verbraucherschutz des Landes Nordrhein-Westfalen, Schwannstraße 3, 40476 Düsseldorf, Tel.: 02 11/4 56-66, Fax: 02 11/4 56-64 32

Rheinland-Pfalz: Ministerium für Umwelt und Forsten des Landes Rheinland-Pfalz, Kaiser-Friedrich-Straße 7, 55116 Mainz, Tel.: 0 61 31/16-0, Fax: 0 61 31/16-46 08

Saarland: Ministerium für Frauen, Arbeit, Gesundheit und Soziales, Franz-Josef-Röder-Straße 23, 66119 Saarbrücken, Tel.: 06 81/5 01-1, Fax: 06 81/5 01-32 39

Sachsen: Sächsisches Staatsministerium für Soziales, Gesundheit und Familie, Abteilung 6, Lebensmittelüberwachung, Veterinärwesen, Umwelthygiene, Albertstraße 10, 01097 Dresden, Tel.: 03 51/5 64-0, Fax: 03 51/5 64-77 70

Sachsen-Anhalt: Ministerium für Raumordnung, Landwirtschaft und Umwelt des Landes Sachsen-Anhalt, Olvenstedter Straße 4, 39108 Magdeburg, Tel.: 03 91/5 67-01, Fax: 03 91/5 67-19 24

Schleswig-Holstein: Ministerium für Umwelt, Natur und Forsten des Landes Schleswig-Holstein, Grenzstraße 1–5, 24149 Kiel, Tel.: 04 31/9 88-0, Fax: 04 31/9 88-72 09

Thüringen: Thüringer Ministerium für Soziales und Gesundheit, Abteilung Veterinärwesen und Lebensmittelüberwachung, Werner-Seelenbinder-Straße 6, 99096 Erfurt, Tel.: 03 61/37 98-0, Fax: 03 61/37 98-8 50

Herpetologische Gesellschaften, Behörden und Organisationen

Biopat e.V., c/o Zoologisches Forschungsmuseum Alexander Koenig (ZFMK), Adenauerallee 160, 53113 Bonn, Tel.: 02 28/91 22-2 34, www.biopat.de. Mit einer einmaligen Spende von mindestens 2600 Euro an Biopat können Sie nach Wahl Ihren Namen, den eines Familienmitglieds, einer Freundin oder eines Freundes „verewigen", indem Sie mit ihm eine neu entdeckte Tier- oder Pflanzenart taufen lassen.

Bundesamt für Naturschutz, Konstantinstraße 10, 53179 Bonn, Tel.: 02 28/84 91-0, Fax: 02 28/84 91-2 00, www.bfn.de, E-Mail: pbox-bfn@bfn.de

Bundesministerium für Umwelt, Naturschutz und Reaktorsicherheit (BMU), 11055 Berlin, Tel.: 0 18 88/3 05-0, Fax: 0 18 88/30 5-20 44, www.bmu.de

Bundesministerium für Verbraucherschutz, Ernährung und Landwirtschaft, Referat Tierschutz, Postfach 14 02 70, 53107 Bonn, Tel.: 02 28/5 29-0 oder 0 18 88/5 29-0, Fax: 02 28/5 29-42 62 oder 0 18 88/5 29-42 62, Dienstsitz Berlin: Wilhelmstraße 54, 10117 Berlin, Tel.: 0 30/20 06-0, Fax: 0 30/20 06-42 62, www.verbraucherministerium.de

Bundesverband für fachgerechten Natur- und Artenschutz (BNA), Ostendstraße 4, 76707 Hambrücken, Tel.: 0 72 55/28 00, Fax: 0 72 55/83 55, www.bna-ev.de, E-Mail: gs@bna-ev.de

Bundesverband praktischer Tierärzte e.V., Hahnstraße 70, 60528 Frankfurt, Tel.: 0 69/66 98 18-0, Fax: 0 69/6 66 81 70, www.tieraerzteverband.de, E-Mail: BPT-eV@t-online.de

CITES-Sekretariat, Frau Paula Henry, Scientific Coordination Unit, Chemin des Anémones, CH-1219 Châtelaine, Geneva, Tel.: 00 41-22/9 17 81 21, Fax: 00 41-22/7 97 34 17 (Informationen über das Washingtoner Artenschutzabkommen), www.cites.org, www.cites-online.de, E-Mail: cites@unep.ch

Deutsche Gesellschaft für Herpetologie und Terrarienkunde (DGHT) e.V., Geschäftsstelle, Postfach 1421, 53351 Rheinbach, Tel.: 0 22 25/70 33 33, Fax: 0 22 25/70 33 38, www.dght.de, E-Mail: gs@dght.de

Deutscher Naturschutzring, Dachverband der deutschen Natur- und Umweltschutzverbände (DNR), Am Michaelshof 8–10, 53117 Bonn, Tel.: 02 28/35 90 05, Fax: 02 28/35 90 96, E-Mail: dnr-bonn@t-online.de

DGHT Arbeitsgemeinschaft Agamen, Martin Dieckmann, Dambergskamp 12, 59071 Hamm, Tel.: 02 23 81/7 84 26, E-Mail: dieckmannhamm@web.de

DGHT Arbeitsgemeinschaft Echsen, Ansprechpartner: Leiter der Arbeitsgemeinschaft Axel Dehne, Elsternstieg 30a, 14532 Kleinmachnow, Tel.: 03 32 03/2 30 90, E-Mail:dehne@lizards.de

DGHT Arbeitsgemeinschaft Literatur/Geschichte, Ansprechpartner: Leiter der Arbeitsgemeinschaft Prof. Fritz Jürgen Obst, Dr.-Rudolf-Friedrichs-Str. 27, 01445 Radebeul, Tel.: 03 51/8 30 70 93

DGHT Arbeitsgemeinschaft Systematik, Ansprechpartner: Vorsitzender Dr. Jakob Hallermann, Zoologisches Institut und Zoologisches Museum, Universität Hamburg, Martin-Luther-King-Platz 3, 20146 Hamburg, Tel.: 0 40/4 28 38 22 83, Fax: 0 40/4 28 38 39 37, E-Mail: hallermann@zoologie.uni-hamburg.de

Reptilienhilfe Süd, Informationsdienst: Sabine Wieczorek, 91474 Langenfeld, Tel.: 0 91 64/99 50 06 und Christian Bittner, 91416 Neustadt/Aisch, Tel.: 0 91 61/66 48 27 (Versorgung von Reptilien während des Urlaubs/Auffangstation für abzugebende Tiere/Vermittlungs- und Beratungsservice zu abgegebenen Tieren)

R.O.P.S. e.V. (Research on Poikilothermous Species), Friedrich-Wilhelm Henkel, Alfred-Döblin-Straße 80, 59192 Bergkamen, Tel.: 0 23 07/8 50 93, www.rops-ev.de, E-Mail: fwhenkel@gmx.de. Der Verein beschäftigt sich mit der temperaturabhängigen Geschlechtsausprägung, um die Eier bestandsgefährdeter Spezies gezielt so inkubieren zu können, dass Männchen und Weibchen im gewünschten Verhältnis schlüpfen.

Stiftung Artenschutz, Sentruper Straße 315, 48161 Münster, Tel.: 02 51/89 04-0, -19, -29, Fax: 02 51/89 04 90, www.stiftung-artenschutz.org,
E-Mail: info@stiftung-artenschutz.de

Tierärztliche Vereinigung für Tierschutz e.V. (TVT), Silke Pahlitzsch, Bramscher Allee 5, 49565 Bramsche, Tel.: 0 54 68/92 51 56, Fax: 0 54 68/92 51 57, www.tierschutz-tvt.de,
E-Mail: geschaeftsstelle@tierschutz-tvt.de

Verband deutscher Vereine für Aquarien- und Terrarienkunde (VDA), Geschäftsstelle, Luxemburger Straße 16, 44789 Bochum, Tel.: 02 34/38 16 50, Fax: 02 34/38 25 90, www.vda-online.de, E-Mail: info@vda-online.de

Zentralverband Zoologischer Fachbetriebe Deutschlands e.V. (ZZF), Postfach 14 20, 63204 Langen, Tel.: 0 61 03/91 07-0, Fax: 0 61 03/91 07 33, www.zzf.de, E-Mail: info@zzf.de

Zoologische Gesellschaft für Arten- und Populationsschutz e.V., Franz-Senn-Straße 14, 81377 München, Tel.: 0 89/7 14 29 97, Fax: 0 89/7 19 33 27, www.zgap.de, E-Mail: info@zgap.de

Zoologisches Forschungsmuseum Alexander Koenig, Adenauerallee 160, 53113 Bonn, Tel.: 02 28/91 22-0 (Zentrale), 02 28/91 22-2 11 (automatische Besucherinformation), Fax: 02 28/21 69 79, www./museumkoenig.de, www.zfmk.de,
E-Mail: info.zfmk@uni-bonn.de

Österreich

Herpetologische Terraristische Vereinigung Österreichs (HTVÖ), Postfach 60, A-1225 Wien, Tel.: 00 43-06 64/2 43 66 06, Fax: 00 43-01/2 80 31 87, www.htvoe.net, E-Mail: info@htvoe.net

Österreichische Gesellschaft für Herpetologie (ÖGH), c/o Naturhistorisches Museum Wien, Burgring 7, A-1014 Wien, Tel.: 00 43-01/52 17 72 86, www.nhm-wien.ac.at/nhm/herpet/index.htm, E-Mail: andreas.hassl@univie.ac.at

Österreichischer Verband für Vivaristik und Ökologie (ÖVVÖ), Hans Esterbauer (Präsident), Johann-Puch-Straße 27/III/5, A-4400 Steyr, Tel. und Fax: 00 43-0 72 52/8 35 44, E-Mail: hans.esterbauer@aon.at

Reptilienverein Austria (RVA), Alexander Svobofa, A-4840 Vöcklabruck, www.rva.at, E-Mail: webmaster@rva.at

Schweiz

IUCN/SSC Amphibia/Reptilia Group, R.E. Honegger, Zoo Zürich, Zürichbergstrasse 221, CH-8044 Zürich, www.zoo.ch, E-Mail: zoo@zoo.ch

Koordinationsstelle für Amphibien- und Reptilienschutz, c/o Naturhistorisches Museum, Bernastrasse 15, CH-3005 Bern, Tel.: 00 41-(0)3 13 50/74 55, Fax: 00 41-(0)3 13 50/74 99, E-Mail: silvia.zumbach@cscf.unine.ch

Schweizer Bundesamt für Veterinärwesen, Schwarzenburgstrasse 161, CH-3003 Bern, Tel.: 00 41-(0)31/3 23 85 02, Fax: 00 41-(0)31/3 24 82 56, www.bvet.admin.ch, E-Mail: infovet@bvet.admin.ch (bei Fragen zu Tierschutz, Artenschutz, Ein- und Ausfuhr)

SWISSHERP, gemeinsame Homepage verschiedener herpetologischer Organisationen in der Schweiz, Dr. Beat Akeret, Katzenruetistrasse 5, CH-8153 Ruemlang, Tel.: 00 41-1/8 17 02 57, www.swissherp.org, E-Mail: Admin@swissherp.org

Untersuchungsinstitute

Deutschland:

Alphabiocare, Institut für Zoomorphologie, Zellbiologie und Parasitologie, c/o Prof. Dr. Mehlhorn, Universitätsstrasse 1, Gebäude 26.03.00.70, 40225 Düsseldorf, Tel.: 02 11/8 11 28 53, Fax: 02 11/8 11 44 99, E-Mail: mehlhorn@uni-duesseldorf.de (alle Formen der Diagnostik von Amphibien und Reptilien)

GeVo Diagnostik, Gesellschaft für medizinische und biologische Untersuchungen mbH, Jakobstraße 65, 70794 Filderstadt, Tel.: 0 71 58/6 06 60, www.gevo-diagnostik.de (Untersuchung auf Würmer und Kokzidien/parasitologische Kotuntersuchung auf Würmer, Kokzidien und Amöben/bakteriologische Untersuchung auf krankheitserregende Keime einschließlich Keimbestimmung sowie im Bedarfsfall Antibiogrammerstellung/mykologische Untersuchung auf krankheitserregende Pilze einschließlich deren Bestimmung/histopathologische Gewebeuntersuchung/Sektion verendeter Tiere/kostenlose telefonische Beratung in Zuchtfragen/Vorträge und Seminare zu tiermedizinischen Themen für Vereine und Verbände/Beratung beim Bau größerer Terrarienanlagen unter Einbeziehung hygienischer Gesichtspunkte)

Pogona vitticeps

Heinrich-Heine-Universität, C. u. O. Vogt-Institut für Hirnforschung, Dr. rer. nat. Hans-J. Bidmon, Gebäude 22.03.05, Moorenstraße 5, 40225 Düsseldorf, Tel.: 02 11/81-1 27 66, Fax: 02 11/81-1 23 36, E-Mail: hjb@hirn.uni-duesseldorf.de (Sektion verendeter Tiere zur Feststellung der Todesursache/telefonische Beratung in Zuchtfragen/Vorträge und Seminare zu tiermedizinischen Themen für Vereine und Verbände/Beratung beim Bau größerer Terrarienanlagen unter Einbeziehung hygienischer Gesichtspunkte)

Institut für Zoologie, Fischereibiologie und Fischkrankheiten der tierärztlichen Fakultät der Universität München, Prof. W. Ahne, Prof. Dr. R. Hoffmann, Kaulbachstraße 37, 80539 München, Tel.: 0 89/21 80-0 (Kotuntersuchung/Feststellung der Todesursache/Artenbestimmung/stationäre und ambulante Behandlung/Auffangstation für Reptilien)

Laboklin, Mikrobiologisches und parasitologisches Institut, Postfach 18 10, 97668 Bad Kissingen, Tel.: 09 71/7 20 20, www.laboklin.de (Untersuchung von Kot auf parasitären Befall, Feststellung der Todesursache, Artenbestimmung, telefonische Beratung zu Haltungs-, Verpaarungs- und Vergesellschaftungsfragen)

Staatliches Veterinäruntersuchungsamt, Dr. Silvia Blahak, Westernfeldstraße 1, 32758 Detmold, Tel.: 0 52 31/91 16 40 (sämtliche Untersuchungen von Kotproben bis zur Feststellung der Todesursache)

Österreich:

Veterinärmedizinische Universität Wien, Universitätsklinik für Röntgenologie, Dr. Michaela Gumpenberger, Veterinärplatz 1, A-1210 Wien, Tel.: 00 43-(0)1/2 50 77-57 01 (Nur nach telefonischer Voranmeldung! Keine Behandlung von Amphibien!)

Veterinärmedizinische Universität Wien, Institut für Biochemie, Prof. Dr. Franz Schwarzenberger, Veterinärplatz 1, A-1210 Wien

Schweiz:

Institut für Tierpathologie der Uni Bern, Herrn Horst Posthaus, Länggas-Strasse 122, CH-3012 Bern, Tel.: 00 41-3 16 31 24 00

Weitere Forschungs- und Untersuchungsinstitute sind unter www.dght.de/amphrep/tiergesundheit/tieraerzte.htm zu finden.

Tierärzte

Folgende Ärzte können meines Wissens für die Behandlung von erkrankten Terrarientieren als kompetent empfohlen werden. Für eine fachgerechte Behandlung durch die aufgelisteten Mediziner kann jedoch keine Garantie übernommen werden.

In akuten Notfällen können Sie auf der Internetseite www.tieraerztlichernotdienst.de den für Sie nächstgelegenen Tierarzt mit 24 Stunden Notdienstbereitschaft oder eine Liste von Tierärzten mit Notdienst an Wochenenden und Feiertagen aufrufen.

PLZ-Bereich 0

Dr. Ingo Pfeil, Fischhausstraße 5, **01099 Dresden**, Tel.: 03 51/81 60 50

A. Schneider, Berzdorfer Straße 20, **01239 Dresden**, Tel.: 03 51/2 88 15 97, Fax: 03 51/2 84 74 84

Michael Kluge, Schillerstr. 3, **01689 Weinbohla**, Tel.: 03 52 43/3 22 38, Fax: 03 52 43/3 22 56

Klinik für Kleintiere, Universität Leipzig, An den Tierkliniken 17, **04103 Leipzig**, Tel.: 03 41/9 73 84-00 oder -03, Fax: 03 41/9 73 84-09,

Dr. Schmidt, Altenburger Straße 49, **04610 Meuselwitz**, Tel.: 03 48/33 64, Fax: 03 48/75 25 04

H.-U. Zoepp, Herthumstraße 2, **07336 Könitz**, Tel.: 03 67 32/2 22 17, Fax: 03 67 32/3 35 88

Dr. Klaus Böckel, Adelsbergstraße 80, **09126 Chemnitz**, Tel.: 03 71/5 17 70

Dr. H. Meyer, Johannes-Ebert-Straße 68, **09128 Chemnitz/Kleinolbersdorf**, Tel.: 03 71/7 73

PLZ-Bereich 1

Dr. Frank Mutschmann, Am Tierpark 64, **10319 Berlin**, Tel.: 0 30/5 11 20 08

Dr. Lutz Sassenburg, Klinik für Klein- und Heimtiere, Alt Biesdorf 22, **12683 Berlin**, Tel.: 0 30/5 14 37 60

Dr. Susanne Keunecke (bei Dr. V. Wienrich), Schwanebecker Chaussee 5–9, **13125 Berlin-Buch**, Tel.: 0 30/9 41 56 38

Kai-S. Rödiger, Scharnweberstr. 136, **13403 Berlin**, Tel.: 0 30/4 12 49 38

Prejawa, Markendorfer Straße 27, **15234 Frankfurt/Oder**, Tel.: 03 35/54 26 35

Christian Kloß, Johann-Sebastian-Bach-Straße 4, **16928 Pritzwalk**, Tel.: 0 33 95/30 13 01

Dr. Dieter Göbel, Vossstraße 25, **18059 Rostock**, Tel.: 03 81/2 00 33 70

Uta Ricker, Zoo Schwerin, Waldschulweg 1, **19061 Schwerin**, Tel.: 03 85/21 30 00

PLZ-Bereich 2

Dr. Volker Gerlitzki, Sichter 18, **21029 Hamburg-Bergedorf**, Tel.: 0 40/7 21 42 44

Dr. Ute Baron, Sophienstraße 13, **21465 Reinbek**, Tel.: 0 40/7 22 90 99

Dr. Rainer Fietzek, Habichtstraße 64, **22305 Hamburg**, Tel.: 0 40/61 92 00

Dr. med. vet. Veit Kostka, Wilhelm-Stein-Weg 2, **22339 Hamburg**, Tel. 0 40/5 20 90 96, Fax: 0 40/5 20 88 44

Tierärztliche Reptilienpraxis Dr. Birgit Rüschoff / Dr. Christian, Schnarjestr. 52, **22767 Hamburg**, Tel.: 0 40/3 80 96 48 + 0 40/3 80 37 72 7

Dr. Hartmut Eger, Alt Frösleer Weg 81a, **24955 Harrislee**, Tel.: 04 61/7 49 82

Lilika Chatzinikolaou, Im krummen Arm 3, **28203 Bremen**, Tel.: 04 21/7 94 28 57, Fax: 04 21/7 92 63 84

Dr. U. M. Dürr/Dr. C. U. Rosenhagen, Tierklinik, Schwachhauser Ring 86, **28209 Bremen**, Tel.: 04 21/34 95 09

PLZ-Bereich 3

Dr. med. vet. Jens Falke, Rosskampstr. 38, **30519 Hannover**, Tel.: 05 11/83 26 65

Dr. Renate Keil, Am blauen See 1, **30629 Hannover**, Tel.: 05 11/59 15 73

Dr. Silvia Blahak, Herrmannstr. 1, **32756 Detmold**, Tel.: 05 23 1/91 16 40

Dr. Ruch, Kastanienweg 12, **33397 Rietberg**, Tel.: 0 52 44/92 82 00, Fax: 0 52 44/92 82 01

Dr. Erler, c/o Praxis Dr. Jeddicke, Wilhelmshöher Allee 111, **34121 Kassel**, Tel.: 05 61/2 53 53

Kleintierpraxis Michaela Jamans, Vöppstedter Tor 9, **38259 Salzgitter**, Tel.: 0 53 41/8 67 78 58, E-Mail: igneva@gmx.de

Dr. I. K. Wilson-Leonhard, Am Forst 8, **38302 Wolfenbüttel**, Tel.: 0 53 31/97 80 85

Dr. Florian Brandes, Gerichtsweg 3, **38723 Salzgitter-Salder**, Tel.: 0 53 41/1 62 62

Arwin Hiller, Bahnhofstraße 236, **38838 Dingelstedt**, Tel.: 03 94 25/24 28

PLZ-Bereich 4

Kornelius Biron, Beethovenstr. 6, **40233 Düsseldorf**, Tel.: 02 11/9 66 07 39, www.reptilienarzt.de

Dr. Reiner Krauss, Münsterstraße 342, **40470 Düsseldorf**, Tel.: 02 11/62 68 68

Dr. Bergmeister, Akazienallee 31, **40764 Langenfeld**, Tel.: 0 21 73/1 31 41

Achim Breuer, Am Hallenbad 37, **41352 Korschenbroich**, Tel.: 0 21 61/67 54 96

Christian V. Gilles, Steinstraße 18, **41363 Jüchen**, Tel.: 0 21 65/71 86

Tierklinik Dr. Müller, Friedrich-Engels-Allee 105, **42321 Wuppertal-Elberfeld**, Tel.: 02 02/8 00 62

Dr. Siegfried Finke, Alte Bahnhofstraße 119, **44892 Bochum-Langendreer**, Tel.: 02 34/29 49 58

Dr. Hans-J. Apelt, Stankeitstraße 11, **45326 Essen**, Tel.: 02 01/34 26 04

Dr. Menzel, Ebbinghäuserstraße 2, **45649 Recklinghausen**, Tel.: 0 23 61/5 78 33

Dr. Rasim, Theodor-Körner-Straße 22, **45661 Recklinghausen**, Tel.: 0 23 61/7 17 57

Dr. Marek Tarnazewski, Walpurgisstraße 31, **45888 Gelsenkirchen**, Tel.: 02 09/8 35 80

Dr. Caroline Dennert, Hünxer Straße 141, **46537 Dinslaken**, Tel.: 0 20 64/73 39 74

Dr. H. Scheidung/Dr. Jörg Scheidung, Jahnstraße 11, **47443 Moers-Meersbeck**, Tel.: 0 28 41/5 28 52

Kerstin Wittig/Susanne Kramer, Elisabeth-Selbert-Straße 24, **47445 Moers,** Tel.: 0 28 41/9 45 43, E-Mail: Wittig-Kramer@gmx.de

Dr. Cornelia Pier/Dr. Jochen Krüger, Zahnheilkunde für Tiere, Niederstraße 1, **47829 Krefeld**, Tel.: 0 21 51/48 00 77-67

PLZ-Bereich 5

Dr. Bremer, Stammheimer Straße 46, **50735 Köln-Riehl,** Tel.: 02 21/76 62 77

Christian Bähr, Landgrafenstraße 54a, **50931 Köln**, Tel.: 02 21/40 77 55

Dr. Uwe Eller, Palanterstraße 6, **50937 Köln**, Tel.: 02 21/42 80 81

Dr Heinz-Josef Thissen, Wirichsbongardstraße 40, **52062 Aachen**, Tel.: 02 41/3 98 08 oder -3 26 76

Dr. Richard Bey/Dr. Dirk Zinsen, Rathausstraße 22a, **52072 Aachen**, Tel.: 02 41/17 49 32, bey.zinsen@t-online.de

Dr. Gerhard Staudacher/Dr. Marlies Staudacher, Trierer Straße 821, **52078 Aachen**, Tel.: 02 41/9 28 66-0

Dr. Martin Böttcher, Blankenheimer Straße 3, **53937 Schleiden**, Tel.: 0 24 45/91 10 83, Fax: 0 24 45/91 10 85

Dr. Jutta Wiechert, Frauenlobstraße 42, **55118 Mainz**, Tel.: 0 61 31/63 20 36

PLZ-Bereich 6

Dr. Kristina Röhnicke, Saalburgallee 42, Ecke am Buchwald, **60385 Frankfurt**, Tel.: 0 69/43 21 11

Dr. Ulf Riedel, Grempstraße 28, **60487 Frankfurt**, Tel.: 0 69/7 07 55 21

Dr. Jürgen Fleck, Pfarrer-Hufnagel-Straße 23, **63454 Hanau**, Tel.: 0 61 81/25 11 91

Christian Selzer/Frank Mittenzwei, Am Pflaster 14, **63599 Biebergemünd**, Tel.: 0 60 50/33 00, Fax: 0 60 50/33 01

Martin Kniese, Wilhelm-Glässing-Str.2, **64283 Darmstadt**, Tel.: 0 61 51/2 11 12, Fax 0 61 51/29 48 55, E-Mail: martin.kniese@t-online.de

Tierarztpraxis Inge Freund/Jens Berkhahn, Rheingönheimer Straße 119, **67065 Ludwigshafen**, Tel.: 06 21/5 79 43 06

Tierarzt Praxis Dr. Hoffmann, Maximilianstraße 5, **67433 Neustadt an der Weinstraße**

Dr. Dorothee Giebler, Friedrichsring 6, **68161 Mannheim**, Tel.: 06 21/2 52 74

Ingolf Arendt, Hildastraße 33, **69115 Heidelberg**, Tel.: 0 62 21/2 47 44

PLZ-Bereich 7

Dr. Ursula Häfner, Schlotterbeckstraße 19, **70327 Stuttgart**, Tel.: 07 11/33 38 63

Dr. Francisco Nagy, Bärenbronn 11, **71543 Wüstenrot**, Tel.: 0 79 45/16 71

Dr. Thomas Steidl, Jurastraße 23, **72072 Tübingen**, Tel.: 0 70 71/7 87 80

Dr. Corvina Pyczak, Baumgartenring 36, **72119 Ammerbuch**, Tel.: 0 70 73/91 67 12

Dr. Hellinger / Dr. Schell, Lerchenstr. 43, **74072 Heilbronn**, Tel.: 0 71 31/6 87 87, Fax: 0 71 31/96 29 74

Schwarzwald-Tierklinik, Dr. Jürgen Seybold, Bühlstraße 5–9, **75387 Neubulach**, Tel.: 0 70 53/9 69 10, Dr.J.Seybold@t-online.de

Dr. Hans Spörle, Amthausstraße 16, **76227 Karlsruhe**, Tel.: 07 21/49 12 99

K. Bitzer / Dr. M. Klefenz, Saarlandstr. 8, **76684 Östringen**, Tel.: 0 72 53/2 46 06

Doris Dühr, Godramsteiner Straße 9, **76833 Böchingen**, Tel.: 0 63 41/96 99 99, Fax: 0 63 41/96 25 25

Dörflinger / Sackmann, Auf der Stockmatt 1, **79650 Schopfheim**, Tel.: 0 76 22/71 69, Fax: 0 76 22/96 29

PLZ-Bereich 8

Reptilienklinik der Universität München, Kaulbachstr. 37, **80539 München**, Tel.: 0 89/21 80 22 83, Fax: 0 89/2 80 51 75

Dr. Heiner Lamnek, Petersenstraße 2a, **81477 München**, Tel.: 0 89/7 90 20 20

Praxis Tierpark Hellabrunn, Tierparkstraße 30, **81543 München**, Tel.: 0 89/6 25 08 16

Dr. Peter Hollmann, Königsdorfer Straße 24, **82547 Beuerberg im Loisachtal**, Tel.: 0 81 79/2 55

Dr. Herschke / Dr. Steinberger, Hochfellnstraße 2, **83355 Grabenstätt**, Tel.: 0 86 61/15 15, Fax: 0 86 61/92 99 93

Robert Kirmair, Mulfinger Straße 27, **84453 Mühldorf am Inn**, Tel.: 0 86 31/81 28

Fachtierpraxis für Reptilien Henry Brames, Heimgartenstraße 33, **85221 Dachau**, Tel.: 0 81 31/5 51 31, Fax 0 81 31/5 51 32, E-Mail: henry.brames@t-online.de, www.qmvet.de

Dr. Klaus Ottis, An der Lukasmühle 7, **85435 Erding**, Tel.: 0 81 22/1 85 90

Tierklinik Aschheim, Agilolfingerstraße 10–12, **85609 Aschheim**, Tel.: 0 89/9 03 26 45 und 0 89/9 03 35 83

Dr. Maria Zoller, Heckentalstraße 7, **89518 Heidenheim**, Tel.: 0 73 21/4 68 66, Fax: 0 73 21/94 96 19

Dr. Hanfriede Renger, Gotenweg 10, **89522 Heidenheim**, Tel.: 0 73 21/2 22 32

PLZ-Bereich 9

Michael Schreb, Kurrstraße 11, **91074 Herzogenaurach**, Tel.: 0 91 32/20 64

Dr. Heuberger, Galgweiser Str. 13, **94501 Gainstorf**, Tel.: 0 85 47/91 42 86

Tierpraxis Marion Ebner, Diessenbach 9, **94539 Grafling**, Tel.: 09 91/2 90 92 30

Dr. Peter Neu, Heckenweg 12, **96450 Coburg**, Tel.: 0 95 61/3 00 55, Fax: 0 95 61/3 00 56

Dr. Kristina Gaßdorf, Parkweg 4, **98544 Zella-Mehlis**, Tel.: 0 36 82/48 35 74

Dr. Jensch, Hauptstraße 18, **99195 Stotternheim**, Tel.: 03 62 04/6 01 57

Tipp: bundesweite Tierhotline. Jörg Turk, stellvertretender ZZF-Geschäftsführer, beantwortet an der Tierhotline montags von 12-16 Uhr und donnerstags von 8-12 Uhr alle Fragen rund ums Heimtier. Dieser Service ist kostenlos – Sie zahlen nur die anfallenden Telefongebühren. Tel.: 0 61 03/91 07-32.

Auf der Homepage des Bundesverbandes Praktischer Tierärzte www.tieraerzteverband.de/praxissuche.htm wird Ihnen nach Eingabe Ihres Wohnortes und des gepflegten Tieres ein auf Ihr Tier spezialisierter Tierarzt in Ihrer Nähe empfohlen.

A Österreich

Klaus Gsodam, Am Schöpfwerk 29/Stg. 6, **A-1120 Wien**, Tel.: 00 43-(0) 1/6 67 03 64

Dr. Ulrike Neuboeck, Koppstraße 14, **A-1160 Wien** Tel./Fax: 00 43-(0) 1/4 94 52 62

Dr. Manfred Hochleithner, Mühlweg 5, **A-1210 Wien**, Tel.: 00 43-(0) 1/2 92 22 23

Dr. Gunter Pache, Turnerstraße 13, **A-5023 Salzburg**, Tel.: 00 43-(0) 6 62/64 25 15, Fax: 00 43-(0) 6 62/65 08 21, Notruf: 00 43-(0) 6 76/3 01 39 14

Tierklinik Dr. Christian Kusej, Klagenfurter Straße 56, **A-9220 Velden**, Tel.: 00 43-(0) 42 74/5 01 72, Fax: 00 43-(0) 42 74/5 07 38

Dr. Jean Meyer, Paulapromenade 20, **A-9500 Villach**, Tel.: 00 43-(0) 42 42/58 27 27

CH Schweiz

Willi Häfeli, Dorfstrasse 19, **CH-3323 Bäriswil**, Tel.: 00 41-(0) 31/9 31 60 20, Fax: -9 31 60 46

Dr. Denise Lombard, Schafisheimer Strasse 1a, **CH-5600 Lenzburg**, Tel.: 00 41-(0) 62/8 92 15 05

Piero Godenzi, Stimmerstrasse 15, **CH-8200 Schaffhausen**, Tel.: 00 41-(0) 52/6 30 04 44, Fax: 00 41-(0) 52/6 30 04 40

Ursula Eggenschwiler, Grabenstrasse 54, **CH-8225 Siblingen**, Tel.: 00 41-(0) 52/6 85 39 59

Dr. Robert Hitz-Trepp, Am Mülibach 8, **CH-9425 Thal**, Tel.: 00 41-(0) 71/8 88 53 88, Fax: 00 41-(0) 71/8 88 53 77

Japalura splendida-Männchen

Zeitschriften & Internet

Zeitschriften

Aquaristik Fachmagazin & Aquarium heute, Magazin für Aquarianer und Terrarianer, Tetra Verlag GmbH, Berliner Straße 8, 16727 Berlin-Velten, Tel.: 0 33 04/20 22-0, Fax: 0 33 04/20 22-20, www.tetra-verlag.de, E-Mail: info@tetra-verlag.de (Erscheinungsintervall: alle zwei Monate, Einzelheft: Inland 5,25 Euro, Abonnement: Inland 31,50 Euro inklusive Porto)

DATZ, Die Aquarien- und Terrarienzeitschrift, Eugen Ulmer Verlag, Wollgrasweg 41, 70599 Stuttgart, Tel.: 07 11/45 07 01 06, Fax: 07 11/45 07 01 20, www.datz.de, E-Mail: info@ulmer.de (Erscheinungsintervall: monatlich, Einzelheft: Inland 5,80 Euro, Abonnement: Inland 62 Euro inklusive Porto)

DRACO, Natur und Tier - Verlag, An der Kleimannbrücke 39–41,48157 Münster, Tel.: 02 51/13 33 90, Fax: 02 51/1 33 39 33, www.ms-verlag.de, E-Mail: verlag@ms-verlag.de (Erscheinungsintervall: alle drei Monate, Einzelheft: Inland 8,60 Euro, Abonnement: Inland 32,30 Euro)

Herpetofauna, Herpetofauna Verlags GmbH, Postfach 1110, 71365 Weinstadt (Erscheinungsintervall: alle zwei Monate, Tel. und Fax: 0 71 51/60 06 77, www.herpetofauna.de, E-Mail: info@herpetofauna.de Einzelheft: Inland 5 Euro zuzüglich Versand, Abonnement: Inland 37,50 Euro inklusive Porto)

Iguana, DGHT, Postfach 1421, 53351 Rheinbach, Tel.: 0 22 25/70 33 33, Fax: 0 22 25/70 33 38, www.dght.de, E-Mail: gs@dght.de (Erscheinungsintervall: zweimal jährlich, Bezug ist Bestandteil der Mitgliedschaft)

REPTILIA, Natur und Tier - Verlag, An der Kleimannbrücke 39–41,48157 Münster, Tel.: 02 51/14 39-53 und -54, Fax: 02 51/14 39 55 und 02 51/24 85 30, www.ms-verlag.de, E-Mail: verlag@ms-verlag.de (Erscheinungsintervall: alle zwei Monate, Einzelheft: Inland 5,80 Euro, Abonnement: Inland 32,40 Euro, jeweils inklusive Versand)

SAURIA, Terrariengemeinschaft Berlin e.V., c/o Bruno Treu, Christstr. 10, 14059 Berlin, Tel.: 0 30/30 11 24 00, www.sauria.de, E-Mail: abo@sauria.de (Erscheinungsintervall: alle drei Monate, Einzelheft: Inland 5,50 Euro, Abonnement: weltweit 28 Euro, jeweils inklusive Porto)

TERRARIA, Natur und Tier - Verlag, An der Kleimannbrücke 39–41,48157 Münster, Tel.: 02 51/14 39-53 und -54, Fax: 02 51/14 39 55 und 02 51/24 85 30, www.ms-verlag.de, E-Mail: verlag@ms-verlag.de (Erscheinungsintervall: alle zwei Monate, Einzelheft: Inland 5,80 Euro, Abonnement: Inland 32,40 Euro, jeweils inklusive Versand)

Zeitschrift für Feldherpetologie, Laurenti-Verlag, Dr. Burkhard Thiesmeier, Diemelweg 7, 33649 Bielefeld, Tel.: 0 52 41/9 61 93 03, Fax: 0 52 41/9 61 93 04, www.laurenti.de, E-Mail: verlag@laurenti.de oder thiesmeier @cityweb.de (Erscheinungsintervall: alle sechs Monate, Einzelheft: Inland 14,25 Euro, Abonnement: Inland 25 Euro, jeweils inklusive Porto)

Internet

Tipps zur Informationssuche

Zur weiteren Information über bestimmte Themen und Tiere oder zur Suche von Rat und Hilfe im Internet empfehle ich die nachfolgenden Links. Haben sich Internetseiten zwischenzeitlich geändert, sollten Sie versuchen, über die Hauptadresse an die Information zu kommen.
Suchen Sie Informationen über Themen, die nicht in diesem Buch behandelt werden, empfehle ich die Suchmaschine www.google.de. Über den Link „Suchtipps" erhalten Sie Hinweise, wie Sie Ihre Suchergebnisse optimieren können. Geben Sie bei der Suche nach Informationen zum Beispiel nur Moschus-Schildkröte ein, können Sie ungewollte Treffer erhalten, die rein zufällig einmal das Wort Schildkröte und einmal das Wort Moschus enthalten, wie in folgenden Beispielen:

<u>ASTROLOGIE</u>
... Flöte, Oboe, Klarinette. Gerüche: **Moschus**. Geschmack: säuerlich. Körperteil: **...** als Wassertier bezeichnet, bisweilen als **Schildkröte** oder Languste, meist als **...** ernst-ullrich.de/Ueber_Ernst/Astrologie/hauptteil_astrologie.html - 101k - <u>Im Archiv</u>

<u>WESTERN TRADE EBAY SHOP</u>
... Fell vom **Moschus**-Ochsen, EUR 200,00/ DM 391,17, 13. Dez. 14:16 **... Schildkröte** aus Bronze – Neuware, EUR 1,00, 15. Dez. 12:05 **...** www.ebayshops.de/westerntrade/plistings/list/auction/dept0/ - 24k - <u>Im Archiv</u> - <u>Ähnliche Seiten</u>

<u>HOLY DAYS</u>
... Von ihren Brüsten stieg ein betäubender Duft von **Moschus** und Schweiß auf. Ihre Hand arbeitete **...** wie die Beine einer auf dem Rücken liegenden **Schildkröte ...** www.gutenberg.aol.de/suchverl/findeis/findeis2.htm - 101k - <u>Im Archiv</u> - <u>Ähnliche Seiten</u>

Geben Sie jedoch „Moschus-Schildkröte" inklusive der Anführungszeichen ein, erhalten Sie ausschließlich Ergebnisse zu der gesuchten Tierart.

Wichtiger Hinweis: Mit Urteil vom 12. Mai 1998 – 312 O 85/98 – „Haftung für Links" hat das Landgericht (LG) in Hamburg entschieden, dass bereits durch die Empfehlung von Internetseiten eine Mitverantwortlichkeit für deren Inhalt unterstellt werden kann. Um dem vorzubeugen, distanziere ich mich hiermit ausdrücklich von allen Inhalten der in diesem Buch empfohlenen Internetseiten.

Internetseiten:

www.agamen.de
(Haltungsbeschreibungen und Informationen rund um die Terraristik)

www.dght.de
(Homepage der DGHT mit vielen Informationen rund um die Terraristik)

www.reptilnet.de
(Terraristik-Onlinemagazin mit Haltungsbeschreibungen, TV-Tipps und Informationen rund um die Terraristik)

www.terrazoo-online.de/echsen.htm
(kurze Haltungsbeschreibungen, Fotos und Videos zu verschiedenen Arten)

www.agama-planet.de
(Homepage über die Erfahrung bei der Haltung und Pflege von Siedleragamen)

Chatrooms/Foren/Onlinehilfen:

http://agamaplanet.foren-city.de/
www.agamenforum.de
www.dghtserver.de/foren/
www.reptilespark.com/chat/
http://www.terraristik.com/forum_neu/

Kleines Lexikon

A

A-, B-, C-, D-Arten: Arten der entsprechenden Anhänge der EG-VO
Absorption: 1. im biologischen Sinne: das Aufnehmen von Flüssigkeiten und Dämpfen über die Zellen; 2. im chemischen Sinne: das Aufnehmen von Gasen und Dämpfen durch Flüssigkeiten und Festkörper; 3. im physikalischen Sinne: das teilweise oder vollständige Verschlucken von elektromagnetischer Wellen- oder Teilchenstrahlung und ihre Umwandlung in Wärme.
Beispiel: Dunkle Farben absorbieren das Sonnenlicht, während es helle Farben reflektieren.
Abszess: mit Eiter gefülltes Geschwür
Adaption: Anpassung
Adsorption: Aufnahme und Bindung gasförmiger oder flüssiger Stoffe an der Oberfläche eines festen Stoffes. Beispiel: Kohle adsorbiert Schadstoffe.
adult: geschlechtsreif, erwachsen
Agamidae: Familie der Agamen
Akklimation: Eingewöhnungsphase in neuer Umgebung
Albinismus: erbliche Stoffwechselstörung. Bei Tieren erkennbar an weißem Fell oder weißer Haut und roten Augen.
Amphigonia retardata: Fähigkeit weiblicher Tiere, männliche Samenzellen für spätere Befruchtungen über einen längeren Zeitraum im Körper lebensfähig zu speichern
Anämie: krankhafter Mangel an rotem Blutfarbstoff, der mit einer Verminderung der roten Blutkörperchen einhergehen kann und unter anderem zu Schwäche- und Schwindelgefühl sowie Atembeschwerden und Störungen des Kreislaufs oder der Verdauung führen kann. Auch als Blutarmut bezeichnet.
anerythristisch: Farbform bei Tieren, denen die rote Pigmentierung auf Grund von Funktionsstörungen der Pigmentzellen fehlt.
Anlage-1-Arten: Arten in der Anlage 1 der BArtSchV
Anorexie: Verweigerung der Nahrungsaufnahme
Antibiotikum: gegen Bakterien wirksames Medikament
Anus: After
Apathie: anhaltender Zustand, in dem auf äußere Einflüsse nicht reagiert wird beziehungsweise diese scheinbar nicht wahrgenommen werden
arboricol: auf Bäumen und/oder Sträuchern lebend
Areal: Siedlungs-, Verbreitungsgebiet einer Art
arid: sehr trocken
Art: Einteilungsstufe der Systematik, die der Gattung unter- und der Unterart übergeordnet ist. Biologisch betrachtet eine Gruppe von Individuen, die in allen wesentlichen erblichen Merkmalen übereinstimmen und in freier Natur fruchtbare Nachkommen hervorbringen
Arthritis: Gelenkentzündung
Autopsie: Leichenöffnung zur Feststellung der Todesursache
axanthisch: Farbform bei Tieren, denen die gelbe Pigmentierung auf Grund von Funktionsstörungen der Pigmentzellen fehlt.

B

bakterizid: Bakterien abtötend
BArtSchV: Bundesartenschutzverordnung
Bastard: Nachkomme, der aus der Kreuzung zweier unterschiedlicher Arten oder Unterarten entstanden ist
Bastardisierung: Kreuzen zweier Arten oder Unterarten
Besatz: Menge der im selben Behälter gehaltenen Tiere
BGB: Bürgerliches Gesetzbuch
Biotop: Lebensraum einer Art

C

caudal: schwanzwärts, am Schwanz befindlich, auf den Schwanz bezogen
Chamaeleonidae: Familie der Chamäleons
Chelator: umschließt ein Anion oder Kation wie ein Mantel und verhindert, dass es chemische Reaktionen eingehen kann
CITES: Abkürzung für „Convention on International Trade in Endangered Species of Wild Fauna and Flora“
CITES-Bescheinigung: Bezeichnung für die bis zum 31.05.1997 ausgestellten Bescheinigungen nach Artikel 19 und 22 der Verordnung (EG) 3418/83

D

dehydrierend: Wasser entziehend, austrocknend
Dichromatismus: allgemein Begriff für Zweifarbigkeit, in der Aquaristik und Terraristik Begriff für die unterschiedliche Färbung der Geschlechter
Diffusion: physikalischer Prozess, bei dem

Teilchen in unterschiedlichen Konzentrationen ausgeglichen werden
diurnal: tagaktiv
dorsal: am Rücken, auf der Oberseite befindlich
Drahtgaze: feinmaschiges Geflecht aus Draht, das zum Beispiel für Belüftungsflächen oder als Abdeckung genutzt wird
Drohnenmade: Stadium männlicher Bienen vor der Verpuppung
DVO: Durchführungsverordnung, stellt eine Bestimmung zur Durchführung der EG-VO dar

E

EG-Beförderungsgenehmigung: Genehmigung, aus der Natur entnommene A-Arten zu befördern
EG-Bescheinigungen: nach Artikel 20 der DVO erforderliche Bescheinigungen. Darunter sind die EG-Vorlagebescheinigung, die EG-Vermarktungsgenehmigung und die EG-Beförderungsgenehmigung zu verstehen.
EG-Vermarktungsgenehmigung: durch die zuständige Landesbehörde erteilte Genehmigung, A-Arten zu vermarkten
EG-VO: Verordnung 338/97, auch EU-Artenschutzverordnung genannt, die das Washingtoner Artenschutzübereinkommen in Europa umsetzt
EG-Vorlagebescheinigung: durch die Landesbehörden ausgestellte Bescheinigung, um für A- und B-Arten bei den zuständigen Behörden eine Ausfuhr- oder Wiederausfuhrbescheinigung zu beantragen
Ektoparasit: außen am Körper befindlicher Parasit
Embryo: Begriff für das Entwicklungsstadium eines Organismus. Bei Menschen und Säugetieren nur bis zum Ende der Organentwicklung verwendet.
Endoparasit: innerhalb des Körpers befindlicher Parasit
Enzym: Eiweißverbindung, die wichtige Funktionen, etwa bei der Verdauung, übernimmt
Epidermis: oberste Hautschicht bei mehrzelligen Tieren
Epiphyten: Aufsitzerpflanzen, das heißt Pflanzen, die sich auf anderen Pflanzen ansiedeln, ohne diese zu schädige
et al.: et altera, lateinisch für „und andere". Bei Literaturverweisen genutzt, wenn neben dem genannten mehr als ein weiterer Autor mitgewirkt haben.
Evolution: fortschreitender Entwicklungsprozess zur Anpassung von Lebewesen an ihre Umgebung
Exkremente: tierische Ausscheidungen, Kot
exogen: von außen einwirkend
Extremitäten: Gliedmaßen

F

Familie: Einteilungsstufe der Systematik, die der Unterordnung unter- und der Unterfamilie übergeordnet ist
Faunenverfälschung: künstliche Ansiedlung von Arten in einem ihnen nicht angestammten Lebensraum mit bestandsgefährdenden Konsequenzen für die ursprüngliche Fauna und Flora
Femoralporen: Drüsen bei Echsen auf der Innenseite der Oberschenkel. Bei Männchen in der Paarungszeit besonders stark ausgeprägt.
fertil: fruchtbar
Fraktur: Knochenbruch

G

Gattung: Einteilungsstufe der Systematik, die der Unterfamilie unter- und der Art übergeordnet ist
Gekkonidae: Familie der Geckos
Gelbfettkrankheit: fortgeschrittener Fall von Vitamin-E-Mangel, bei dem es zur verstärkten Ablagerung von Farbstoffen in der Darmwand sowie Verfärbungen des Körperfettes kommt
genetisch: erblich bedingt
Gesamtlänge: Maß für die Körperlänge vom Anfang der Schnauze bis zur Schwanzspitze
Geschlechtsdimorphismus: unterschiedliches Aussehen männlicher und weiblicher Individuen
Gicht: Stoffwechselstörung, die zur Erhöhung des Harnsäurespiegels im Blut und zur Ablagerung von Harnsäuresalzen in der Nähe von und in Gelenken selbst führt
GL: siehe Gesamtlänge
Greifschwanz: zum Greifen umgebildeter Schwanz bei einigen baumbewohnenden Arten als Anpassung an ihren Lebensraum

H

Habitat: Verbreitungsgebiet einer Art
Hämoglobin: befindet sich in den roten Blutkörperchen und dient der Aufnahme, dem Transport und der Abgabe von Sauerstoff an die Atmungsorgane
Hemipenis: paariges Geschlechtsorgan bei männlichen Echsen und Schlangen
herbivor: Pflanzen fressend
Herpetofauna: Gesamtheit aller Amphibien- und Reptilienarten eines Gebiets

Herpetologie: Lehre von den Amphibien und Reptilien
humid: feucht, niederschlagsreich
Hybrid: siehe Bastard
Hygrometer: Instrument zur Messung der Luftfeuchtigkeit

I

Iguanidae: Familie der Leguane
Inkubation: Ausbrüten von Eiern unter kontrollierten Bedingungen
Inkubationszeit: Entwicklungszeit de Eier von der Ablage bis zum Schlupf der Jungen
Inkubator: Behälter mit regelbarer Temperatur und Luftfeuchtigkeit zur Zeitigung der Eier
intraspezifisch: innerartlich
Invertebrata: wirbellose Tiere
Inzucht: Fortpflanzung durch Paarung verwandter Individuen
Iris: Regenbogenhaut des Auges

J

jacobsonsches Organ: paariges Geruchssinnesorgan im Mundhöhlendach
juvenil: jugendlich, noch nicht geschlechtsreif

K

kannibalisch: sich von der eigenen Art ernährend
karnivor: Fleisch fressend
keratophag: die eigene oder eine fremde abgestoßene Haut fressend
Klasse: Einteilungsstufe der Systematik mit der Unterscheidung in zum Beispiel Reptilien und Amphibien
Klassifikation: Einordnung in die Systematik
Kloake: Öffnung zur Ausscheidung von Exkrementen sowie Abgabe und Aufnahme von Spermien
Kohlehydrate: kohlenstoffhaltige Verbindungen, durch die Lebewesen bei der Verdauung Energie gewinnen
Kohlenstoff: chemisches Element mit der besonderen Fähigkeit, mit sich selbst Ketten- und Ringverbindungen einzugehen. Grundstoff aller lebendigen Organismen.
Kommentkampf: ritualisierter Kampf, bei dem die Rangordnung innerhalb der Gruppe festgelegt wird, ohne dass es zu Verletzungen kommt
Kopf-Rumpf-Länge: Maß vom Anfang der Schnauze bis zur Kloake
Kopulation: Begattung, Paarung
KRL: siehe Kopf-Rumpf-Länge

L

Lacertidae: Familie der Halsbandeidechsen
lateral: seitlich, an der Seite befindlich
Legenot: meist tödlich endende Unfähigkeit, durch Erkrankung oder äußere Umstände bedingt, reife Eier abzusetzen
letal: tödlich
leukistisch: weiße Farbvariante, die im Gegensatz zur albinotischen Form mit roten Augen durch schwarze Augenfarbe auffällt

M

melanistisch: Farbform bei Tieren, die auf Grund von Funktionsstörungen der Pigmentzellen eine anormale Dunkel- bis Schwarzfärbung aufweisen.
Mimese: Tarnung durch vorübergehende Nachahmung von Formen und Farben anderer Objekte aus der Natur
Mimikry: Täuschung durch anatomische Nachahmung anderer, weitaus gefährlicherer oder giftiger Tiere zum eigenen Schutz oder zum Anlocken von Beutetieren

N

Nachweispflicht: Zur Erteilung von EG-Bescheinigungen muss der Tierhalter die nach Artikel 10 der EG-VO sowie Artikel 20 Absatz 1 und Artikel 29 der DVO erforderlichen Nachweise erbringen. Es gilt zwar der Grundsatz der freien Beweiswürdigung, jedoch sind bei begründetem Verdacht auf falsche Angaben weitere Nachweise (Belege oder Dokumente im Original) oder Überprüfungen (DNA-Analysen und Ortsbesichtigungen) erforderlich.
nocturn: nächtlich
Nominatform: erstbeschriebene Form einer mehrere Unterarten umfassenden Art.

O

obligatorisch: erforderlich, unentbehrlich
Ökologie: Lehre von den Beziehungen der Lebewesen zur Umwelt
omnivor: alles fressend
oophag: sich von Eiern ernährend
Ordnung: Einteilungsstufe der Systematik, die der Klasse unter- und der Unterordnung übergeordnet ist
Organismus: 1. einzelnes Lebewesen; 2. Gesamtheit der arbeitenden Organe
Osmose: die in eine Richtung verlaufende Diffusion von kleinen Molekülen aus Lösungen unterschiedlicher Konzentration, die durch eine halb durchlässige Membran getrennt sind; Übergang des Lösungsmittels einer Lösung in

eine schwächer konzentrierte Lösung durch eine feinporige Scheidewand
Osteoporose: Krankheit, bei der bei adulten Reptilien der Mangel an Kalzium und/oder Vitamin D_3 durch Abbau körpereigenen Kalziums aus Knochen und Panzer ausgeglichen wird. Bei Jungtieren Rachitis genannt.
ovipar: Eier legend. Anders als bei ovoparen Tieren hat die Embryonalentwicklung der Jungen aber bereits im Mutterleib begonnen und wird nur außerhalb beendet.
ovopar: Eier legend
ovovivipar: spezifische Form der Viviparie (Gebären lebender Jungen), bei der die Eier in einem fortgeschrittenen Stadium abgesetzt werden und der Schlupf der Jungen noch während der Eiablage oder unmittelbar danach erfolgt

P

Paludarium: Sumpfterrarium
Parasit: Schädling, der – anders als bei der Symbiose – seinem Wirt keinen Nutzen bringt
Pellet: Bezeichnung für ein längliches Formstück, das durch Bruch einer erhärteten, aber ehemals formbaren Masse entstanden ist; Kügelchen oder kleiner Zylinder aus gepresstem Tierfutter
phytophag: Pflanzen fressend
Pigment: im biologischen Sinne Licht absorbierender Farbstoff der Zellen
Population: Gesamtheit der Individuen einer Art innerhalb eines bestimmten Gebiets, die eine Fortpflanzungsgemeinschaft bilden
Postanaldrüse: Drüse, die sich in der Afterregion befindet und oft ein übel riechendes Sekret absondert
Postanalschuppen: direkt hinter der Kloake befindliche Schuppen
Präanalporen: direkt vor der Kloake befindliche vergrößerte Drüsen, die bei vielen Arten wichtig zur Geschlechtsunterscheidung sind
Präanofemoralporen: Gesamtheit der Präanal- und Femoralporen
Prolaps: Darm- oder Hemipenisvorfall
prophylaktisch: vorbeugend eingesetzt

Q

Quarantäne: vorübergehende räumliche Isolation von Tieren, die eine ansteckende Krankheit haben oder haben könnten

R

Rachitis: Krankheit, bei der sich bei jungen Reptilien Knochen und Panzer durch einen Mangel an Kalzium und/oder Vitamin D_3 auflösen. Bei adulten Tieren Osteoporose genannt.
Reich: gröbste Einteilungsstufe der Systematik mit der Unterscheidung in Tiere, Pflanzen, Pilze, Bakterien und Archaebakterien
Reproduktion: Fortpflanzung, Vermehrung
Reptilia: Klasse der Reptilien
Revier: abgegrenztes Gebiet, das ein Tier als sein eigenes betrachtet und entsprechend verteidigt
Riparium: Uferterrarium
Ritualkampf: siehe Kommentkampf

S

Sauria: Unterordnung der Echsen
Schwanzlänge: Maß von der Kloake bis zum Schwanzende
Schwanzwurzel: Stelle, an der der Schwanz in den Körper übergeht
Sekret: Absonderung aus Drüsen
semi: halb
semiadult: halb erwachsen
semiaquatil: teilweise im oder am Wasser lebend
semiarid: halbtrocken, zum Beispiel Übergangsgebiete zur Wüste
Sexualdichromatismus: siehe Dichromatismus
SL: siehe Schwanzlänge
Squamata: Ordnung der Schuppenkriechtiere
Stamm: Einteilungsstufe der Systematik mit beispielsweise der Unterscheidung in Wirbeltiere und Wirbellose Tiere
steril: keimfrei
Stigma: Atemöffnung
Subspezies: siehe Unterart
Substrat: Bodengrundmaterial
Sukkulenten: Pflanzen mit der Fähigkeit, in Stamm, Wurzeln oder Blättern Wasser zu speichern
Synonym: systematisch ungültige wissenschaftliche Bezeichnung
Synthetisierung: Prozess der Erzeugung, Herstellung
Systematik: Einteilung des Tierreiches nach natürlichen Verwandtschaftsverhältnissen und daraus resultierende Namensgebung

T

Taxonomie: Lehre von der Einheit des biologischen Systems
terrestrisch: auf der Erde beziehungsweise an

Land lebend
territorial: das Revier gegenüber Artgenossen verteidigend

U

Unterart: kleinste Einteilungsstufe der Systematik, die der Art nachgeordnet ist
Unterfamilie: Einteilungsstufe der Systematik, die der Familie unter- und der Gattung übergeordnet ist. Endung immer auf -inae.
Unterordnung: Einteilungsstufe der Systematik, die der Ordnung unter- und der Familie übergeordnet ist
UV-A-Licht: Wellenbereich des Lichts von 315–400 nm Wellenlänge. Bei tagaktiven Terrarientieren ist die UV-A-Strahlung für die Pigmentbildung und Regenerierung der Haut wichtig.
UV-B-Licht: Wellenbereich des Lichts von 280–315 nm Wellenlänge. Bedeutend für den Kalziumhaushalt von Reptilien
UV-C-Licht: Wellenbereich des Lichts unter 280 nm Wellenlänge. Der UV-C-Bereich des Lichts wirkt keimtötend und wird zum Beispiel in der Aquaristik zur Bakterien- und Algensporenabtötung verwendet. Bei Terrarientieren führt zu lange oder zu intensive Bestrahlung mit UV-C-Licht zu Haut- und Augenschäden.
UV-Licht: ultraviolettes Licht. Bestandteil des natürlichen Sonnenlichts und bei vielen Arten wichtig zur Synthese von Vitamin D_3.

V

Varanidae: Familie der Warane
Vermarktungsgenehmigung: für Anhang-A-Arten (auch gezüchtete) erforderliche Genehmigung. Nicht nötig, wenn eine generelle Ausnahme nach Artikel 30–32 der DVO greift.
Vermarktungsverbot: Verbot der Vermarktung von Anhang-A-Arten, geregelt in Artikel 8, Absatz 1 der EG-VO (Ausnahmen sind geregelt im Absatz 3 des gleichen Artikels), und der Vermarktung von Anhang-B-Arten, wenn der Besitzer nicht den legalen Erwerb nachweisen kann, geregelt in Artikel 8, Absatz 5.
Vermiculit: Granulat, das aus dem Rohmaterial Glimmschiefer gewonnen wird. Durch schockartige Erhitzung des Glimmschiefers auf etwa 1000° C verdampfen die eingeschlossenen Wassermoleküle, und das Volumen des Materials vergrößert sich um ein Vielfaches. Die Expansion lässt Millionen kleiner Zellen entstehen, die eine gute Wärmeleitung bewirken. Vermiculit verrottet nicht, ist feuchtigkeitsunempfindlich und säurefest. In der Terraristik werden auf Vermiculit in der Inkubation Reptilieneier zum Schlupf gebracht.
Vertebrata: Wirbeltiere
vivipar: lebend gebärend

W

WA: Washingtoner Artenschutzabkommen, die deutsche Bezeichnung für CITES
WA-1-, WA-2-, WA-3-Arten: Arten der entsprechenden Anhänge des WA
Wellenlänge: physikalische Messeinheit, die den sich wiederholenden Abstand zweier Punkte im Wellenhoch beziehungsweise Wellental ausdrückt und das Licht in unterschiedliche Bereiche einteilt
Wiesenplankton: mit einem Fangnetz in der Natur erbeutete Insekten. Vorgehensweise, die allerdings artenschutzrechtlich nicht unproblematisch ist.

X

xanthisch: Farbform bei Tieren, die auf Grund von Funktionsstörungen der Pigmentzellen einen erhöhten Gelbanteil aufweisen.
Xaxim: Baumfarn. Meistens in dünne Platten geschnitten erhältlich. Der Verkauf erfolgt mit CITES-Bescheinigung, da die Pflanzen unter Schutz stehen.

Z

Zeitigung: siehe Inkubation

Acanthocerus atricollis

LITERATUR-VERZEICHNIS

Folgende Bücher und Publikationen wurden zur Erstellung dieses Buchs verwendet oder werden dem interessierten Leser empfohlen:

ACKERMANN, L. (2000): **Atlas der Reptilienkrankheiten. Band 1 und Band 2**. bede Verlag, Ruhmannsfelden.

ACKERMANN, T. (2006): **Nutzung eines Wintergartens als Terrarienstandort für ein Wüstenterrarium. Teil 2: Die Bewohner: *Tympanocryptis tetraporophora***. Reptilia, Heft 60, Jahrgang 11 (4);

- & P. FRITZ (2006): **Australische Taubagamen *Tympanocryptis tetraporophora***. Iguana, Heft 1/2006, S. 17-28

BALL, J. (1995): **A Comparison of the UV-B Irradiance of Low-Intensity, Full-Spectrum Lamps With Natural Sunlight.** Bulletin of the Chicago Herpetological Society, 30 (4), S. 69–71

BARTS, M. & D. HAACKE (1997): **Zur Reptilienfauna der Tsodilo-Berge und angrenzender Gebiete in NW-Botswana** - Teil 2: Sauria II. Sauria 19(4): S. 15-122

- (2003): **Die Agamen des südlichen Afrikas.** DRACO Terraristikheft Agamen, 4(14): S. 70-79

- (2004): **Erfahrungen bei der Haltung und Vermehrung von *Xenaama batillifera* (VAILLANT, 1882) mit Anmerkungen zum Verhalten von *Xenagama taylori* (PARKER, 1935)**. Reptilia 9(3): S. 72-77

BAUER, A. & T. LAMB (2005): **Phylogenetic Relationships of southern African geckos in the Pachydactylus Group (Squamata: Gekkonidae).** - Afr. J. Herp. 54 (2): 105-130

BECH, R. & U. KADEN (1990): **Vermehrung von Terrarientieren, Echsen.** Urania Verlag, Leipzig

BLUMBERG, A. (1983): **Das Portrait. Der Kurzbericht zum Titelbild *Calotes cristatellus* (Kuhl, 1820). Borneo-Schönechse.** Sauria 5, S. 2

BRANCH, W.B. (1998): **Field Guide to the Snakes and other Reptiles of Southern Africa.** Struik Puplishing, Cape Town, 198, 399 S.

BROGHAMMER, S. (1998): **Albinos. Farb- und Zeichnungsvarianten bei Schlangen und anderen Reptilien**. Edition Chimaira, Frankfurt a. M.

BRUINS, E. (ohne Jahresangabe): **Terrarienenzyklopädie**. Karl Müller Verlag, Erlangen

CUTCHIS, P. (1980): **A formula for comparing annual damaging ultraviolet (DUV) radiation doses at tropical and midlatitude sites**. Final Report FAA-EE 80-21, US Department of Transportation, Federal Aviation Administration Office of Environment and Energy, Washington, DC

DEDLMAR, A. (2002): **Über Haltung und erste Nachzuchterfolge bei *Xenagama taylori* (PARKER, 1935).** elaphe 10(2): 52-55

DGHT: **Gutachten über Mindestanforderungen an die Haltung von Reptilien vom 10. Januar 1997**. Kontaktadresse: DGHT-Geschäftsstelle, Postfach 1421, 53351 Rheinbach

DIECKMANN, M. (2005): **Das Agamenportrait Bodenagame Agama armata** PETERS, 1854. Iguana 1/2005, S. 4-8

DIECKMANN, M. (2007): **Die Zwergbartagame**. Natur- und Tier - Verlag, Münster

DIFFEY, B. L. (1991): **Solar Ultraviolet Radiation Effects on Biological Systems**. Medicine in Biology 36 (3), S. 299-338

DODA, D. D. & A. E. S. GREEN (1980): **Surface reflection measurements in the UV from an airborne platform. Part 1**, Appl. Opt. 19: 2140-5. **Surface reflection measurements in the UV from an airborne platform. Part 2**, Appl. Opt. 20: 636-42

DOST, U. (2000): **Das Kosmos Buch der Terraristik: Einrichtung, Tiere, Pflanzen**. Kosmos Verlag, Stuttgart

DREWES, O. (2002): **Faszination Terraristik**. Wachtberg Verlag, Wachtberg-Berkum

DRACO Terraristik-Themenheft Agamen. Nr. 14, Jahrgang 4 (2003-2). Natur- und Tier Verlag, Münster

DRACO Terraristik-Themenheft Dornschwanzagamen. Nr. 31, Jahrgang 8 (2007-3). Natur- und Tier - Verlag, Münster.

DREYER, Dr. S. (2004): **Es werde Licht. Marktgängige Energiesparlampen und Leuchtstoffröhren mit UV-Anteilen. Eine Marktübersicht**. www.terraristik-lampentest.de

EDWARDS, E. (2000): ***Xenagama*. A new species to the hobby.** Reptilian 6(5): 26-29.

FERGUSON, G. W., GEHRMANN, W. H., CHEN, T. C., DIERENFELD, E. S. & M.F. HOLICK (2002): **Effects of artificial ultraviolet light exposure on reproductive success of the female Panther Chameleon *(Furcifer pardalis)* in captivity**. Zoo Biology, 21, S. 525-537

FRAHM, S (2006): **Die Geschmückte Dornschwanzagame**. NaturundTier-Verlag,Münster

FREDERICK, J. E. & H.E. SNELL (1988): **Ultraviolet radiation levels during the Antarctic Spring**. Science 241, S. 438-440

FREYNIK, C. (2007): **Die Zwergbartagame**. VIVARIA Verlag, Meckenheim

FRIEDRICH, U. & W. VOLLAND (1992): **Futtertierzucht. Lebendfutter für Vivarientiere**. Eugen Ulmer Verlag, Stuttgart

GEHRMANN, W. H. (1987): **Ultraviolet irradiance of various lamps used in animal husbandry**. Zoo Biology 6, S. 117-127

- & HORNER, J. D., FERGUSON, G. W., CHEN, T. C. & M. F. HOLICK (2004): **A Comparison of Responses by Three Broadband Radio meters to Different Ultraviolet-B Sources**. Zoo Biology, 23, S. 355-363

- & JAMIESON, D., FERGUSON, G. W., HORNER, J. D., CHEN, T. C. & M. F. HOLICK (2004): **A Comparison of Vitamin D-Synthesizing Ability of Different Light Sources to Irradiances Measured with a Solarmeter Model 6.2 UVB Meter**. Herpetological Review, 2004, 35 (4), S. 361-364

HAAGNER, G.V. & D.R. MORGAN (1991): J. Herpetol. Assoc. Afr. 39:22

HAUSCHILD, A. (2004): **Die Bartagame. *Pogona vitticeps***. Natur und Tier - Verlag, Münster

- & H. BOSCH (1999): **Bartagamen und Kragen echsen**. Natur und Tier - Verlag, Münster

HEIDEMANN, N. J. L. (1990): Life History Note: *Agama aculeata aculeata*: Reproduction. Jour. Herp. Ass. Afr. 37: S. 50

HENKEL, F.-W. & W. SCHMIDT(1997): **Terrarien. Bau und Einrichtung**. Eugen Ulmer Verlag, Stuttgart

- (1997): **Agamen im Terrarium**. Landbuch Verlag, Hannover

HENRIKSEN, K., STAMNES, K., VOLDEN,G. & E. S. FALK (1989): **Ultraviolet radiation at high latitudes and the risk of skin cancer**. Photodermatology 6, S. 110-117

HORN, H.-G., SAUER, K., SCHUCHART, H. & B. STECK (2004): **Vivarienbeleuchtung. Das richtige Licht in Aquarium und Terrarium**. Edition Chimaira, Frankfurt a. M.

JAROFKE, D. J. LANGE (1993): **Reptilien. Krankheiten und Haltung**. Verlag Paul Parey, Berlin/Hamburg

KÖHLER, G. (1993): (1996): **Krankheiten der Reptilien und Amphibien**. Eugen Ulmer Verlag, Stuttgart

- (1997): **Inkubation von Reptilieneiern**. Herpeton Verlag, Offenbach

KOLARI, P. J., LAUHARANTA, J. & M. HOIKKALA (1986): **Midsummer solar UV-radiation in Finland compared to the UV-radiation from phototherapeutic devices measured by different techniques**. Photodermatology, 3, S. 340-345

LAUE, E. (2005): **Zur Haltung und Vermehrung der Chinesischen Bergagame *Japalura splendida***. elaphe, Heft 1/2005, S. 20-30

- (2007): **Die Chinesische Bergagame**. VIVARIA Verlag, Meckenheim

LÖHR, B. (2004): **Geyrs Dornschwanzagame. *Uromastyx geyri***. Natur und Tier - Verlag, Münster

MANTHEY, U. (1985): ***Calotes versicolor*** (DAUDIN). Amph./Rept.-Kartei, 11 bis 12. Beilage in Sauria, 7 (1):

- & N. SCHUSTER (1999): **Agamen**. Natur und Tier - Verlag, Münster

MCKENZIE, R. L., JOHNSTON, P. V., KOTKAMP, M., BITTAR, A. & J. D. HAMLIN (1992): **Solar ultraviolet spectroradiometry in New Zealand: instrumentation and sample results from 1990**. Applied Optics 31, S. 6501-6509

MCKENZIE, R. L., KOTKAMP, M., ERB, R., ROY, C. R., GIES, H. P. & S. J. TOOMEY (1993): **First southern hemisphere intercomparison of measured solar UV spectra**. Geophysical Res. Lett. 20, S. 2223-2226

MORA, J.M. & M. MERCHAN (2002): Phylogeny and Ecology of *Lepidophyma flavimaculatum*. Reptilia, Barcelona.2002 (23), 53-59 S.

MÜLLER, H. D. (1998): **Die australische Agame *Tympanocryptis tetraporophora* im Terrarium**. elaphe, Heft 4/1998, S. 2-6

MÜLLER, P. M. (2006): **Haltung, Pflege und Nachzucht von Taylors Biberschwanzagame *Xenagama taylori* (PARKER, 1935)**. Reptilia 10(6): 56-61

NIETZKE, Dr. G. (1984): **Fortpflanzung und Zucht der Terrarientiere**. Landbuch Verlag, Hannover

- (1989): **Die Terrarientiere 1**. Eugen Ulmer Verlag, Stuttgart

- (1998): **Die Terrarientiere 2**. Eugen Ulmer Verlag, Stuttgart

PALTRIDGE, G. W. & I. J. BARTON (1978): **Erythemal ultraviolet radiation distribution over Australia – the calculations, detailed results and input data**. Division of Atmospheric Physics Technical Paper 33 (Australia: Commonwealth Scientific and Industrial Research Organisation)

PARRISH, J. A., ANDERSON, R. R., URBACH, F. & D. PITTS (1978): **UV-A: Biological Effects of Ultraviolet Radiation with Emphasis on Human Responses to Longwave Ultraviolet**. Plenum Press, New York, S. 262 ff.

PATTERSON, R. & A. BANNISTER (1988): **Reptilien Südafrikas**. Landbuch Verlag, Hannover. 128 S.

PETERS, G. (1971): **Die intragenerischen Gruppen und die Phylogenese der Schmetterlingsagamen** (Agamidae: Leiolepis). Zool. Jb. Syst. 98: 11-130.

RÖTH, J. & W. WEBER (1991): **Tillandsien. Blüten der Lüfte**. Neumann Verlag, Radebeul

ROGNER, M. (1992): **Echsen 1. Haltung, Pflege und Zucht im Terrarium**. Eugen Ulmer Verlag, Stuttgart

- (2005): **Echsen. Verbreitung, Pflege, Zucht** Eugen Ulmer Verlag, Stuttgart

ROOS, A. (2002): **Auf der Suche nach Biberschwanzagamen (*Xenagama*): Eine Reise nach Somaliland.** Reptilia 7(2): 43-49

SCHLÜTER, U. (2003): **Im Porträt: Die Vietnamesische Schmetterlingsagame (*Leiolepis guttata* CUVIER, 1829)**. DRACO Terraristik-Themenheft Agamen, Nr. 31, Jahrgang 4 (2003-2), Natur- und Tier - Verlag, Münster.

SCHRADIN, H. (2004): **Haltung und Nachzucht der Chinesischen Bergagame (*Japalura splendida*)**. REPTILIA, Münster, 9 (5), S. 56–66

SHARMA, M. C. & B. N. SRIVASTAVA (1992): **Ultraviolet radiation received in Antarctica in comparison with the Indian region**. Atmospheric Environ. 26A, S. 731–734

SPAWLS, S., Howell, K., Drewes, R.C. & J. Ash (2001): **Field Guide to the Reptiles of East Africa. All the Reptiles of Kenya, Tanzania, Uganda, Rwanda and Burrundi**: 543 p.

TRUTNAU, L. (1994): **Terraristik**. Eugen Ulmer Verlag, Stuttgart

WEBB, A. R. & M. D. STEVEN (1987): **Solar ultraviolet-B radiation under cloudless skies**. Q.J.R. Meteorol. Soc. 113, S. 393–400

WEBB, A. R., KLINE, L. & M. F. HOLICK (1988): **Influence of season and latitude on the cutaneous synthesis of vitamin D_3: exposure to winter sunlight in Boston and Edmonton will not promote vitamin D_3 synthesis in human skin**. J. Clin. Endocrino. Metab. 67, S. 373–378

WERNING, H. (2002): **Wasseragamen und Segelechsen** Natur und Tier - Verlag, Münster (2., neu bearbeitete und erweiterte Auflage)

- (2004): **Die Grüne Wasseragame**. Natur und Tier - Verlag, Münster (2. Auflage)

WILMS, T. (2004a): **Dornschwanzagamen – Lebensweise, Pflege, Zucht**. Herpeton Verlag, Offenbach (2., neu bearbeitete und stark erweiterte Auflage)

- (2004b): **Terrarieneinrichtung. Grundlagen, Materialien, Methoden**. Natur und Tier - Verlag, Münster

- (2007): **Dornschwanzagamen der Gattung Uromastyx - Einführung in Taxonomie und Ökologie einer auf Wüsten spezialisierten Echsensengruppe.** DRACO Terraristik-Themenheft Dornschwanzagamen. Nr. 31, Jahrgang 8 (2007-3). Natur- und Tier - Verlag, Münster.

Pflanzen- und Tierverzeichnis

Die fett gedruckten Seitenzahlen verweisen auf Fotos.

Acanthocercus atricollis 23 ff., **24**, **271**
Acanthosaura armata **26** ff., **27**
Acanthosaura capra **29** ff., **30**
Acanthosaura crucigera **32** ff., **33**, **34**
Acanthosaura lepidogaster **36** ff., **37**
Afrikanische Dornschwanzagame **125** ff., **126-128**
Afrikanischer Dornschwanz **125** ff., **126-128**
Agama aculeata **39** ff., **40**
Agama agama 20, 182
Agama armata **42** ff., **43**, **252**
Agama lionotus dodomae **45** ff., **46**
Ägyptische Dornschwanzagame **130** ff., **131**
Aloe 208, 239
Amphibolurus barbatus 17
Amboina Segelechse **76** ff., **77**
Argentinische Waldschabe 154
Asseln 154, 157
Aufsitzerplanzen 190, 208
Australische Kragenechse **1**, 22, 61 ff., **62**, **63**
Australische Taubagame **120** ff., **121-12**3
Australische Wasseragame **105** ff., **106**

Baumfreund 208
Birkenfeige 208
Blaberus craniifer 154
Blaberus discoidales 154
Blaberus giganteus 154
Blaptica dubia 154
Blatta germanica 155
Blatta orientalis 155
Blattläuse 157
Blattsukkulenten 205 ff.
Blaukehlagame **271**
Blauköpfige Baumagame 23 ff., **24**, **271**
Blaukopf-Calotes **55** f.
Blaukopf-Schönechse **55** f.
Bodenagame 42 ff., **43**, **252**
Borneo Schönechse **48** ff., **49**
Borneo-Langschwanzgame **48** ff., **49**
Bunte Dornschwanzagame **141** ff., **142**, **143**
Bunte Winkelkopfagame 69 ff., **70**, **71**
Bunter Nackenstachler **36** ff., **37**
Brachisaura minor 20
Bromelien 190, 208
Bronchocela cristatella **48** ff., **49**

Calotes emma **51** ff., **52**, **53**
Calotes mystaceus **55** f.
Calotes versicolor **20**, **57** ff., **58**, **59**
Calliphora erythrocephala 158
Chinesische Bergagame 82 ff., **83**, **84**, **180 o.** **183**, **264**
Chinesischer Drache 82 ff., **83**, **84**, **180 o.**,**183**, **264**
Chlamydosaurus kingii **1**, 22, 61 ff., **62**, **63**
Crocodylia, Ordnung 19

Drachenagame 82 ff., **83**, **84**, **180 o.**,**183**, **264**
Draco volans **65** ff., **66**, **67**

Echeveria 205
Echsen, Unterordnung 20
Efeu 208
Efeutute 190, 208
Epiphyten 190, 208, 268
Epipremnum aureum 208

Farne 188
Ficus benjamin 208
Ficus pumila 190, 208
Fleischfliege 158
Fliegen 150, 155, 158
Fruchtfliege 155, 280, 285

Gehörnter Calotes **51** ff., **52**, **53**
Geradflügler 158
Geschmückte Dornschwanzagame **137** ff., **138**, **139**, **181 o.**,
Gewöhnliche Wasseragame **105** ff., **106**
Gewöhnlicher Flugdrache **65** ff., **66**, **67**
Geyrs Dornschwanzagame **133** ff., **134**, **135**, **167**
Goldfliegen 158
Gonocephalus chamaeleontinus 69 ff., **70**, **71**
Gonocephalus grandis **73** ff., **74**
Gonocephalus kuhlii 17
Gonocephalus spec. 11
Grillen 150, 153, 158
Große Winkelkopfagame **73** ff., **74**
Großer Nackenstachler **29** ff., **30**
Grüne Bergagame 82 ff., **83**, **84**, **180 o.**,**183**, **264**
Grüne Schabe 154
Grüne Segelechse **79** ff., **80**
Grüne Wasseragame 101 ff., **102**, **103**
Grüner Calotes **48** ff., **49**
Grüner Nackenstachler **26** ff., **27**

Hamster 159
Hardun 86 ff, **87**, **88**, **277**
Haworthia 208
Heimchen 150, 153, 158, **159**, **160**
Hemitheoconyx caudicinctus 182
Hinterindische Schönechse **51** ff., **52**, **53**
Heuschrecken 150, 152, 153, **156**, 157
Hydrosaurus amboinensis **76** ff., **77**
Hydrosaurus weberi **79** ff., **80**

Invertebrata 269

Japalura splendida 82 ff., **83**, **84**, **180 o.**,**183**, **264**
Javafarn 208
Java Winkelkopfagame 69 ff., **70**, **71**

Käfer 150, 158
Kakteen 186, 205
Kleinbärtige Agame **113** ff., **114**
Kleine Winkelkopfagame **32** ff., **33**, **34**
Kleinsäuger 150, **156**, 159
Kriechender Gummibaum 208

Laudakia stellio ssp. 17
Laudakia stellio picea 86 ff., **87**, **88**, 277
Laurents Winkelkopfagame 69 ff., **70**, **71**
Läuse 208
Lawsons Bartagame **7**, **18**, **108 ff.**, **109-111**, **154**, **177 u.**, **178**, **181 u.**
Leiolepis belliana 90 ff., **91**
Leiolepis guttata **96** f.
Leiolepis reevesii
Lophognathus temporalis **98** ff., **99**

Maden 155, 158
Masken-Nackenstachler **32** ff., **33**, **34**
Mäuse **156**, 159
Mehlkäfer 155, 158
Mehlwürmer 155, 158
Milbenbefall 159, 170, 171, 207, 208
Molukken-Segelechse **79** ff., **80**
Motten 158
Musca domestica 158

Nacktschnecken 157
Niger-Dornschwanzagame **133** ff., **134**, **135**, **167**

Pakistanische Blutsaugeragame **20**, **57** ff., **58**, **59**
Panchlora nivea 154
Periplaneta americana 155
Philippinische Segelechse **79 ff.**, **80**
Philodendron 208
Physignathus cocincinus 101 ff., **102**, **103**
Physignathus lesueurii 20, **105** ff., **106**
Pogona henrylawsoni **7**, **18**, **108 ff.**, **109-111**, **154**, **177 u.**, **178**, **181 u.**
Pogona minor **113** ff., **114**
Pogona vitticeps **116** ff., **117**, **118**, **153**, **155**, **172**, **180 u.**, **258**, **259**, **284**

Ratten 159
Raupen 150, 155, 157
Rebläuse 190
Regenwürmer 157, 158, 203
Reptilia, Klasse 19, 270
Reptilien, Klasse 19, 270
Riesenschabe 154

Sahara-Dornschwanzagame **133** ff., **134**, **135**, **167**
Salvinia auriculata 208
Säugetiere, Futtertiere 153
Säugetiere, Klasse 19
Sauria, Unterordnung 20, 270
Schaben 150, 152, 153
Schleuderschwanzagame 86 ff., **87**, **88**, 277
Schmeißfliegen 154
Schmetterlingsagame **96** f.
Schöne Schmetterlingsagame 90 ff., **91**
Schuppenkriechtiere, Ordnung 17, 19, 270
Schwarzerde-Bartagame **7**, **18**, **108 ff.**, **109-111**, **154**, **177 u.**, **178**, **181 u.**
Schwarzkopf-Nackenstachler **36** ff., **37**
Schwimmfarn 208
Siedleragame **45** ff., **46**
Soa Soa **76** ff., **77**
Squamata, Ordnung 17, 19, 270
Stachelagame **39** ff., **40**
Streifenköpfige Bartagame **116** ff., **117**, **118**, **153**, **155**, **172**, **180 u.**, **258**, **259**, **284**
Streifenwasseragame **98** ff., **99**
Stubenfliege 150, 158
Sukkulenten 184, 186, 205, 270
Supella supellictilium 155

Taylors Biberschwanzagame 145 ff., **146-148**
Taylors Stachelschwanzagame 145 ff., **146-148**
Tenebrio molitor 158

Tillandsien 208
Torfmoos 208
Totenkopfschabe 154
Tüpfelfarn 208
Tympanocryptis tetraporophora **120** ff., **121-123**

***U**romastyx acanthinura* **125** ff., **126-128**
Uromastyx aegyptia microlepsis **130** ff., **131**
Uromastyx dispar maliensis **177 o.**
Uromastyx geyri **133** ff., **134**, **135**
Uromastyx ocellata **137** ff., **138**, **139**, **181 o.**,
Uromastyx ornata **141** ff., **142**, **143**,

Veränderlicher Dornschwanz **125** ff., **126-128**
Verschiedenfarbige Schönechse **20**, **57** ff., **58**, **59**
Vertebrata 17, 271
Vietnam-Nackenstachler **29** ff., **30**
Vietnamesische Schmetterlingsagame **93** ff., **94**
Vietnam-Nackenstachler **29** ff., **30**
Vögel, Klasse 19, 213

Wachsmotte 155, 158
Wasserpflanzen 208
Webers Segelechse **79** ff., **80**
Westliche Bartagame **113** ff., **114**
Wirbeltiere 17, 19, 270

Zophobas 158
Zophobas morio 158
Zwerg-Bartagame **7**, **18**, **108** ff., **109-111**, **154**, **177 u.**, **178**, **181 u.**

***X**enagama taylori* 145 ff., **146-148**

Laudaki stellio picea

STICHWORT-VERZEICHNIS

Die fett gedruckten Seitenzahlen verweisen auf Fotos.

A

A-, B-, C-, D-Arten 239, 267
Abmagerung 162, 164, 169
Absorption 267
Abszess 171, 267
Abwehr
    -kräfte 168, 171
    -verhalten 11
Acrylkleber 196
Acrylscheiben 224
Adaption 267
Adsorption 267
adult 267
Akklimation 267
Albinismus 267
Allesfresser *siehe omnivor*
Amöbenruhr 168
Amphigonia retardata 267
Anämie 267
anerythristisch 267
Anlage-1-Arten 267
Anorexie 267
Anschaffung 9 ff.
    -skosten 9
Antibiotikum 267
Anus 267
Apathie 163, 165, 168, 169, 170, 173
Appetit 11
    -losigkeit 150, 151, 161, 162, 163, 164, 169, 176
Aqua Gel 150, 158, **160**
Aquaterrarium 190, **191**, 209, 210
arboricol 267
Areal 267
arid 267
Art 267
Artenschutz 157, 239 ff., 245
    -behörden 249 ff.
    -status 239, 241, 245
Arthritis 267
Asseln 157
Atemwege
    Erkrankung der 15, 173
    Infektion der 210
Aufgabe des Hobbys 175
Aufstellung des Terrariums 10, 16
Aufzucht
    Futtertiere 157 ff.
    Agamen 183 f.
Augen
    -entzündung 168
    -erkrankung 161
    -schäden 162, 221, 271
Außenparasit 11, 165, 171, *siehe auch Ektoparasit*
Autopsie 267
axanthisch 267

B

Bakterie 172
    -nbekämpfung 201, 221
bakterizid 203, 267
Ballastgehalt 152
Balz 167, 176, 309
BArtSchV 242, 253, 254, 267
Bastard 267
    -isierung 267
Baumfarn 190, 193, **194**, 271, *siehe auch Xaxim*
Befeuchtungssysteme 211 f.
Befruchtung 179, 267
Beheizung 215, 217
Beleuchtung 205, 217 ff.
Belüftung 15, 215, 216
Bepflanzung 205 ff.
Beregnungsanlagen 211, **212**
Bestandsveränderung 240
    -sanzeige 253
Bildquellennachweis 285
Biotherm 2000 213 f., **214**
Biotherm Pro 3, 213 f., **214**, 217
Biotop 267
Bissverletzung 168
Blähton 188, 190, 191, 200
Blattläuse 157
Blindheit 162
Blut 164, 165
    -gefäße 163, 170
    -gerinnungsfähigkeit 163
Boden
    -grund 200 ff., **202**, 209
        - Fraß von 169
    -heizung 215, **216**
Brutapparat 179, **182**, *siehe auch Inkubator*
Bundesartenschutzverordnung *siehe BArtSchV*
Bundesnaturschutzgesetz 242

C

caudal 267
Chlor 163
CITES 239, 240, 256, 267

Darm 164, 165
-entzündung 170
-erkrankung 153
-verschluss 201, 203
-vorfall 169
Dauerstress 14, 15, 171, 174, 192
Deformation 161, *siehe auch Rachitis*
Dehydrierung 267
Dekoration 203 f.
Desinfektionsmittel 15
Dichromatismus 267
diurnal 268
dorsal 268
Douglasienrinde 200, **202**
Drahtgaze 15, 193, 215, 218, 224, 268
Drohgebärde 11
Dünger 203, 205
Dunkelstrahler 174, 215, **216**, 218
Durchblutungsstörung 169
Durchfall 162, 164, 168, 169, 173
Durchführungsverordnung *siehe DVO*
DVO 241, 242, 268

EG
-Beförderungsgenehmigung 268
-Bescheinigung 268
-Vermarktungsgenehmigung 268
-VO 242, 268, 269, 271, *siehe auch EU-Artenschutzverordnung*
-Vorlagebescheinigung 268
Eiablage 10, 170, 175, 176, **180**, 200
Eigenschaden-Versicherung 245
Einbrennzeit 221
Einfuhrmeldung 241
Eingewöhnung 13 f.
Eisen 165
Eiweiß 152, 154
Eizahn 183
Ektoparasit 268, *siehe auch Außenparasit*
Embryo 162, 183, 268
Endoparasit 157, 159, 268, *siehe auch Innenparasit*
Entzündung 11
Augen- 162, 168
Darm- 170
Eileiter- 170
Haut- 174, 201
Lungen- 170, 212
Enzyme 161, 164, 268
Epidermis 268
Epoxydharz 193, 196
Ergänzungsfuttermittel 161 ff., 238
Erkältung 11
Erkrankung *siehe Krankheiten*
Ernährung 280 ff.
-sverweigerung 150, 151, 162, 168, 170, 171, 267
Zwangs- 150, 151, 162, 170
EU-Artenschutzverordnung 239 f., 268
Evolution 268
Exkremente 203, 268
exogen 268
Extremitäten 268

Familie 17, 20, 21, 268
Farbtemperatur 217, 220
Farbwiedergabe 217, 220
Faunenverfälschung 175, 268
Femoralporen 268
fertil 268
fettlösliche Vitamine 162
Fettreserven 153
Feuchtigkeit 210 ff., *siehe auch Luftfeuchtigkeit*
Feuchtterrarium *siehe Regenwaldterrarium*
Fleischfresser *siehe karnivor*
Fluor 165
Fortpflanzung 176
-szyklus 167, 176
-sstörung 162, 165
Fotorückwand 192
Fraktur 268
Fruchtbarkeit 163, 165
Fruchtbarkeitsstörung 164, 165
Fühlerkabel 347
Futter *siehe Ernährung*
-tierbestäubung **160**, 161
-tiere 153 ff., **154**, **156**, **157**, **159**, **160**
-tierzucht 158
-verweigerung 150, 151, 162, 168, 170, 171, 267

Gattung 20, 268
Gegenseitigkeitsgesetz 230
Gelbfettkrankheit 163, 268
Gelege 179 f., **180**, **181**
Gemüse 150 ff.
genetisch 268
Gerbstoffe 152
Gesamtlänge 268
Geschlechtsdimorphismus 268
Gestaltung 192 ff.
Gewichtsverlust 168
Gicht 169, 268
GL *siehe Gesamtlänge*
Glasbruch-Versicherung 245
Gleichgewichtsstörung 162, 164
Glühbirne *siehe Glühlampe*
Glühlampe 217, 218, **219**, 220

Greifen von Tieren 166
Grünfutter 150, 151 f., **153**

Habitat 268
Haftpflicht-Versicherung 245
Hausrat-Versicherung 245
Halbfeuchtterrarium **187** f.
Halbtrockenterrarium **187** f.
Halogen-Metalldampf-Lampen 220
Halogen-Quecksilberdampf-Lampen 214, 220
Haltungsfehler 174 f.
Hämoglobin 165, 268
Haut 172, 221, 236
  -blutung 163
  -entzündung 174
  -erkrankung 162, 173, 221
  -geschwür 170
  -infektion 172
  -pigmentierung 221
  -regenerierung 162, 221
  -rötung 172
Häutung 11
  -shilfe 186, 203
  -sprobleme 162, 169, 170, 174, 210
Heiz
  -kabel 9, 215, **216**
  -lampen 215, **216**
  -matten 9, 215, **216**
  -stein 215, **216**, 217
  -systeme 215 ff.
Hellstrahler 218, **219**
Hemipenis **177**, 179, 268
herbivor 151, 268
Herkunftsnachweis 239, 240, 244
Herpetofauna 268
Herpetologie 268
Hobbyaufgabe 175
Hormone 161
HQI 205, 220
HQL 205, **219**, 220
humid 269
Hybrid 269
Hydrokultur 200
Hygiene 13, 166
Hygrometer 210, 269

Immunsystem 162
Import 239 ff.
Infektion 13, 168, 172
Infrarotstrahler 215, **216**, **219**
Inhalts-Versicherung 245
Inkubation 179, 269
  -ssubstrat 179, 182 f.
  -stemperatur 182
  -szeit 179, 269
Inkubator 175, 179, 269, *siehe auch Brutapparat*
Innenparasit *siehe Endoparasit*
Insekten *siehe Lebendfutter*
Intraspezifisch 269
Inzucht 269
Iris 269

jacobsonsches Organ 269
Jagd 153, 154
Jod 152, 161, 165
juvenil 269

Kalium 161, 163, 164
Kaliumpermanganat 179
Kältestarre 157, 158
Kaltlicht-Halogenstrahler 220
Kalzium 161, 163, 164, 172
  -haushalt 152, 221
  -Phosphor-Verhältnis 152, 164, 221
  -präparate 161, 175
  -substrat 200, **202**
kannibalisch 269
karnivor 153, 269
Kauf von Agamen 11
Kennzeichnungspflicht 242
Keramik
  -deko 204
  -fassung 220
  -strahler 215, **216**
keratophag 269
Kiefer
  -blutung 163
  -schwellung 11
  -vereiterung 171
Klasse 19, 269
Klassifikation 269
Kloake 169, 179, 269
Knochen
  -aufbau 161, 162, 163, 164, 203
  -deformierung 163, 165, **172**, 221 *siehe auch Rachitis*
Kobalt 165
Kohlehydrate 162, 269
Kohlenstoff 269
Kokos
  -chips 200, **202**
  -nussschalen 204
  -rückwände 193, **194**, 196
Kommentkampf 269

Konstruktion von Terrarien184 ff.
Kopf-Rumpf-Länge 21, 269
Kopulation **177**, 179, 269
Kork
-äste (Tronchos) 204, **206**
-enzieherhasel 204
-enzieherweide 204
-granulat 201
-rinde **206**, 209
-röhren **206**, 209
-rückwand 192, **194**
Kostenaufwand 9
Kot 166, 169, 174, 200, 203, 209
-probe 14, 150, 169, 171, 254 f.
Krallenlänge 170
Krankheiten 11, 162 ff., 168 ff., 258 f.
Kreislaufprobleme 152, 164
KRL siehe Kopf-Rumpf-Länge
Kunst
-harz 192, 204, 209
-pflanzen 204, **206**, **207**
Kupfer 161, 165

Lähmung 169, 173
Lampen 175, 218 ff., **219**, 225, 227
Landteil 190, **191**, 209
Langzeitwasserspeicher *siehe Aqua Gel*
lateral 269
Lebendfutter 151, 153 ff., **154**, **156**, **157**, 158 ff.
Leber 162, 165
-erkrankung 152, 162, 163
Legenot 10, 170, 175, 176, 179, 215, 269
letal 269
Leuchtmittel 175, 218 ff., **219**, 225, 227
leukistisch 269
Licht 350 ff.
-intensität 205, 217
-zusammensetzung 217
Liliengewächse 205
Literaturverzeichnis 272
Loch
-blech 15, 224, 225
-gestein 204
Luftbefeuchter **212**
Luftfeuchtigkeit 184, 210 ff.
Lüftungsgitter 174, 203
Lungenentzündung 170, 213

Magnesium 161, 164
Maisgranulat 159
Mangan 161, 165
Maulfäule 171
Mehltau 190
melanistisch 269
Meldepflicht 240 ff.
Mietrecht 243
Mietwohnung 155, 243
Milbenbefall 159, 170, 171, 173, 208
Milzverfettung 163
Mimese 269
Mimikry 269
Mindestanforderungen an die Haltung von Reptilien 244
Mineralstoffe 161, 163
Mineralpräparate *siehe Ergänzungsfuttermittel*
Miniultraschallnebler 189, 199, **212**
-membran 212
-spritzschutz **212**
Möhren 152, 154
Moltofill 193, 196
Moorkienholz 204
Moos 13, 193, 201, **206**, 208
Muschelkalk 200
Museen 246 ff.
Muskel
-abbau 165, 221
-aufbau 163, 165
-krämpfe 164
-schwäche 162, 221
-zittern 171
Muskulatur 11

Nachtabsenkung der Temperatur 213 f.
Nachweispflicht 269
Nachzucht 174, 176, **181**, **183**
Nahrung 150 ff.
-sverweigerung150,151,162,168,170,171,267
Natrium 161, 163, 164
Naturschutz
-behörden 249 ff.
Bundesamt für 240, 241
-gesetz 242
Nebler *siehe Vernebler*
Nervensystem 162, 163
Nieren 164
-erkrankung 169
-funktionsstörung 162, 169
nocturn 269
Nominatform 269

Obst 150, 152
Ökologie 269
omnivor 269

Onlineabfrage
- Artenschutzstatus 239, 241, 242, 244
- Tierärzte 264
- Zoos 249
Onlinehilfen 266
oophag 269
Ordnung 19, 269
Organismus 269
Osteoporose 163, 270
ovipar 270
ovopar 270
ovovivipar 270

Paarung 176, **177**, 179 ff.
-sbereitschaft 176
-sstimulation 166, 210
Pagodengestein 204, **206**
Paludarium 190, 270
Parasit 162, 192, 204, 270
äußere *siehe Ektoparasit*
innere *siehe Endoparasit*
Pellet **152**, 270
Penisvorfall 169
Perlit 183
Pflanzen 184 ff., 205 f
Boden- 190
-fresser 150, 161 *siehe auch herbivor*
Futter- 151 f.
Kletter- 208
Künstliche 204, **206 f.**
Rank- 208
-schädlinge 208
Wasser- 208
Pflanzen- und Tiernamenverzeichnis 275
Phosphor, 2161, 164, *siehe auch Kalzium-Phosphor-Verhältnis*
Photosynthese 205
phytophag 270
Pigment 270
-bildung 165, 221
-störung 165
Pilz
-bildung 15
-hemmend 201
-infektion 172
Pinienrinde 201, **202**
polizeiliches Verwaltungsgesetz 243
Polyesterharz 196
Porzellanfassung *siehe Keramikfassung*
Postanaldrüse 270
Postanalschuppen 270
Präanalporen 270
Präanofemoralporen 270
Prolaps 270
prophylaktisch 270
Previtamin D_3 231, 236, 237
Provitamin D_3 221, 231, 236, 237
PU-Schaum 196

Quarantäne 13 f., 168 ff., 207
Quellhumus 201, **202**, 210

Rachitis 161, 163, **172**, 183, 221, 270
Ra-Index 217
Räuber-Beute-Verhalten 15
Rechtliche Bestimmungen 239 ff.
Rechtsschutz-Versicherung 245
Reflektoren 217, 218
Regen
-waldterrarium 188 ff., **189**
-würmer 157, 158, 203
-zeit 167, 184
Reich 17, 270
relative Luftfeuchtigkeit *siehe Luftfeuchtigkeit*
Reproduktion 270
Reptilieneier 179, **180**, **181**
Revier 176.203, 205, 270
Rindenmulch 201
Riparium 190, 270
Ritualkampf 270
Rückwand 192 ff., **194**
-selber bauen 195, 197, **198**, **199**

Salat 152
Salmonelleninfektion 169
Sand 150, 201, **202**
Savannenterrarium 184, 201
Schädlingsbekämpfung 208
Schenkungsbelege 240
Schimmel 15, 166, 201, 210
Schlupf
von Echsen 175, 176, 179, **181**, 183
von Futtertieren 158
Schmetterlingsnetz 157
Schutz
-korb 175, 215, **219**, 224
-vorschriften 239 ff.
Schwanz
-länge 270
-wurzel 270
Schwarztorf 191, 201, 203, 204, 210
Schwefel 161, 164
Schwellung 11, 161, 168
Schwimmkork *siehe Korkrinde*

Sekret 270
Selen 161, 165
semi 270
-adult 270
-aquatil 270
-arid 270
Sexualdichromatismus *siehe Dichromatismus*
Sichtschutz 14, 168, 174, 192, 203, 205
Silizium 165
Skelett
-aufbau 152, 163, 164
-deformierung *siehe Rachitis*
SL siehe Schwanzlänge
Sommer-Winter-Rhythmus 218
Sonnenplätze 174, 190, 203, 213, 215
Spotstrahler 186, 189, 215, 217, **219**
Spurenelemente 161, 165
Stamm 270
Standort des Terrariums 10, 188, 189, 217
Steppenterrarium 184
steril 166, 270
Stigma 270
Stoffwechsel 10, 161 ff., 238
Stress 10, 13, 15, 150, 170, 174, 179, 204
Styrodur 15, 196
Styropor 16, 196, 197, 198
-transportbox 13, 158
Subspezies 270
Substrat 270
Boden- 200 ff.
Inkubations- 182
Sumpf
-terrarium *siehe Paludarium*
Synonym 270
Synthetisierung 270
Systematik 17 ff., 270

T

Tag-Nacht-Rhythmus 218, 220
Tauschbelege 240, 241
Taxonomie *siehe Systematik*
Temperatur 213 ff.
-absenkung *siehe Nachtabsenkung*
-regler 213, **214**
Terrarien
-erde 188, 190, **202**, 203
-typen 184 ff.
terrestrisch 270
territorial 271
Territorialverhalten *siehe Revierkampf*
Territorium *siehe Revier*
Thermometer 174, 213, 214, 215
Tier
-arzt 9, 168 ff., 260 ff.
-schutzgesetz (TierSchG) 243 f.
-schutztransportverordnung (TierSchTrV) 13, 243
Torf 201, 203
-platten 203
Trägheit 162, 170
Transport 13, 243
Trocken
-futter **151**
-terrarium 184 ff., **185**, **186**
Tropenholz 204
Tropftränke 161

U

Überhitzung 16, 174, 184, 216
Überwinterung 167
Uferterrarium *siehe Riparium*
Ultraschallvernebler **212**
Unterart 271
Unterfamilie 271
Unterordnung 20, 271
Untersuchungsinstitute 258 f.
Urlaub 10, 151
UV
-A-Licht 220 f.
-Bestrahlung 221
-B-Licht 220 ff.
-B-Strahler **219**, 222 ff., **227**
-C-Licht 220 f.
-Licht 221

V

Verbrennungen 173, 174, 215, 217, 218, 219, 225
Verdauung 152, 161
-senzym 217
-sstörung 162, 217
-strakt 163, 217
Verdunstungskälte 203, 210
Verfettung 153, 163
Vergesellschaftung 14 f.
Vergiftung 165, 173, 245
Verletzungen 13, 15, 161, 163, 168 ff.
Vermarktung
-sgenehmigung 271
-verbot 240, 242, 271
Vermiculit 271, **280-282**, 283
Vernebler **212**
Verordnung EG 242
Versicherungen 245
Vitamine 151, 162 ff., 176, 183
-arten 162 f.
- D_3 221, 231, 236, 237
- D_3-Synthese 163, 172, 218, 226, 230 ff.
-mangel 161, 168 ff.

-präparate 161
vivipar 271

WA 239, 271
WA-1-, WA-2-, WA-3-Arten 239 f., 271
Wachstumsstörung 162, 163
Waldterrarium **187 f.**
Wärme *siehe Beheizung*
-abfuhr 218
-strahler 173, 174, 215, **216**, 217, 218, **219**
Washingtoner Artenschutzübereinkommen *siehe WA*
Wasser
-bedarf 150
-lösliche Vitamine 162
-teil 150, 174, 189, 190, 191, 209 f.
-temperatur 189, 214
Weinreben 190, 204, **206**
Wellenlänge 217, 218, 233, 271
Wiesenplankton 271
Wildfangtiere 11, 14, 240
Winterruhe 167, 176, 188
Wirbelsäulenverkrümmung 163
Wurmbefall 169
Wüstenterrarium 184 f., 210, 220

xanthisch 271
Xaxim 190, 193, **194**, 271

Zeckenbefall 173
Zeit
-aufwand 9
-igung *siehe auch Inkubation*
-schriften 265
Zink 161, 165
Zitrusfrüchte 151
Zoo 246 ff.
Zucht 176 ff.
-voraussetzungen 176
von Futtertieren 158 ff.
Züchterbescheinigung *siehe Herkunftsnachweis*
Zugluft 13, 168
Zwangsernährung 150, 151, 162, 171

Pogona vitticeps

BILDQUELLEN-NACHWEIS

Zur Vereinfachung wird nachfolgend Seite mit „S.“, Reihe mit „R.“, oben mit „o.“, unten mit „u.“, links mit „li.“, rechts mit „re.“, mittig mit „m.“ sowie und mit „+“ abgekürzt.

Foto Cover: *Gonocephalus chamaeleontinus* (Stefan Hoffmann)

Fotos Innenteil:

Allert, Dirk: S. 103 u., 156 o., 157
Barts, Mirko: S. 39, 40 u., 43 u.
Baumgarten, Klaus: S. 94 u., 130
Beitz, Thomas: S. 49 o. + u., 106 u., 142 u., 258, 259
Blessin, Heiko: S.
Bohle, Daniel: S. 150 u.
Borghold, Reiner: S. 106 o.
Breiting, Melanie: S. 143 o. + u.
Clanzett, Theo: S. 180 u.
Dahm, Wolfgang: S. 117 o., 118 u.
Dickhoff, Andreas: S. 34 o. + u.
Dobiey, Maik: S. 43 o., 71, 77 u., 88 u.
Dohse Aquaristik KG: S. 182, 187 o., 194 1. + 2. R., 206, 207 bis auf 1. R. o. li., 211, 212 li., 214, 216 o. li. + u. re., 219, 227, 128 o.
Drewes, Oliver: S. 120 o. re. + u. li., 148 u., 151, 159, 160 1. R. li. + re., 2. R. li. + re., 194 u., 195, 198, 199, 202, 216 u. li. + re., 225
Durand, Roland: S. 137, 138 u., 139 u., 141, 181 o.
Esders, Silvia: S. 133, 135 o. + u., 153
Eurozoo: S. 212 o.
Freynik, Christian: S. 7, 154, 109, 110 o. + u., 111 o. + u., 177 u.,
Fritz, Peter: S. 121, 122 o. + u., 123 o. + u., 147 u., 271, 277
Frommer, Jürgen: S. 142 o.
Grimm, Markus: S. 48
Hegner, David: S 20, 57, 59 o. + u.
Hagen Deutschland GmbH & Co.KG: S. 155, 160 u., 207 1. R. o. li.
Hoch, Peter Import & Export: S. 93, 94, 212 u.
Hoffmann, Stefan: S. 70, 74 o. li. + u. re.
Hofmann, Thomas: S. 146, 148 o.
Junghölter, Natascha: S. 178, 181 u.
Kagel, Maike: S. 1
Karbe, Detlef: S. 76
Kirschenberger, Melanie: S. 88 o.
Kessel, Martina: S. 26
Kleinhans, Simon: S. 116
Klesius, Yvonne + Thomas: S. 26 o. + u., 32, 52, 53 o., 55
Kober, Dr. Ingo: S. 8, 73, 103 o., 126 u.
König, Dr. Rudolf: S. 51, 53 u., 77 o., 91, 99 u., 113, 114 o. + u.
Laue, Esther: S. 16, 84 o., 179 o., 183, 264
Lossau, Melanie + Dirk: S. 134 o. + u., 138 o., 139 o., 167, 177 o.,
Reichert, Michael: S. 80 o. + u., 102 o., 126 o.
Reinhard Tierfoto: S. 36, 37 o. + u.
Rutschke, Dr. Joachim: S. 128 u.
Schiessl, Wolfgang: S. 117 u., 118 o.
Schiffer, Pattrick: S. 29, 62 o., 172
Schmidt, Sascha: S. 87
Schürmann, Christian: S. 84 u.
Stein, Rolf: S. 105
Tetra Verlag: S. 96
Tomsheck, Mark: S. 40 o.
Trobisch, Dietmar: S. 65, 98, 99 o.
Troidl, Angelika + Siegfried: S. 147 o.
Ullmann, Nikolaj: S. 66 o. + u., 67
Vitakraft-Werke Wührmann & Sohn: S. 284
Wagner, Philipp: S. 131 o. + u.
Wiese, Frank: S. 30 o. + u.
Wollbrandt, Tobias: S. 18, 83
Wüthrich, Fritz: S. 24 o. + u., 45, 46 o. + u., 57 o. + u., 63 u., 79, 102 u., 126
Zimmermann, Michael: S. 252
Zobel, Roland: S. 62

DANKSAGUNG

Großer Dank gilt den im Bildquellennachweis genannten Firmen und Personen für die freundliche Unterstützung mit Bildmaterial. Ohne ihre Hilfe hätte das Buch nie so reich bebildert werden können. Prof. Dr. Wolfgang Böhme danke ich für die Hilfe bei der Artbestimmung einiger Fotos. Für Hinweise zu Fanggebieten mancher porträtierter Arten danke ich Jürgen Hoch. Für Tipps zur Systematik und Anregung zu zahlreichen Verbesserungen zum Vorgängerbuch Kompaktwissen Echsen, die hier eingeflossen sind, gilt mein Dank Heiko Werning. Für das Lektorat der Tierporträts und die Durchsicht des Manuskriptes bedanke ich mich bei Philipp Wagner.

DER AUTOR

Oliver Drewes, geboren 1970 in Haan, begeistert sich seit frühestem Kindesalter für die Zierfisch- und Terrarientierhaltung.
Nach dem Abitur 1990 fiel ihm die Wahl zwischen einem Biologie- oder Grafikdesignstudium schwer. Er entschied sich dann allerdings für keines von beiden, sondern stattdessen für die Ausbildung zum Industriekaufmann und ein anschließendes Studium der Betriebswirtschaft. Nach der Fortbildung zum Werbereferenten erhielt er 1997 ein Stipendium der Carl-Duisberg-Gesellschaft in Mexiko, wo er in seiner Freizeit auch einige Tiere beobachten konnte.
Seit 1999 arbeitet er in einem Traditionsunternehmen der Heimtierbranche mit Aquaristik- und Terraristikprodukten und ist dort als Prokurist tätig. Oliver Drewes arbeitete als Autor für den Wachtberg sowie den Gräfe und Unzer Verlag. 2005 gründete er den VIVARIA Verlag.

Publikationen des VIVARIA Verlags

Drewes, Oliver: 96 S., 90 Abb.
VIVARIA Verlag 2006, ISBN 978-3-9810412-1-7

KOMPAKTWISSEN TAGGECKOS beschreibt mit über 80 Farbfotos die beliebtesten Phelsumen. Für alle, die sich auch für andere Arten als *Phelsuma madagascariensis grandis* interessieren.

Laue, Esther: 96 S., 48 Abb.
VIVARIA Verlag 2007, ISBN 978-3-9810412-2-4

DIE CHINESISCHE BERGAGAME stellt mit 38 Farbfotos die beliebte Art vor. Für herausragende Zuchterfolge wurde die Autorin 2004 mit dem Alfred-A.-Schmidt-Preis ausgezeichnet.

Freynik, Christian, 64 S., 37 Abb.
VIVARIA Verlag 2007, ISBN 978-3-9810412-4-8

DIE ZWERGBARTAGAME vermittelt mit 34 Farbfotos Grundlagen der Haltung sowie Basiswissen über Klimaansprüche, Pflege und Ernährung der zunehmend beliebten Art.

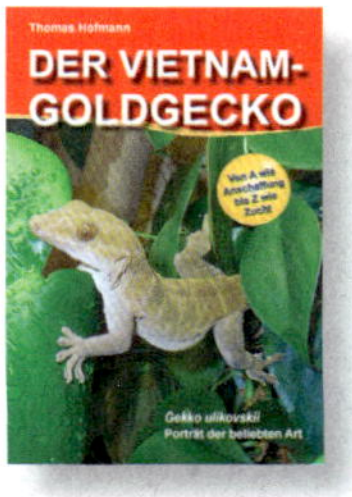

Hofmann, Thomas, 64 S., 48 Abb.
VIVARIA Verlag 2007, ISBN 978-3-9810412-9-3

DER VIETNAM-GOLDGECKO befasst sich, ausgestattet mit 44 Farbfotos, mit Haltung, Pflege, Ernährung und Zucht der in den letzten Jahren immer öfter angebotenen Art.

Glaß, Michael, 144 S., 148 Abb.
VIVARIA Verlag 2007, ISBN 978-3-9810412-6-2

KORNNATTERN UND IHRE FARB- UND ZEICHNUNGSVARIANTEN gibt nach Darstellung der allgemeinen Haltungsgrundlagen tiefen Einblick in das Thema Auswahl- und Mutationszucht.

Drewes, Oliver: 96 S., 38 Abb.
VIVARIA Verlag 2007, ISBN 978-3-9810412-7-9

ARTEMIA – DER URZEITKREBS beschreibt die interessante Überlebensstrategie und erfolgreiche Aufzucht der nicht nur als Fischfutter interessanten Krebsart.

VIVARIA
Verlag für Heimtierliteratur
www.vivaria-verlag.de

ISBN 978-3-9810412-5-5